当代数学精英

菲尔兹奖得主及其建树与见解(第三版)

李心灿 高隆昌 邹建成 郑权 张静 编

上海科技教育出版社

图书在版编目(CIP)数据

当代数学精英:菲尔兹奖得主及其建树与见解/李心灿等编.—上海:上海科技教育出版社,2020.1
ISBN 978-7-5428-7137-4

Ⅰ.当… Ⅱ.李… Ⅲ.数学家—生平事迹—世界 Ⅳ.K816.11

中国版本图书馆CIP数据核字(2019)第258749号

责任编辑　洪星范　傅　勇　王　洋
装帧设计　杨　静

当代数学精英
——菲尔兹奖得主及其建树与见解(第三版)
李心灿　高隆昌　邹建成　郑　权　张　静　编

出版发行	上海科技教育出版社有限公司 (上海市柳州路218号　邮政编码200235)
网　　址	www.sste.com　www.ewen.co
经　　销	各地新华书店
印　　刷	常熟市华顺印刷有限公司
开　　本	720×1000　1/16
印　　张	27
版　　次	2020年1月第1版
印　　次	2020年1月第1次印刷
书　　号	ISBN 978-7-5428-7137-4/N·1070
定　　价	78.00元

向当代数学精英学习，使我国早日成为数学强国

书赠心灿先生

辛巳 王元

中国科学院院士、中国数学会前理事长王元教授的题词

向数学精英学习，学习他们先进的数学思想、方法和技巧，尤其是热爱数学追求真理的精神。

王梓坤

2001, 8, 25。

中国科学院院士、北京师范大学前校长王梓坤教授的题词

序 言*

众所周知,20世纪是一个数学空前繁荣的世纪,又是一个数学英才辈出的时代。重要见证之一便是,自从1936年国际数学家大会颁发第一届菲尔兹奖以来,至2018年已有60位年纪不超过40岁的数学精英获得此项国际大奖。

李心灿教授、高隆昌教授、邹建成教授、郑权教授、张静教授共同撰写的这本新著《当代数学精英:菲尔兹奖得主及其建树与见解》,正好能从数学英才涌现的史实以及他们对数学诸领域的重要建树两个方面,展现数学发展的众多信息和特点。显然,这些信息及特点既可供数学史专家进行分析和总结,又可供数学教育界人士参考和研究,特别是对广大数学工作者将带来启示和教益。

我相信,只要细心地阅读此书,读者必将会发现,凡是作出了重大贡献的数学精英们,其之所以取得成功,关键至少有三:一是他们正确地选择了最有意义、最有价值的问题去研究;二是他们在深厚文化背景的熏陶下,能产生丰富的想

---

* 本序言是数学家徐利治先生2001年8月为此书第一版所写,2018年12月作了局部修改。

象力和深刻的洞察力,因而能省悟到选择设计美妙的解题方案或攻坚策略去探索求解之道;三是他们都具有知难而进、百折不回的意志和毅力,而此种意志与毅力正是产生于他们对数学真理的无比热爱与矢志追求之心(请再参考王梓坤院士的题词)。

当然,要取得成功还有"机遇问题",但美好的机遇总是留给最具条件的人士。事实上,在数学上或是在任何科学领域,要想只靠缺乏血汗成分的才智去获取巨大成功是不可能的。

现今正处于21世纪的初始年代,我诚挚祝愿李心灿教授等同志的这部作品,将会为正在逐步走向数学强国的中国年轻数学工作者们,带来宝贵的智慧和深刻的启示。

徐利治
于北京寓所

编者的话(第三版)

本书的第一版和第二版出版以来,受到了数学界和读者的广泛关注,迄今已多次重印。

现在应读者和出版社的要求,根据近几年的一些新情况,决定在第二版的基础上进行补充和修改,出版第三版。

第三版除了增编2010年度、2014年度、2018年度新获菲尔兹奖的12位获奖者之外,还对第二版正文的原有内容作了补充、修改(其中对阿蒂亚、斯梅尔、费弗曼、丘成桐、佩雷尔曼作了较多补充)。另外,对第二版的附录作了下述修改和补充:删去了第二版中的附录八、九、十,补充了陈省身奖及其得主简介;对第二版中的附录一至附录七的内容作了相应的补充、修改。

第三版增加了一位作者:张静教授。

第三版是根据书末"参考文献"和"其他资料"所列出的文章及书籍中的相关文字、资料、照片,进行摘录、编译、编辑而成。在此,特向本书所介绍的数学家及"参考文献"和"其他资料"中涉及的作者、译者和校者表示诚挚感谢。由于我们水平所限,本书不当之处在所难免,恳请本书介绍的数学家及同仁和读者谅解、指正。

我们对上海科技教育出版社为出版此书所给予的热忱关心和支持,以及该社策划此书第三版的王洋同志所付出的辛勤劳动、上海科学技术出版社田廷彦先生为此书提供的资料,一并致以诚挚感谢!

2019年2月

编者的话（第二版）

本书的第一版自2002年8月出版以来，受到了数学界和读者的广泛关注，迄今已多次重印。

现在应读者和出版社的要求，根据近几年来的一些新情况，决定在第一版的基础上进行补充和修改，出版第二版。第二版除了对第一版原有的内容作了些补充、修改外，为了使本书能较多地传播、提供当代数学一些重要信息和资料，还新补充了下列内容：2002年度和2006年度的6位菲尔兹奖得主及其建树与见解；2002年至2008年9位沃尔夫数学奖得主的简介；在附录中增加了奈旺林纳奖及其获奖者简介，高斯奖及其获奖者简介，阿贝尔奖及其获奖者简介，新千年七个悬赏的数学问题简介等内容。

第二版是根据书末"参考文献"和"其他资料"所列出的文章及书籍中的相关文字、资料、照片，进行摘录、编译、编辑而成。在此，特向本书所介绍的数学家及"参考文献"和"其他资料"中涉及的作者、译者表示诚挚感谢。由于我们水平所限，本书不当之处在所难免，恳请本书介绍的数学家及广大同仁和读者谅解、指正。

我们对上海科技教育出版社为出版此书所给予的热忱关心和支持以及该社傅勇先生为第二版所付出的辛勤劳动一并表示衷心感谢。

2009年春

编者的话(第一版)

众所周知,在诺贝尔奖中未设数学奖,但在数学界有与诺贝尔奖同等声誉的两项国际数学大奖——菲尔兹奖和沃尔夫奖。

菲尔兹奖是由国际数学联合会(International Mathematical Union)主持评定,并在四年召开一次的国际数学家大会上隆重颁发的国际性数学奖,是国际数学界最有影响的奖项之一,其得主都是年龄不超过40岁的当代数学精英。

菲尔兹奖自1936年开始颁发,至今共有42位得主及一位特别贡献奖得主。

介绍这43位菲尔兹奖得主及其成就,可以鸟瞰当代数学研究的重大成果,展示当代数学精英的杰出风采,从而使更多人了解当代数学,向杰出数学家学习。

本书对43位菲尔兹奖得主,按获奖先后逐一编写,其内容包括姓名,照片,国籍,出生年、月、日及地点,主要简历和学术职务,获奖成果,并对该获奖者获奖领域的有关知识及发展状况作了适当介绍,特别是引用了一些著名数学家对该获奖者的评论,同时介绍了该获奖者对数学、数学研究或数学教育的一些精辟见解等。

本书主要根据书末所附"参考文献"列出的文章及书籍中的相关文字、资料、照片,进行摘录、编译、编辑而成。*在此,特向本书中所介绍的数学家及"参考文献"中涉及的作者、译者表示感谢,特别对《菲尔兹奖获得者传》一书的作者胡作玄先生、赵斌先生和《从菲尔兹奖看现代数学》一书的作者莫纳斯特尔斯基(M. Monastyrsky)教授以及《数学译林》杂志的众多译者表示感谢。由于我们水平所限,本书挂一漏十和不当之处在所难免,恳请本书介绍的数学家及广大同仁和读者谅解、指正。

我们诚挚地感谢著名数学家王元院士、王梓坤院士为本书题词,以及著名数学家徐利治教授为本书作序。他们的题词和序言寄托了资深数学家对青年数学工作者的殷切期望。

我们对清华大学萧树铁教授,北京大学潘承彪教授、史树中教授、陈维桓教授,首都师范大学石生明教授,华东师范大学张奠宙教授,中国科学院数学研究所袁向东教授为我们提供资料或照片,对上海科技教育出版社卞毓麟先生为出版此书所给予的热忱关心和支持,洪星范先生在编辑、出版过程中付出的辛勤劳动,一并表示衷心感谢。

21世纪第一次国际数学家大会将于2002年8月在中国北京举行,我们特地编写了此书,将它献给2002年国际数学家大会。

2001年8月于北京

---

* 为了使本书的术语、译名、词句等统一,本书的编者对个别译文作了局部的适当修改,请原译者谅解。

目 录

001 \ 阿尔福斯（Lars Valerian Ahlfors）

008 \ 道格拉斯（Jesse Douglas）

013 \ 施瓦兹（Laurent Schwartz）

018 \ 塞尔贝格（Atle Selberg）

025 \ 小平邦彦（Kodaira Kunihiko）

032 \ 塞尔（Jean-Pierre Serre）

037 \ 罗斯（Klaus Friedrich Roth）

042 \ 托姆（René Thom）

049 \ 赫尔曼德尔（Lars Valter Hörmander）

054 \ 米尔诺（John Willard Milnor）

061 \ 阿蒂亚（Michael Francis Atiyah）

067 \ 科恩（Paul Joseph Cohen）

072 \ 格罗滕迪克（Alexander Grothendieck）

079 \ 斯梅尔（Stephen Smale）

086 \ 贝克（Alan Baker）

091 \ 广中平祐（Hironaka Heisuke）

096 \ 诺维科夫（Sergei Petrovich Novikov）

101 \ 汤普森（John Griggs Thompson）

106 \ 芒福德（David Bryant Mumford）

111 \ 邦别里（Enrico Bombieri）

118 \ 费弗曼（Charles Fefferman）

125 \ 德利涅（Pierre Deligne）

130 \ 奎伦（Daniel Quillen）

136 \ 马尔古利斯（Grigorr Aleksandrovich Margulis）

141 \ 孔涅（Alain Connes）

147 \ 瑟斯顿（William Thurston）

153 \ 丘成桐（Yau Shing-Tung）

160 \ 唐纳森（Simon Donaldson）

166 \ 法尔廷斯（Gerd Faltings）

171 \ 弗里德曼（Michael Freedman）

177 \ 德里费尔德（Vladimir Gershonovich Drinfeld）

183 \ 琼斯（Vaughan F. R. Jones）

189 \ 森重文（Mori Shigefumi）

194 \ 威滕（Edward Witten）

200 \ 布尔甘（Jean Bourgain）

205 \ 利翁（Pierre-Louis Lions）

211 \ 约科（Jean-Christophe Yoccoz）

216 \ 泽尔曼诺夫（Efim Isaakovich Zelmanov）

222 \ 博彻兹（Richard E. Borcherds）

229 \ 高尔斯（William Timothy Gowers）

235 \ 孔采维奇（Maxim Kontsevich）

241 \ 麦克马伦（Curtis T. McMullen）

248 \ 怀尔斯（Andrew Wiles）

255 \ 拉福格（Laurent Lafforgue）

261 \ 沃沃德斯基（Vladimir Alexandrovich Voevodsky）

266 \ 欧克恩科夫（Andrei Yuryevich Okounkov）

272 \ 佩雷尔曼（Grigori Yakovlevich Perelman）

278 \ 陶哲轩（Terence Tao）

285 \ 维尔纳（Wendelin Werner）

291 \ 林登施特劳斯（Elon Lindenstrauss）

297 \ 吴宝珠（Ngô Báo Châu）

303 \ 斯米尔诺夫（Stanislav Smirnov）

309 \ 维拉尼（Cédric Villani）

316 \ 阿维拉（Artur Avila）

323 \ 巴伽瓦（Manjul Bhargava）

330 \ 海尔（Martin Hairer）

336 \ 米尔扎哈尼（Maryam Mirzakhani）

342 \ 伯卡尔（Caucher Birkar）

348 \ 菲加利（Alessio Figalli）

354 \ 舒尔茨（Peter Scholze）

360 \ 文卡泰什（Akshay Venkatesh）

365 \ 附录一　菲尔兹及菲尔兹奖简介
369 \ 附录二　沃尔夫奖及其获奖者简介
377 \ 附录三　奈旺林纳奖及其获奖者简介
379 \ 附录四　高斯奖及其获奖者简介
381 \ 附录五　陈省身奖及其得主简介
383 \ 附录六　阿贝尔奖及其获奖者简介
386 \ 附录七　国际数学联盟简介
388 \ 附录八　历届国际数学家大会简介

404 \ 参考文献
415 \ 其他资料

阿尔福斯

Lars Valerian Ahlfors

> 阿尔福斯是20世纪杰出的复变函数理论家。……对他的学生及世界各处向他学习的同行来说,阿尔福斯确是他们的楷模和良师。[1]
>
> ——克兰茨(S. G. Krantz)

> 我们生活在激动人心的时代。各个科学领域取得了巨大的进展。……与数学相关的计算机已使世界面貌为之一新……数学领域内激动人心的事更是层出不穷。[2]
>
> ——阿尔福斯

阿尔福斯是芬兰裔美籍数学家,1907年4月18日生于芬兰赫尔辛基。由于他证明了当茹瓦猜想,发展了覆盖面理论,于1936年荣获首届菲尔兹奖,时年29岁。1981年,他还荣获沃尔夫数学奖,时年74岁。

阿尔福斯1925年就读于赫尔辛基大学,1928年毕业。在大学学习期间,他有幸受到著名数学家、芬兰现代数学奠基者林德勒夫(E. L. Lindelöf)和奈旺林纳(R. H. Nevanlinna)的教导,并阅读了许多名著,打下了坚实的数学基础。1930年以一篇优秀论文获得博士学位。1930—1932年游学于欧洲各国。1932—1936年在赫尔辛基大学任副教授。1936年秋应聘为美国哈佛大学副教授。1938年回国,在母校任教授。1944—1946年任瑞士苏黎世大学教授。1946年去美国,任哈佛大学教授。1952年入美国国籍。1953年当选美国国家科学院院士。他还是芬兰科学院院士和瑞典、丹麦等国的皇家学会会员,并曾任美国数学会副主席。

美国华盛顿大学数学教授克兰茨曾评论道:"阿尔福斯是20世纪杰出的复变函数理论家。在60多年的研究工作中,他在亚纯曲线、值分布理论、黎曼曲面、共轭几何、极值长度、拟共形映射及克莱因群等方面作出了重大贡献。对他的学生及世界各处向他学习的同行来说,阿尔福斯确是他们的楷模和良师。"[1]

复变函数论是数学中一个基本的分支学科,它的研究对象是复变量的函数。复变函数论历史相当悠久,内容极为丰富,理论十分完美。它在数学的许多分支、力学以及工程技术科学中有着广泛的应用。复变函数论始于18世纪欧拉(L. Euler)、达朗贝尔(J. le R. d'Alembert)、拉普拉斯(P.-S. Laplace)的研究工作,但它的全面兴起则是在19世纪。柯西(A. L. Cauchy)、黎曼(G. F. B. Riemann)、魏尔斯特拉斯(K. T. W. Weierstrass)是复变函数论的3位主要奠基人。复变函数论的主要内容包括单值解析函数论、黎曼曲面理论、几何函数理论、自守函数和模函数理论、广义解析函数论、值分布理论、复变函数逼近理论等。阿尔福斯在复变函数论中取得了一系列的成就。他在1929年的博士论文中出色地证明了法国函数论专家当茹瓦(A.

Denjoy)于1907年提出的猜想,即如果整函数的阶为 p,有限渐近值的个数为 n,则这两个数之间有如下关系: $n \leqslant 2p$。他的证明获得了他的老师奈旺林纳的高度评价,这时他年仅22岁。

阿尔福斯证明了阶为 $p \geqslant 1/2$ 的亚纯函数的反函数最多有 $2p$ 个直接超越奇点;而当 $p < 1/2$ 时,最多有一个这样的奇点。在亚纯函数中,有以他的名字命名的阿尔福斯五圆盘定理。另外,阿尔福斯是拟共形映射理论的创始人之一。在研究奈旺林纳理论(关于整函数及亚纯函数的值分布理论)的几何意义时,他进行了细致的研究,发现奈旺林纳理论的几何形式并不要求有关函数一定是(局部)共形映射,而只要求它们是(一致)拟共形映射,从而开始探讨拟共形映射的理论。

阿尔福斯还阐明了奈旺林纳特征函数的几何意义。他引进了微分度量,并用拓扑的方法建立了覆盖面的理论作为它的应用,得到了奈旺林纳理论和关于亚纯函数的许多其他结果。这个理论还辨明了皮卡尔例外值的个数2的拓扑意义,它与球面的欧拉示性数2相联系。阿尔福斯的这一成就令数学界瞩目。因为这个理论不仅能从拓扑学的观点,而且能从结合度量的观点去研究覆盖面,均归结为一条以阿尔福斯的名字命名的基本定理,而这条定理在黎曼曲面之间解析映射的值分布理论以及其他很多领域都有广泛的应用。阿尔福斯还与法国数学家韦伊(A. Weil)共同建立了阿尔福斯-韦伊全纯曲线理论,与另外一些数学家共同发展了拟保角映射理论及其他工具,并把它们应用于黎曼面的参模问题。他应用 Cech 上同调理论和位势,建立了他的有限性定理。在关于函数族的零集方面,他用函数族来刻画集合的大小;他利用关于带形域的畸变定理,导出了角微商存在的充分必要条件。

1947年,阿尔福斯作出了施瓦茨引理的推广,证明了 n 连通区域的极值函数由一个全纯映射 f 给定。这里的 f 是 n 对一的映区域到单位圆盘上的映射,现在称为阿尔福斯映射。关于一个平面域内的某个曲线族,其长度和域的面积的关系,在函数论中已得到广泛应用,为使之一般化,阿尔福斯引进了被称为关于曲线族的极值长度的量。在阿尔福斯等人的影响下,许多数学家对泰希米勒空间(即紧曲面或有限型曲面上附带一定拓扑条件的复解析结构组成的空间)进行了广泛而深入的研究,阿尔福斯还率先给出了该空间自然的复结构。他深入地研究了与亏格为 $g(g>1)$ 的黎曼曲面相联系的泰希米勒空间 T_g 在某种自然的意义下构成一个 $3g-3$ 维复流形的有关问题。阿尔福斯的工作使这一领域成为单复变函数论最活跃的分支。阿尔福斯曾先后于 1936 年、1962 年和 1978 年三次应邀在国际数学家大会上作一小时的大会报告,主要内容是关于他在三个不同的领域所做的开创性工作。这也说明在长达 40 年的时间里,他在国际数学界一直处于权威地位。

阿尔福斯虽然不是研究几何学的,但他的工作充满了深刻的几何观念。他的工作使微分几何在函数论的各方面都得到辉煌的应用。一个典型的例子是,他对施瓦茨引理进行了影响深远的推广。法国数学家皮卡尔(E. Picard)最先抽出了施瓦茨引理的几何内容,并把它解释为庞加莱度量下有关弧长的一个命题,而阿尔福斯则证明了这个命题的适用范围要广泛得多,适用于具有一定曲率约束的许多度量。同时,由于他揭示出施瓦茨引理在偏微分方程中的根本性质,所以在某种程度上使这个引理摆脱了作为几何命题的约束,其方法的一般性使这个结果可能推广到高维以及许多不同的映射类。同样,阿尔福斯对奈旺林纳理论的各种几何处理,使得后来的许多高维推广成为可能。

1982 年,阿尔福斯出版了他的论文选集,从该选集中可以看出他对数学所作出的丰富多彩的贡献。阿尔福斯的其他主要专著还有:《拟保角映射教程》、《复分析》、《保形不变量》和《黎曼曲面》[与萨里奥(L. R. Sario)合著]等。为了表彰他的前三本著作,美国数学会 1982 年授予他斯蒂尔奖。他的《复分析》自 1953 年出版后,半个多世纪以来一直被誉为学习复变函数理论的优秀教材。该书第一版中译本于 1962 年出版,1984 年上海科学技术出版社按照原书 1976 年第三版进行了重译。此书以选材精练、叙述严谨、处理巧妙见长。在《复分析》第一版的序言中,阿尔福斯写道:"作者在本书中大量地运用了'明显地'、'显然地'、'不证自明地'等字眼。用这些词,并不是为了使内容模糊不清。相反,它们是用来检测读者的理解能力。因为若读者不理解'明显地'、'显然地'、'不证自明地'所代表的含义的话,那就最好翻回到前几页重新开始。"而阿尔福斯在讲课时,每当用到像"显然地"这样的词时,他便会微笑着环顾一下课堂,随后给出一个具体的实例来解释清楚。在芬兰及美国,阿尔福斯培养了一批复分析专家。

阿尔福斯对数学的贡献和他的个人风范受到了其学生和数学界的高度评价。瑞典乌普萨拉大学数学教授海哈尔(D. Hejhel)曾说过:"当我还是一个可塑造的学生时,阿尔福斯就以他一贯的方式,教了我很多关于怎样做一个数学家和怎样寻求有质量的成就的知识。……我觉得,在我作为一个数学工作者的早期遇到这样的人是一种特别的幸运。"[1]美国密歇根州立大学的乔根森(T. Jorgensen)说:"很荣幸认识阿尔福斯长达四分之一世纪。他是一个令人振奋的数学家,一个很特别的人。他对数学的兴趣和引导以及工作能力使他成为一个持续60年的事业的和谐的领导者。"[1]美国明尼苏达大学数学教授马登(A. Marden)说:"阿尔福斯被看作一位典型人物,不仅因为他的数学研究的品味和风格,而且因为他的职业生涯的表现。……当代复分析界的学者普遍认为,除了奈旺林纳以外,只有阿尔福斯一人有资格赢得人们的广泛尊敬。原因之一是阿尔福斯在这个领域的多数活跃分支中做了杰出的工作……原因之二是阿尔福斯客观地考虑和公正地支持其他数学家。"[1]

第二次世界大战末期,阿尔福斯为了筹足从芬兰到瑞士苏黎世的路费,曾被迫典当过他获得的菲尔兹奖金质奖章。阿尔福斯是这样评述这件事的:"获得菲尔兹奖带给了我一个很实在的好处。当被允许离开芬兰去瑞典时,我很想搭火车去我妻子那儿。可是我身上至多只有10克朗。怎么办呢?我翻出菲尔兹奖章,把它在当铺当了,从而有了足够的路费。……我确信那是唯一在当铺停留过的菲尔兹奖章,后来我一有钱便请瑞典的朋友帮忙赎回了它。"[1]

阿尔福斯对数学发表了许多深刻的见解,他曾指出:"从 19 世纪中叶以来,复变量的解析函数(特别是一个复变量的函数)的理论曾经在经典分析中起了支配作用。在 19 世纪和 20 世纪交替之际,以庞加莱(J.-H. Poincaré)、克莱因(C. F. Klein)、皮卡尔、E·博雷尔(E. Borel)、阿达马(J. Hadamard)这些人为中心,出现过一个明显的高峰。另一个繁茂时期发生在 20 世纪 20 年代,出现了奈旺林纳理论。接下去的十年是一个停顿,但这是假象,很多后来结出丰硕果实的思想都是在那时孕育的。"[3] "战时和战后头几年自然是停滞阶段。战后,最先从中得到动力的数学领域是拓扑和多复变函数,并取得了很大进展。在亨利·嘉当(H. Cartan)、本克(H. A. L. Behnke)和其他许多人的领导下,多维的解析函数和流形的理论得到了一个几乎全新的有代数和拓扑参与的结构。作为这个进展的一个结果,仍在研究共形映射的保守的分析学家和研究层论的比较激进的一派之间的隔阂扩大了。有时,好像一维的理论已经失去生命力了,正在陷入老调重弹的危险之中,隔阂一直存在着。但是,我将尽力使大家相信,经过一段很长的路程之后,老式的理论又复原了,而且进行得很好。"[3]

阿尔福斯说:"我们生活在激动人心的时代。各个科学领域取得了巨大的进展。……与数学相关的计算机已使世界面貌为之一新,巨型计算机正在制造中。最后,人工智能也许会给人们的生活带来威胁,但也可能为人类带来光明前景。数学领域内激动人心的事更是层出不穷。近几年,悬而未决的一些猜想出乎意料地得到了解决或部分解决。数学史上最引人注目的四色问题已由两位数学家借助于计算机获得解决。……重大的数学问题的突破甚为频繁……典型的是当代世界著名代数几何学家的巨大努力推进了法尔廷斯(G. Faltings)的证明……"[2] "古典分析对许多猜想都有贡献。"[2] "古典分析在日益靠拢邻近的数学分支……我自信,这个健康的势头将继续下去。"[2] 阿尔福斯还说:"我的方法是从过去看未来。加快前进的步伐是必然的。除非发生特殊情况,人们的思想是不会突然变化的,数学也会基本上像过去一样继续发展。将来不会和过去一模一样,我愿把它比作海市蜃楼。比伯巴赫猜想就曾是一个,但它已经变成现实之物。谁能知道什么时候下一个'海市蜃楼'将要变成极乐的'绿洲'呢?"[2]

  阿尔福斯虽然加入了美国国籍,但仍对他的祖国怀着深厚的感情。1978年,在他的祖国芬兰首都赫尔辛基召开的国际数学家大会上,听到雄壮而亲切的《芬兰颂》时,他激动不已,并在一小时大会报告的开头说:"我极其感谢一小时报告人选举委员会,他们给了我很大的荣誉,尤其是使我有机会在我出生的城市里向全世界的数学家作报告。自我童年以来,这个城市已经发生了很大的变化,但是,当我回到这个在我脑海里留下很多记忆的地方,我仍然感到兴奋。真的,诸位,今天对我更是极不寻常。"[3]

  1986年的国际数学家大会在美国伯克利举行,适逢颁发菲尔兹奖50周年纪念,经与会者口头表决,由阿尔福斯——首届菲尔兹奖得主之一,担任这届大会的名誉主席,并由他亲自将本届菲尔兹奖和奈旺林纳奖授予4名获奖者。

  阿尔福斯于1996年10月11日在美国马萨诸塞州的皮茨菲尔德逝世,享年89岁。

道格拉斯

Jesse Douglas

> 极小曲面后来的发展是由普拉托问题所支配的,这种状况一直延续到1931年拉多(T. Radó)与道格拉斯解决了普拉托问题为止。[4]
>
> ——陈省身

> 我在上大学时,因第一次世界大战,条件相当艰苦,而你们20世纪60年代的大学生,条件已相当好,你们不应该再有抱怨。[5]
>
> ——道格拉斯

道格拉斯是美国数学家,1897年7月3日生于美国纽约。由于他出色地解决了普拉托极小曲面问题,1936年荣获首届颁发的菲尔兹奖,时年38岁。但他因故未能到会领奖,而是由美国著名数学家维纳(N. Wiener)代他领的。

道格拉斯1916年毕业于纽约市立学院,1917—1920年在哥伦比亚大学攻读研究生,1920年获博士学位。1920—1926年在哥伦比亚大学研究微分几何。1926—1930年访问过普林斯顿大学、哈佛大学,并曾到芝加哥、巴黎、格丁根等地的多所大学游历。1930—1936年在麻省理工学院任教,后来到普林斯顿高等研究院做研究工作。1942年之后回到纽约,在布鲁克林学院、哥伦比亚大学任教,1955年回到他的母校纽约市立学院任教。

道格拉斯自幼勤奋好学,在中学时就开始"钟情"于数学。在大学一年级时,因数学成绩优异他曾荣获纽约市立学院颁发的贝尔登奖。

道格拉斯的主要成就,是他对普拉托问题的研究。

1847年,比利时物理学家普拉托(J. A. F. Plateau)对肥皂泡的试验,促进了一个新的研究领域——极小曲面的形成。所谓极小曲面,是指在空间内以给定的闭曲线为边缘时,肥皂膜因表面张力而呈现使表面积为最小的形状,这种表面积最小的曲面就称为极小曲面。求解空间内以给定闭曲线为边界的极小曲面的问题,称为普拉托问题。

普拉托问题之所以引人瞩目,是因为不少著名数学家都曾研究过这个问题。早在普拉托之前,法国著名数学家拉格朗日(J. L. Lagrange)在1760年就导出了极小曲面的方程,后来又有不少数学家发现了极小曲面的一些例子。特别是与普拉托同时代的德国著名数学家魏尔斯特拉斯给出了极小曲面方程的通解。后来德国著名数学家黎曼和施瓦茨(H. A. Schwarz)等人研究了以一些特殊的多边形为边界的极小曲面的存在性。1928年,圆盘型广义极小曲面的普拉托问题解的存在性也得到了证明。但是,自19世纪中叶到20世纪30年代之前的70多年间,普拉托问题研究并没有取得突破性的进展,因为这是一个非线性偏微分方程的边值问题,当时处理这类问题的手段并不多,解偏微分方程的传统方法在这里起不了作用。

道格拉斯是在哥伦比亚大学攻读研究生时,在他的导师、美国著名数学家卡斯纳(E. Kasner)主持的微分几何讨论班上了解到普拉托问题的。这一问题激发起他极大的兴趣,促使他开始了顽强的研究。道格拉斯在前辈数学家研究的基础上,独辟蹊径,引进了关于边界值的新的泛函(现称道格拉斯泛函),建立并证明了下述存在定理:给定任意闭的可求长的若尔当空间曲线 C,则总存在一个以 C 为边界的广义极小曲面。道格拉斯的工作,不仅给出了关于普拉托问题一个确切的提法和肯定的回答,而且提出了解决这类问题的一种新方法。正因为这一杰出贡献,他荣获了1936年度菲尔兹奖。

另外,关于多连通域的保角映射,把给定的域——保角映射到一些典型域(即沿几个同心圆弧或射线切开全平面、圆盘或同心圆环所得到的域,具有平行裂纹的平面,等等)的可能性,希尔伯特(D. Hilbert)、克贝(P. Koebe)等给出了位势论的证明,伦格尔(E. Rengel)、格伦斯基(H. Grunsky)等给出了函数论的证明。另外,克贝还证明了——保角映射到从全平面除去互不相交的圆盘后所得到的域的可能性。后来,道格拉斯和库朗(R. Courant)把它作为普拉托问题解的存在性的特殊情形予以导出,从而揭示了有限条边界曲线的情形,以及当指定了作为曲面的拓扑结构的亏格及可否定向时,推广的普拉托问题的解是存在的,另外还可推广到边界不是固定的曲线而仅仅位于已给流形上的情形。

道格拉斯关于普拉托问题的工作,激发了一批后继结果,其中包括道格拉斯的解可能有孤立的分支点,在分支点处曲面不是浸入。这些成果吸引了不少数学家对其进行研究。一直到1970年,美国数学家奥斯曼(R. Osserman)才证明了道格拉斯的解是处处内部正则的,即不会有分支点。后来,1982年度的菲尔兹奖得主丘成桐又解决了何时浸入化为嵌入的问题。

另一方面,道格拉斯的工作主要是关于三维空间的曲面,在此基础上,陈省身、项武义和丘成桐等数学家,将极小曲面的研究扩展到高维流形,并取得了重要成果。特别是近年来随着弦论的发展,道格拉斯关于极小曲面的文章在发表60年之后,又得到了进一步的关注,意大利物理学家雷杰(T. Regge)就指出了极小化的道格拉斯函数与弦的波函数的基本状态之间的联系。

综上所述,我们可以发现极小曲面是和复变函数论、变分法、拓扑学、微分几何等都关联很深的研究领域。

除了普拉托问题以外,道格拉斯还研究过变分问题的逆问题,出色地解决了三维空间变分问题的逆问题。

道格拉斯对芬斯勒空间联络理论也有建树。芬斯勒空间是由瑞士著名数学家芬斯勒(P. Finsler)引入的,他首先以芬斯勒测度(这种测度是以坐标及其微分的更一般函数来表示的)来代替黎曼测度。一个具有芬斯勒测度的微分流形叫作芬斯勒空间。道格拉斯对芬斯勒空间的联络进行了研究。他将满足流形上的微分方程 $\frac{d^2 x^i}{dt^2} + 2G^i\left(x, \frac{dx}{dt}\right) = 0$ 的曲线,叫作道路(path)。研究这种性质的理论为一般道路几何。这种理论是由维布伦(O. Veblen)和托马斯(T. Y. Thomas)开创的,而道格拉斯将它推广成上述形式。

另外,道格拉斯对群论也有建树,他得出了如下重要结论:由两个元素 A、B 生成的有限群,其中每一个元素均可表示成 $A^m B^n$(其中 m, n 是整数)。

道格拉斯关于普拉托问题的方法和成果,经过许多数学家的简化和改进,现在已发展成所谓的"变分直接方法",成为解决一大类偏微分方程的得力工具。道格拉斯对数学的执着追求及其治学态度、治学方法更深深地影响着他的学生。他的学生、美国数学家斯坦哈特(F. Steinhardt)曾说过:"我很幸运,因为道格拉斯是我的老师……如果没有他的信念和对数学的执着,我就不可能在数学上有所建树。"[5]

道格拉斯主讲过多门数学课程,教学任务极其繁重。他曾说过:"我在布鲁克林学院每周有19小时的教学任务,其中包括教授复变函数和变分法两门课。但我衷心希望每周只有6小时的教学任务,以使我有时间继续从事数学研究。"[5]他对几何学特别钟情,并曾风趣地说:"我的切身体会是:几何学家是好人……"[5]

道格拉斯对大学生寄予了殷切的希望,他曾说:"我在上大学时,因第一次世界大战,条件相当艰苦,而你们20世纪60年代的大学生,条件已相当好,你们不应该再有抱怨。"[5]

1943年,道格拉斯还荣获了美国数学会颁发的博歇奖,以表彰他1939年发表的3篇论文:《格林函数与普拉托问题》、《更一般的普拉托问题的形式》、《变分法的逆问题的解》。

道格拉斯于1965年10月7日在美国纽约逝世,享年68岁。

施瓦兹

Laurent Schwartz

施瓦兹1947年的成果意义在于给出了广义函数一个统一的描述。[6]

——特里夫斯（J. Treves）

我将广义函数看作检验函数空间的泛函。[9]

——施瓦兹

施瓦兹是法国数学家,1915年3月5日生于法国巴黎。由于他创立了广义函数论这一现代数学的重要分支,于1950年荣获菲尔兹奖,时年35岁。

施瓦兹于1934年考入巴黎高等师范学院,1937年毕业后到斯特拉斯堡大学攻读博士学位,在此期间第二次世界大战爆发,他应征入伍。1940年退役后,他又回到斯特拉斯堡大学继续学习,1943年以《实指数和研究》的论文获得博士学位。之后他先在格伦堡理学院任教一年,然后去了南锡大学并成为南锡大学理学院教授。也就是在这里他完成了使他获得菲尔兹奖的广义函数论的基础性工作。1953年施瓦兹回到巴黎,担任巴黎大学教授直至1959年。1959—1980年,他担任巴黎综合工科学校教授,随后又在巴黎大学工作了3年,于1983年退休。1974年,施瓦兹当选法国科学院院士。

1940年的斯特拉斯堡大学,云集了当时法国的许多重要数学家,其中包括迪厄多内(J. Dieudonné)、亨利·嘉当和韦伊等。施瓦兹来到这里后,在这些数学名家的影响下,接触到了代数学、拓扑学中的许多新思想,特别是这些新思想在分析学中的应用。受此影响,他的博士学位论文《实指数和研究》中就渗透了迪厄多内的泛函分析思想。在此基础上,他在多项式、平均周期函数、指数和、调和分析、调和综合等诸多领域完成了他早期的一系列工作。

第二次世界大战结束时,施瓦兹通过独立研究得到了一般泛函空间中对偶性的完整理论,为广义函数论的建立迈出了重要一步。而施瓦兹最主要的贡献,就是系统地建立了广义函数论。

广义函数是经典函数概念的推广。研究广义函数的广义函数论是泛函分析的具有广泛应用的重要分支。历史上第一个广义函数是由诺贝尔物理学奖获得者狄拉克(P. A. M. Dirac)引进的。他为了阐述量子力学中某些量之间的关系,引入了一个函数$\delta(x)$:当$x \neq 0$时,$\delta(x) = 0$;当$x = 0$时,$\delta(x) = \infty$。该函数的一个性质是$\int_{-\infty}^{+\infty} \delta(x) \, dx = 1$(其中$x$可以是高维的,这时积分号也相应地表示多重积分,下同),显然,这在经典函数论意义下是很难理解的。直观来看,它与经典函数怎么也产生不了直接联系。然而,物理学上的一切"点"量,如质点、点电荷、偶极子等物理量,若用这种函数描述,不仅方便、物理含义清晰,而且把它作为普通函数参与运算,如对它进行微分和傅里叶变换,将它代入微分方程求解等,所得到的数学结论和物理结论是吻合的。这就促使人们要为这类奇怪的函数建立严格的数学基础。

最初人们是把 $\delta(x)$ 这种奇怪的函数设想成直线上某种分布所对应的"密度函数",所以广义函数论也叫分布理论。1936年,索博列夫(C. Л. Соболев)在研究双曲型方程的柯西问题时,用分部积分引入了广义导数和微分方程广义解的概念,并把 δ 函数及其导数 δ' 等视为某个函数空间上的线性泛函,从而向广义函数论的建立迈出了决定性的一步。

后来,随着泛函分析的发展,施瓦兹在综合归纳前人成果的基础上,运用泛函分析的观点,为广义函数建立了一套统一完整的理论,使得在经典函数意义下难以理解的奇怪函数得到了自然的解释。

我们在前面已经知道了 δ 函数的一个性质,即 $\int_{-\infty}^{+\infty} \delta(x) \mathrm{d}x = 1$。如果更进一步,对于任意连续函数 $\varphi(x)$,还有:

$$\int_{-\infty}^{+\infty} \delta_{x_0}(x) \varphi(x) \mathrm{d}x = \varphi(x_0) 。$$

这是一个泛函(标量值),由此施瓦兹发现,对于任一个可积函数[记为 $f_{x_0}(x)$,包括 $\delta_{x_0}(x)$,当 x_0 取 0 时,则简记为 $f(x)$ 或 $\delta(x)$,以下即以此简记作叙述],再考虑一个连续函数类(记为 Φ),这时必有记为 (f, φ) 的函数满足:

$$(f, \varphi) = \int_{-\infty}^{+\infty} f(x) \varphi(x) \mathrm{d}x, \qquad (1)$$

其中 $\varphi(x) \in \Phi$,(f, φ) 是泛函,因此说存在泛函映射

$$f: \begin{matrix} \Phi \to R \\ \varphi \mapsto (f, \varphi) \end{matrix},$$

而且对于这样的 Φ,其泛函数集 $\{(f, \varphi) | \varphi \in \Phi\}$ 是线性的。如果将 Φ 称为函数空间,则 $\{(f, \varphi)\}$ 叫作 Φ 的对偶空间,也就是说对于一个确定的 Φ,任

一个可积函数 $f(x)$ 皆决定着 Φ 的一个对偶空间(对偶空间非唯一性)。

再反过来看,对于一个确定的 Φ,则存在不止一个 $f(x)$ 分别确定着 Φ 的一个对偶空间,而往往有无穷多个这样的函数,记其总体为 $F=\{f(x)\}$。已经确认 F 中函数远不只是经典函数,还有很多非经典的函数。我们就将 F 中的函数(元素)叫作广义函数,或者说把满足(1)式的函数叫作广义函数。

显然,δ 函数属于广义函数,换句话说,在广义函数意义下,δ 函数不再"奇怪"而成为名正言顺的"正常"函数了。

的确,广义函数论已从理论上严格证明了在线性泛函及其对偶空间意义下,δ 函数只不过是经典函数在所谓弱收敛下的极限函数而已。也就是说,原来"除了在一点的值为无穷大外,点点皆零的奇怪函数",只是一个并不奇怪的函数序列的弱极限情形,即 $\lim_{\varepsilon \to 0} \delta_\varepsilon(x) = \delta(x)$ 的情形。数学家特里夫斯指出:"施瓦兹1947年的成果意义在于给出了广义函数一个统一的描述。广义函数是推广一类在有限紧支集以外为0的无穷可微函数所构成的 C_c 空间上的连续线性泛函而形成的。它是在抽象函数与对偶空间基础上给出的系统而严格的描述,所用的技巧是值得关注的,它在韦伊给出的局部紧群的积分表示中的应用也表明了这一点。"[6]

数学家博尔(H. Bohr)指出:"(施瓦兹的论文)确实将会是我们时代的经典数学论文之一……我认为引用了他的论文的每个读者(比如我自己),都会感到很舒服,因为看到该理论导致的计算和对其本质的理解令人吃惊地和谐。"[6]

此外还应该指出,施瓦兹创立的广义函数论一经出现就在泛函分析和整个现代数学中得到了广泛应用和发展。盖尔范德(И. М. Гельфанд)和希洛夫(G. E. Shilov)合作,更为全面地定义了各种类型的广义函数,经过进一步完善并出版的《广义函数论》(6卷本,1954年),与施瓦兹的《广义函数论》一起,至今还是这一领域的基础理论著作,成为函数分析专家们的"圣经"。

另外，广义函数论也得到了越来越多的应用，例如它为傅里叶变换理论提供了新方法，在局部紧群的表示论、概率论以及流形理论中的同调论方面也有应用，而且在核型空间理论与复流形方面也得到了应用。对此，特里夫斯还谈到，"由于分布论中可微性的需求，检验函数和它的对偶空间从某种意义上说是更为复杂的，它导致属于希尔伯特空间和巴拿赫空间的熟知范畴的拓扑向量空间的更广泛研究，进一步还指出了诸如偏微分方程、多复变函数等分析领域的一些新前景，同时正如他自己和其他学者显示的那样，施瓦兹的思想还可用于许多别的、C_c 以外的所谓检验函数空间。"[6]

施瓦兹对概率论也作出了重要贡献，特别是在随机过程方面，他系统地论述了半鞅和随机积分以及随机微分方程的深刻几何（内蕴）含义。

施瓦兹也非常关心政治，他总是从一个道德学家的立场来观察它，他对政府官员不讲情面，但能以礼相待，他常开玩笑地说："成为法国科学院院士的为数不多的几个好处之一，是院士这个头衔可能迫使一些官员'做正确的事'。"[7]在20世纪70年代末，他是为数不多的抗议苏联入侵阿富汗的欧洲左翼成员之一。

施瓦兹的家庭是一个数学世家，他的岳父是著名数学家莱维（P. Lévy），他的妻子玛丽-海伦（Marie-Hélèn）也是数学家，他的女儿罗伯特（C. Robert）是统计学教授。在这个数学世家中有不少趣闻轶事。例如，莱维思维敏捷但记忆力很差，有一次施瓦兹问莱维是否知道勒贝格的稠密性定理的证明，莱维说："记不得了，不过我可以想法给出一个证明。"半小时以后，他给出了一个漂亮简洁的证明。6个月后，莱维问施瓦兹是否知道勒贝格的稠密性定理的证明，施瓦兹把莱维自己的证明告诉他，莱维说："啊！多么好的证明，我从未想到过。"当施瓦兹告诉他这个是他6个月前给出的证明，莱维说："我从来没有给出过这样的证明。"

施瓦兹2002年7月4日逝世于巴黎，享年87岁。

他逝世后，数学家孔涅（A. Connes）在一篇题为"向施瓦兹致敬"的文章中，称"施瓦兹是我们大家的楷模"。

▲
塞尔贝格

Atle Selberg

当代有名的数论大家塞尔贝格曾经说,他喜欢数学的一个动机,是以下的公式:$\frac{\pi}{4}=1-\frac{1}{3}+\frac{1}{5}-\cdots$。这个公式实在美极了,单数 1,3,5,… 这样的组合可以给出 π。对于一个数学家来说,此公式正如一幅美丽图画或风景。[8]

——陈省身

我认为对中学数学的内容一定要重新斟酌,应该增加一些涉及如何发现并令人振奋的内容。[9]

——塞尔贝格

塞尔贝格是挪威裔美籍数学家，1917年6月14日生于挪威郎厄松。由于他所做的关于黎曼ζ函数零点分布问题的出色成果，以及对素数定理的初等证明，于1950年荣获菲尔兹奖，时年33岁。1986年他还荣获了沃尔夫数学奖，时年69岁。

塞尔贝格的父亲和两个兄弟都是数学教授，由于受家庭环境的感染和熏陶，他自幼就喜欢数学。大约在13岁时，他开始自学高等数学。当他见到 $\frac{\pi}{4}$ 的莱布尼茨级数 $\left(1-\frac{1}{3}+\frac{1}{5}-\frac{1}{7}+\cdots\right)$，发现它是由奇数的倒数及加、减符号交错变化而构成时，他感到非常惊奇，更对数学心驰神往，决心要知道这个公式是怎样来的。当他还是一个中学生时，就已经自修了几年高等数学，所读的书都是从他父亲的书房中找到的。当他阅读了哥哥从大学图书馆借回的印度数学家拉马努金(S. A. Ramanujan)的全集之后，简直像发现了新大陆，极大地唤起了他的想象力。在上大学之前，他就写了一篇论文，题目是"关于某些数论的等式"。后来他就读于奥斯陆大学，学习成绩优秀，毕业后留校攻读研究生，1943年获博士学位。1942—1947年任奥斯陆大学研究员，后当选挪威科学院院士。1947年移居美国，先在普林斯顿高等研究院任职，1948—1949年任美国锡拉丘兹大学副教授，1949年回到普林斯顿高等研究院任研究员，1951年升为普林斯顿高等研究院教授。他是美国艺术与科学学院院士。

塞尔贝格是当代著名的数论大师。数论是研究数的规律，特别是研究整数性质的数学分支。它与几何学一样，既是最古老的数学分支，又是始终活跃着的数学研究领域。整数之间的一些简单而奇妙的关系，早在古代就被发现了，并使人们感到惊异。直角三角形三条边的边长关系式 $a^2+b^2=c^2$，就是一个著名例子。寻求具有同样关系的其他数的问题，成为毕达哥拉斯学派的研究对象。17世纪，法国数学家费马(P. de Fermat)证明或提出了许多数论方面的命题，其中最有名的是"费马大定理"。现代数论的统一理论发端于1801年高斯(C. F. Gauss)在24岁时完成的不朽之作——《算术研究》,确定了至今依然适用的有关这一课题的研究方向。18世纪末,勒让德(A. M. Legendre)出版了他的巨著《数论》,试图集数论成果之大成。数论这个名称就是由这个书名而来的。从方法上讲,数论可以分成初等数论、解析数论与代数数论等主要分支。数论中许多命题和结果的提法一般都非常简单,但证明却往往十分困难,常常需要广泛而深奥的数学工具。数论中有许多命题,吸引了不同时代的许多杰出的数学家去研究,像欧几里得(Euclid)、埃拉托色尼(Eratosthenes)、丢番图(Diophautus)、婆什迦罗(Bhāskara)、巴歇(C. G. Bachet)、费马、欧拉、拉格朗日、勒让德、高斯、柯西、黎曼等数学大师,都热衷于数论命题的探索。高斯就曾说过:"数学是科学的皇后,数论是数学之王。"

塞尔贝格勤于思考,才华横溢。他1942年的博士论文《论黎曼ζ函数的零点》便使他崭露头角。这篇长达59页的论文,研究了著名的"黎曼猜想"。黎曼在1859年证明素数定理的论文《论不大于给定数的素数个数》中提出了著名的ζ函数:

$$\zeta(s) = 1 + \frac{1}{2^s} + \frac{1}{3^s} + \cdots + \frac{1}{n^s} + \cdots,$$

其中复数$s = a + ib$。黎曼猜想$\zeta(s)$的零点除明显的外,都位于复平面中$a = \frac{1}{2}$这条直线上。从1859年算起,过了近130年,这个问题一直未能彻底解决。1914年英国数学家李特尔伍德(J. E. Littlewood)、1936年蒂奇马什(E. C. Titchmarsh)先后对高度为有限的带域进行了验证。1942年,塞尔贝格引入新的想法,证明了存在一个常数A,使得$N_0(T) \geq AT\ln T$。其结果是,相当大一部分零点落在临界线上。这大体相当于$N_0(T) \geq A \cdot N(T)$〔这里$N(T)$是矩形$\{0 < t < T, 0 \leq \sigma < 1\}$中$\zeta(s)$的零点个数,$N_0(T)$是线段$\{0 < t < T, \sigma = \frac{1}{2}\}$上$\zeta(s)$的零点个数〕。塞尔贝格虽然没有具体算出其中的常数$A$的值,但用他的方法得出的$A$显然是非常小的,这离黎曼猜想所要求的$A=1$还很远。虽然如此,他的结果仍被认为是研究黎曼猜想的重大进展,并得到了菲尔兹奖评奖委员会的高度评价。塞尔贝格也因此声誉鹊起。

19世纪初,高斯和勒让德根据大量具体的数字资料猜想:对于相当大的整数 N,小于 N 的素数的个数记为 $\pi(N)$,当 $N\to\infty$ 时 $\pi(N)$ 大约是 $\frac{N}{\ln N}$,即

$$\pi(N) \sim \frac{N}{\ln N} \ (N\to\infty) \text{ 或 } \lim_{N\to\infty}\frac{\pi(N)}{\frac{N}{\ln N}}=1 \text{。}$$

这就是素数定理,它揭示了素数的分布状况。但对于这个定理的证明,却在50年间毫无进展。一直到1850年,俄国数学家切比雪夫(П. Л. Чебышев)首开纪录,证明 $\pi(N)$ 满足不等式

$$a\frac{N}{\ln N} < \pi(N) < b\frac{N}{\ln N},$$

此处 $a=0.92129$,$b=1.10555$。1859年,黎曼发表《论不大于给定数的素数个数》一文,但文章极其简略,证明疏漏很多。其后30多年间又有不少数学家力图证明黎曼论文中所表达的主要结果,但都徒劳无功。1896年,法国数学家阿达马和比利时数学家瓦莱–普桑(C. de la Vallée-Poussin)分别独立地运用高深的解析工具,即复变函数方法,证明了黎曼 ζ 函数的复零点的实部都不等于1,进而证明了素数定理。前者用复变量的整函数理论,后者用黎曼 ζ 函数。以后维纳又给出了一个复杂的新证明。将近一个世纪的努力使许多人怀疑这个定理是否能够用初等方法证明。1921年,英国解析数论大师哈代(G. H. Hardy)在哥本哈根数学会发表讲演时就说过,虽然"断言一个定理肯定不能用某种方法证明是轻率的",但是素数定理的初等证明照他看来是不可能的。"如果谁给出了素数定理的初等证明,那他就证明了(我们现在关于数论、解析函数论中何谓深刻、何谓肤浅的)见解是错误的……从而就到了该丢掉一些著作来重写理论的时候了。"就在哈代说这番话的28年后,年仅31岁的塞尔贝格和另一位35岁的匈牙利数学家埃尔德什(P. Erdös)同时分别用初等方法证明了素数定理。他们两人都没有利用 ζ 函数,而且除了极限、e^x 和 $\ln x$ 的性质外,也不需要其他高深的分析知识。他们两人的证明都用到了一个不等式——现在被习称为塞尔贝格–埃尔德什不等式。他们的证明轰动了世界数论界。

1950年，在美国坎布里奇举行的国际数学家大会上，塞尔贝格荣获菲尔兹奖。获奖后，他又在数论的许多分支上作出了重要贡献。1952年他对布龙筛法作了改进。他的方法具有高度的技巧，由他改进后的筛法大大缩小了上、下界的界限。塞尔贝格的工作大大加快了解决一系列棘手数论问题的速度。1956年，他发表了一篇重要论文《弱对称黎曼空间中的调和分析和不连续群及其对狄利克雷级数的应用》。在这篇论文中，他引入了弱对称黎曼空间，这是对称黎曼空间概念的一种推广；他还引进了重要的迹公式，推广了古典的泊松求和公式，可用来计算自守函数空间的维数以及赫克算子的迹；等等。由于他的揭示，酉表示论与自守形式理论及数论产生了联系。关于代数数域的 ζ 函数和 L 函数，他也进行了研究。他定义了广义艾森斯坦级数，进而研究了它的解析性质及其函数方程。对于球函数，他得到了当 G 为李群时，球函数是 C^∞ 函数的结论。1960年，在印度孟买召开的国际函数论会议上，他和韦伊提出了"除去一个例外，格子群都是算术群"的猜想——现称为塞尔贝格猜想。这个猜想后来被苏联数学家马尔古利斯（Г. А. Маргулис）解决。从20世纪60年代起，塞尔贝格的研究兴趣开始转向连续群的离散子群，这导向了非交换调和分析及朗兰兹纲领，又导向韦伊等人关于算术子群的研究以及与遍历理论有关的研究方向。塞尔贝格的思想、工作、成果使人们能够将看来相距甚远的数学分支结合起来，像离散群理论与自守形式理论、半单李群的表示、ζ 函数理论与散射理论等等就是如此。

塞尔贝格成就卓著，在20世纪的数学史上留下了不少以他的名字命名的数学名词，如塞尔贝格不等式、塞尔贝格等式、塞尔贝格渐近公式、塞尔贝格筛法、塞尔贝格 ζ 函数、塞尔贝格猜想等等。

2002年，在挪威纪念阿贝尔诞辰200周年时，他荣获了阿贝尔特别奖。

塞尔贝格认为，数学是一种最激动人心的智力活动。他曾感慨地说："我很同情非数学家，我觉得他们失去了一种最激动人心的、丰富的智力活动的回报。"[9]他又说："人们常常将数学与艺术比较，特别是与音乐比较。

确实,数学与音乐方面的才能都会在人们想象不到的幼年时期就焕发出光彩,然而音乐才能会比数学才能早得多地得到人们的承认。在数学中,美学的考虑,漂亮、简洁、别致等等是与其真理性一样重要的。如果我们将数学视为知识的实体,则它肯定会被确认为是一门科学。但如果我们从其生长和积累的过程来看,则数学更像一种艺术。数学只关心人的心智所创造出来的对象和结构,尽管这些对象和结构可能反映了所谓现实世界中的事物或是它们的模型。"[9]

对于数学发展的特点,塞尔贝格说:"在其他自然科学中,当新东西出来时就把老东西抛弃了,在数学中则不然。古希腊数学家,如欧几里得、阿基米德(Archimedes)和阿波罗尼乌斯(Apollonius),他们的东西今天仍然是正确的,尽管他们的工作是在2000多年以前做的。然而在内容和实质保持不变时,表达它们的形式却一直在变化着。从一代人到另一代人,表现数学面貌的东西发生着深刻的变化;甚至在较短的时间间隔内,它们就会发生根本性的变化。"[9]"数学可以通过多样化、复杂化和专门化等多种途径发展:如一个主题可以按互相分离的专门分支沿几个方向分叉;另一方面又可以交汇、综合、简化、统一,在一些看来相距较远又没有任何联系的不同数学领域之间,通过架桥铺路,最终使它们变得密切相关。"[10]"古希腊数学建立了点、线、面的概念以及它们之间的关系。西方数学只是在意大利实现了数学的复兴后,才把自己建立在数的概念上并持续了几百年。今天,我们的数学主要关心的是结构以及结构间的关系,而不是数之间的关系。这种情况最初发生在1800年前后,在这个方向上的首次突破自然是抽象群概念的引入,目前它在数学领域中无所不在。"[9]

关于数学才能,塞尔贝格认为:"数学才能表现在许多方面,有一些数学家是理论的创立者,还有一些是解决问题的能手,另一些善于提炼出问题——我不是说他们创造问题,换言之,他们能够发现新的数学对象或关系中的孤立的例子,而这些新对象和关系以后将发展成内容丰富的理论。这些不同能力或天赋是无高低上下之分的。归根结底,为保持数学持续繁荣,这些才能都是必要的。"[9] "数学家工作的巅峰通常出现在30岁到40岁之间。"他强调指出:"由于死板的体制,由于老师对那些少见的、不平常的学生缺乏理解,而没有对他们实行特殊对待,最终,使天才无从发挥自己的能力。……要在各级教育系统中体谅那些不寻常的、可能在某个方面有特别天赋的孩子。"[9]

对于中学的数学教育,塞尔贝格说:"我曾经跟很多已成为数学家的人谈起他们在中学所学的数学。他们中的大多数并未从中得到特别的鼓舞,而是自学自己偶然碰到的或以某种方式得到的数学。我自己就是一例。"[9] 因此,"我认为对中学数学的内容一定要重新斟酌,应该增加一些涉及如何发现并令人振奋的内容。……除了中学的教学外,我认为……很重要的一件事是公共图书馆应藏有相当数量的数学书籍,以便鼓励那些希望在学校课程之外找到什么新东西的人,使他们产生兴趣。"[9]

1998年5月30日至6月15日,塞尔贝格应北京大学的邀请来我国进行学术访问:6月2日在北京大学作了题为"素数定理过去一百年来的综述"的报告;其后又到山东参加了山东大学举办的第三届近代数论研讨班,并于6月8日在该研讨班上作了题为"关于L函数线性组合的临界线的零点"的报告,6月9日又在该研讨班上作了题为"素数定理的初等证明的概述"的演讲,并深情地介绍了他的菲尔兹奖获奖工作;6月12日到西北大学以"我的数学生涯"为题作了演讲。6月14日正逢塞尔贝格的81岁寿辰,我国著名数学家、中国科学院院士、中国科学院数学研究所前所长、中国数学会前理事长王元教授特设宴为他祝寿。在华期间,塞尔贝格还兴致勃勃地参观游览了故宫、长城、颐和园、天坛、孔庙、兵马俑等名胜古迹。在塞尔贝格访问过程中,我国著名数论专家潘承彪教授一直陪伴着他。潘承彪教授对笔者李心灿说:"塞尔贝格的工作对以陈景润为代表的我国解析数论工作者的工作有直接的重要影响,塞尔贝格也对陈景润的工作有很高的评价。"

塞尔贝格于2007年8月6日在美国普林斯顿逝世,享年90岁。

小平邦彦

Kodaira Kunihiko

> 使复流形理论急速发展,其中心原动力总是来自小平先生。……《小平邦彦西文论文集》中……记录了20世纪复流形进展的本质。这是把小平先生称为流形论之严父的原因。[11]
>
> ——饭高茂

> 要理解数学,不靠数觉便一事无成。没有数觉的人不懂数学,就像五音不全的人不懂音乐一样。
>
> ——小平邦彦

小平邦彦是日本数学家，1915年3月16日生于日本东京。由于他推广了代数几何的一条中心定理——黎曼-罗赫定理，证明了狭义凯勒流形是代数流形，得到了小平邦彦消灭定理，于1954年荣获菲尔兹奖，时年39岁。1985年他还荣获了沃尔夫数学奖，时年70岁。

小平邦彦自幼就对数学有着浓厚的兴趣，在中学学习平面几何时，他对那些需要添辅助线来证明的问题尤为着迷，以至于老师称赞他是"辅助线的爱好者"。从中学三年级起，他花了半年时间，就把中学的数学课程全部自修完毕。小平邦彦于1932年考入第一高等学校理科学习；1935年考入东京帝国大学理学院数学系学习；1938年毕业后，又到物理系学习了3年，1941年毕业。1941年任东京文理科大学副教授，1944年任东京大学副教授。1949年获理学博士学位，同年赴美国普林斯顿高等研究院工作，1955年任普林斯顿大学教授。此后，历任约翰斯·霍普金斯大学、哈佛大学、斯坦福大学教授。1965年当选日本学士院会员。1967年回到日本任东京大学教授。1975年任学习院大学的教授。他还是美国国家科学院和格丁根科学院外籍院士。

小平邦彦在大学二年级时，就写了一篇关于抽象代数学方面的论文，大学三年级时他醉心于拓扑学，不久又写出了拓扑学方面的论文。1938年他开始到物理系学习。帝国大学物理系的数学色彩很浓，主要是搞数学物理学研究，这对他来说真是如鱼得水。他在读了冯·诺伊曼（J. von Neumann）的《量子力学的数学基础》，范·德·瓦尔登（B. L. van der Waerden）的《群论和量子力学》以及外尔（H. Weyl）的《空间、时间与物质》等著作后，深刻认识到数学和物理学之间的密切联系。当时日本正出现研究泛函分析的热潮，小平邦彦也积极加入到这门学科的研究中去。他在1937—1940年的大学学习期间，共写了8篇高质量的数学论文。

大学毕业后，小平邦彦留校工作。当时正值战争年代，东京开始疏散，他也搬到乡下，在十分艰苦的条件下，独立完成了3篇关于调和积分的论文，其中一篇对多变量正则函数与调和性质的关系给出了极好的结果。著名数学家外尔看到后大加赞赏,并于1949年邀请他到美国普林斯顿高等研究院工作。在外尔等人的鼓励下,小平邦彦以只争朝夕的精神,刻苦努力地研究,用5年时间发表了20多篇高水平的论文,获得了许多重要成果。其中引人瞩目的成果之一,是他将古典的单变量代数函数论的中心结果和代数几何的一条中心定理——黎曼-罗赫定理,由曲线推广到曲面。黎曼-罗赫定理是黎曼曲面理论的基本定理,概括地说,它是研究在闭黎曼曲面上有多少线性无关的亚纯函数(在给定的零点和极点上,其重数满足一定条件)。所谓闭黎曼曲面,就是紧的一维复流形。在拓扑上,它相当于球面上连接了若干个柄。柄的个数g是曲面的拓扑不变量,称为亏格。黎曼-罗赫定理可以表述为,对任意给定的除子D,在闭黎曼曲面M上存在多少个线性无关的亚纯函数f,使f的除子(f)满足$(f) \geq D$?如果把这样的线性无关的亚纯函数的个数记作$l(D)$,同时记$i(D)$为M上线性无关的亚纯微分ω的个数,它们满足$(\omega)-D \leq 0$,那么,黎曼-罗赫定理就可表示为:

$$l(D)-i(D)=d(D)-g+1,$$

$d(D)=\sum n_i$称为除子的阶数。由于这一定理具有将复结构与拓扑结构沟通起来的深刻性,如何将其推广到高维的紧复流形自然成为数学家们长期追求的目标。小平邦彦经过潜心研究,用调和积分理论将黎曼-罗赫定理由曲线推广到了曲面。不久,德国数学家希策布鲁赫(F. E. P. Hirzebruch)又用层的语言和拓扑成果把它成功地推广到高维复流形上。

小平邦彦对复流形进行了卓有成效的研究。复流形是这样的拓扑空间,其每点的局部可看作和C^n中的开集相同。几何上最常见而又相对简单的复流形是凯勒流形。紧凯勒流形的几何和拓扑性质一直是数学家们关注的一个重要问题,特别是利用它的几何性质(由曲率表征)来获取其拓扑信息(由同调群表征)。小平邦彦经过深入研究得到了这方面的基本结果,即所谓的小平消灭定理。例如,其中一个典型结果是,对紧凯勒流形M,如果其凯勒度量下的里奇曲率为正,则对任何正整数q,都有$H^{(0,q)}(M,C)=0$,这里$H^{(0,q)}(M,C)$是M上取值于$(0,q)$形式芽层的上同调群。另外,小平邦彦还得到了所谓小平嵌入定理,即紧复流形如果具有一个正线丛,那么它就可以嵌入复射影空间而成为代数流形,即由有限个多项式零点组成。小平嵌入定理是关于紧复流形的一个重要结果。

由于小平邦彦的上述出色成就,1954年他荣获了菲尔兹奖。在颁奖大会上,外尔对小平邦彦和另一位获奖者塞尔(J.-P. Serre)给予了高度评价,他说:"他们所达到的高度是我未曾梦想到的。"[12]"我从未见过这样的明星在数学天空中灿烂地升起。"[12]"数学界为你们所做的工作感到骄傲,它表明数学这棵长满节瘤的老树仍然充满着勃勃生机。你们是怎样开始的,就怎样继续吧!"[12]

获得菲尔兹奖后,小平邦彦再接再厉,朝着数学的高峰继续攀登,随后又开拓了两个重要领域。1956年以后,他和另几位数学家一起,把黎曼的模数理论推广到高维复结构的变形理论。后来他又把这些结果推广到一类复可逆的连续伪群所定义的结构变形理论上,从而建立了一套系统的复结构变形理论。他的这套理论,对代数几何、复解析几何、理论物理都有重要意义。20世纪60年代,他转向研究紧复解析曲面的结构及分类。历史上黎曼曾对代数曲线进行过分类,以后意大利数学家也对代数曲面进行过研究,但其论证不太严密。小平邦彦的过人之处在于他把问题归结为极小曲面的分类,先用一个不变量(现称小平维数)把曲面分成有理曲面、椭圆曲面、K_3曲面等等,然后再细致分类。对每一种曲面,都建立一个"极小模型",而同类曲面都能由极小曲面经过重复应用二次交换而得到。这样,他彻底弄清了椭圆曲面的分类和性质。1960年,小平邦彦得出每个一维贝蒂数为偶数的曲面都是一个代数曲面的变形。1968年,他又得到了当且仅当S不是直纹曲面时,S具有极小模型。可以说,在代数曲面的现代化过程中,小平邦彦是最有贡献的数学家之一。另外,对于解析纤维丛的分类只能是对于某些限定的空间,这一结论也是由小平邦彦等人得出的。小平邦彦的这些成就,有力地推动了20世纪60年代以来代数几何学和复流形等分支的发展。在微分算子理论中,由小平邦彦和蒂奇马什给出了密度矩阵的具体公式而完成了外尔-斯通-小平-蒂奇马什理论。

小平邦彦是第二次世界大战后日本数学界的杰出代表。1957年他荣获了日本的文化勋章（这是日本表彰科学技术、文化艺术等方面的最高荣誉）。他的论文收集在1975年出版的《小平邦彦西文论文集》（共3卷）中。这部西文论文集超过1600页，其中包括：二维凯勒流形场合的黎曼-罗赫定理的证明，对塞韦里（F. Severi）关于算术亏格的猜想的解决，解析层理论，上同调的消灭定理，小平-塞尔对偶性定理，霍奇流形是射影簇的证明，复结构的变形理论，复解析曲面的分类与结构理论，椭圆曲面的结构论，一般型曲面的结构论，高维奈旺林纳理论，等等。其内容博大精深，记录了20世纪复流形进展的本质。为此数学家们将小平邦彦誉为"流形论之严父"。他的专著还有《现代数学引论》（1961年）等。

小平邦彦晚年致力于教育事业，决心将自己的余生用来普及数学知识，培养青少年一代。他编写了许多大学和中学的数学教材，对日本的数学教育产生了重大影响。其中一套由他主编的中学数学教材，已译成中文于1979年由吉林人民出版社出版。

小平邦彦对数学有不少精辟的见解。他认为："数学乃是按照严密的逻辑构成的清晰明确的学问。"[13]他说："数学被广泛应用于物理学、天文学等自然科学，简直起到了难以想象的作用，而且有许多情况说明，自然科学理论中需要的数学远在发现该理论以前，就由数学家预先准备好了，这是难以想象的现象。"[14]"看到数学在自然科学中起着如此难以想象的作用，自然想到在自然界的背后确确实实存在着数学现象的世界。物理学是研究自然现象的学问。同样，数学是研究数学现象的学问。"[13]"数学就是研究自然现象中数学现象的科学。因此，理解数学就要'观察'数学现象。这里说的'观察'，不是用眼睛去看，而是根据某种感觉去体会。这种感觉虽然有些难以言传，但显然不同于逻辑推理能力之类的纯粹感觉，我认为更接近于视觉，也可称之为直觉，为了强调是纯粹感觉，不妨称此感觉为'数觉'。……要理解数学，不靠数觉便一事无成。没有数觉的人不懂数学，就像五音不全的人不懂音乐一样。数学家自己并不觉得在证明定理时主要是具备了数觉,所以就认为是逻辑上作了严密的证明,实际并非如此,如果把证明全部用形式逻辑符号写下来看看就明白了。……谈及数学的 sense(感受),而作为数学 sense 基础的感觉,可以说就是数觉。数学家因为有敏锐的数觉,自己反倒不觉得了。"[15]

对于数学定理,小平邦彦认为:"数学现象与物理现象同样是无可争辩地实际存在的,这明确表现在当数学家证明新定理时,不是说'发明了'定理,而是说'发现了'定理。我也证明过一些新定理,但绝不认为是自己想出来的,只不过感到偶尔被我发现了早就存在的定理。"[15] "数学的证明不只是论证,还有思考实验的意思。所谓理解证明,也不是确认论证中没有错误,而是自己尝试重新修改思考实验。理解也可以说是自身的体验。"[15] 对于公理系他认为:"现代数学的理论体系,一般是从公理系出发,依次证明定理。公理系仅仅是假定,只要不包含矛盾,怎么都行。数学家当然具有选取任何公理系的自由。但在实际上,公理系如果不能以丰富的理论体系为出发点,便毫无用处。公理系不仅是无矛盾的,而且必须是丰富的。考虑到这一点,公理系的选择自由是非常有限的。……发现丰富的公理系是极其困难的。"[15]

关于数学的本质,小平邦彦说:"数学虽说是人类精神的自由创造物,但绝不是人们随意杜撰出来的,数学乃是研究和描述实际存在的数学现象……数学是自然科学的背景。"[13] "为了研究数学现象,从开始起唯一明显的困难就是,首先必须对数学的主要领域有个全面的、大概的了解。……为此就得花费大量的时间。没有能够写出数学的现代史,我想也是由于同样的原因。"[15]

2000 年度沃尔夫数学奖得主博特(R. Bott)说:"小平邦彦讲课很精彩,讲台上的他就像一个慷慨的布道者在传授其敏锐而无声的智慧,用手在黑板上写下迷人的符号和短句。"[17]

荣获 1970 年菲尔兹奖的日本著名数学家广中平祐评论道:"具有超群

才能的小平先生……是一个朴实、谦虚的纯粹数学家的一生。"[16]他还用"流水般随意游玩,心底里凝神钻研,独自洞察真理之微妙"来刻画小平邦彦。[16]

小平邦彦于1997年7月26日在日本甲府市(kōfu)逝世,享年82岁。

塞尔
Jean-Pierre Serre

塞尔是我所称作"聪明的数学家"的典范。……凡他所理解的东西在他头脑中如水晶般地明晰。[17]

——博特（R. Bott）

论文应含有更多的注记、未解决的问题等,这常常比精确证明了的定理更使人感兴趣。哎,大多数人害怕承认他们不知道某些问题的答案,结果克制自己不提这些问题,即使这些问题是很自然会出现的。这太遗憾了!至于我自己,我很乐意说"我不知道"。[18]

——塞尔

塞尔是法国数学家，1926年9月15日生于法国巴热斯。由于他对代数拓扑，特别是对同伦论、同调代数的杰出贡献，于1954年荣获菲尔兹奖，时年28岁。他是迄今为止荣获此奖时最年轻的数学家。

塞尔于1944—1948年就读于巴黎高等师范学院，1950年在巴黎大学获博士学位。1954—1956年在纳西大学任教，1956年起在法兰西学院任代数和几何学教授。1977年当选法国科学院院士，1979年当选美国国家科学院外籍院士，1982年当选国际数学联合会副主席。他是法国布尔巴基学派成员。

塞尔自幼聪慧、勤奋，从七八岁起就喜欢数学。在中学时，他经常做一些高年级的数学题，当时有一些比他大的同学欺侮他，为了"感化"他们，塞尔就帮助他们做数学作业。他在14岁时自学了微积分，熟悉了导数、积分和无穷级数等概念。他在高等师范学院学习时，参加了著名数学家亨利·嘉当举办的代数拓扑学讨论班，并在其指导下研究代数拓扑学。

代数拓扑学是拓扑学中主要依赖代数工具来解决问题的一个分支。同调与同伦的理论是代数拓扑学的两大支柱。在同调理论研究领域里，自庞加莱首先建立可剖分空间的同调理论之后，数学家们试图对不一定可剖分为复形的一般拓扑空间建立同调理论。后来出现了好几种关于一般空间的同调论。为了达到统一与简化的目的，艾伦伯格(S. Eilenberg)与斯廷罗德(N. E. Steenrod)在20世纪40年代中期倡导用公理法来引进同调群。这种观点不仅使人们对古典的同调论看得更清楚，同时也为广义同调论的兴起创造了条件。具有各自几何背景的各种广义同调论的出现大大开拓了代数拓扑学的领域，提高了用代数方法解决几何问题的能力。广义同调的表示定理表明，可以在同伦概念的基础上来建立同调论。

塞尔对同调论和同伦论的建立和发展作出了重要贡献。自从1951年他在《数学年刊》上发表有关同伦群的博士论文[他在这篇博士论文中对群$\pi_i(S^m)$的结构进行了阐释，证明了若干一般性的定理]后，他的工作所产生的影响和冲击力一直十分引人瞩目。例如，他对纤维空间引入了谱序列这种代数方法,而在同伦群中以他的名字命名的塞尔 $\mathscr{C}$ 理论,就有效地应用了纤维空间的普序列、n 连通纤维空间等概念。他和亨利·嘉当等人在重要空间的上同调运算及同伦群等方面,都取得了显著进展并一直延续至今。

同调与同伦是实质上不同的概念。对于同调与同伦的关系进行深入研究的结果促使同调代数迅速发展起来。塞尔在 20 世纪 50 年代初就在同调代数方面做了许多重要工作,从而促使了同调代数这门学科的诞生。同调代数这个重要工具形成之后,不仅对代数拓扑产生了巨大影响,也深深渗入到其他数学分支中去,如代数、代数几何、泛函分析、微分方程、复分析等等。

塞尔对代数几何也作出过许多重要贡献。例如,他与谢瓦莱(C. Chevalley)等人把交换代数,特别是局部代数这个有力的方法引入代数几何;以层的概念为基础的簇的定义也是塞尔给出的;他还以凝聚解析层理论为模型建立了凝聚代数层理论以及凝聚层的上同调理论,这为格罗滕迪克(A. Grothendieck)随后建立概型理论奠定了基础,而概型理论的建立又使代数几何的研究进入了一个全新阶段;他还阐明了算术亏格等古典不变量都是上同量;特别是在 1955 年,他发表了一篇经典论文,首次大范围地将同调代数用于代数簇研究,并提出了关于在代数函数环上投影的结构的一个重要猜想,即多项式环上每个射影模必定是自由模。这个猜想现在称为塞尔猜想,后来由 1978 年度菲尔兹奖得主奎伦(D. Quillen)证明。

从 20 世纪 60 年代起,塞尔又把他的研究领域扩展到了数论,并推动了数论的重大进展。例如,他在证明"韦伊猜想"方面起到了极大的作用。他在 20 世纪 80 年代中期提出的"关于模伽罗瓦表示的水平约化猜想",对促进费马猜想的最终证明也起到了很大的推动作用。

在多复变函数论中塞尔也有重要建树。他与亨利·嘉当系统地应用凝聚层理论建立了施泰因流形的基本定理。

世界著名出版商施普林格出版公司于 1986 年出版了一部三卷本的《塞尔文集》。这部文集共 2064 页,收集了塞尔到 1984 年为止的大部分数学论文,包括若干未发表过的文章和许多很难归入正式数学文献的文字。2000

年，该出版公司又出版了《塞尔文集》第四卷。他的这些研究论文及综述性文章题材广泛，涉及拓扑学、多复变函数论、代数几何、数论、群论、交换代数和模形式。这些论文极富启发性，反映出他深邃的洞察力，对于在这些领域探索的数学家颇有裨益。

《塞尔文集》的一大特色是包含了许多由他提炼的尚未解决的问题，他还在文集中对今后的研究方向提出忠告。这部文集是在塞尔本人的指导下编辑的，他对书中的每篇文章都加了评注并作了修正，还叙述了那些未解决的问题目前的研究现状和可参考的最新进展。他的论著是思想的独创性和论述的清晰性的完美结合。英国著名数学家亚当斯(J. F. Adams)称赞塞尔的每一篇文章都值得一读。美国著名数学家博特说："塞尔是我所称作'聪明的数学家'的典范。……凡他所理解的东西在他头脑中如水晶般地明晰。"[17]

塞尔于1985年荣获意大利的巴尔赞奖。1995年荣获美国数学会颁发的斯蒂尔著述奖，他是因《算术教程》一书而荣获此奖的。此书的法文版于1970年出版，英译本于1973年出版，其后又多次再版，目前中译本也已经面世。这本书的特色是把数论的前沿领域（二次型、L函数、艾森斯坦级数、赫克算子等）的基础知识非常精炼地浓缩在不到100页的一本书中，并且叙述清晰明澈。2000年，塞尔荣获了另一项国际性数学大奖——沃尔夫奖，以表彰他在数学的诸多领域作出的重大贡献。2003年，他成了阿贝尔奖的第一位得主。

塞尔对于数学发表过许多精辟的见解。对于中学的数学教育，他曾指出："对于中学生，关键是要让他们明白数学是**活生生**的，而不是僵死的（他们有一种倾向，认为只有在物理学或生物学中有尚未解决的问题）。讲授数学的传统方法有个缺陷，即教师从不提及这类问题。这很可惜。在数论中有许多这类问题，十几岁的孩子就能很好地理解它们：当然包括费马猜想，还有哥德巴赫猜想，以及无限个形如n^2+1的素数的存在性。你也可以随意讲些定理而不加证明（例如关于算术级数中素数的狄利克雷定理）。"[18] "塞尔讲课富有启发性而且极其清楚明白,通常报告厅总是挤满了人,不仅有学生,还有数学专家。"[19]

在谈到对数学史的兴趣时,塞尔说:"我早有兴趣了。但这绝非易事……我能理解写一篇数学史文章比写一篇数学论文要花更多时间。还有,数学史是非常有趣的,它把诸事恰如其分地展现出来。"[18]当有人问到他最喜欢什么风格的书籍或文章时,他说:"精确性和非形式化相结合!这是最理想的,就像讲课那样。你会在阿蒂亚(M. F. Atiyah)和米尔诺(J. W. Milnor)以及其他一些作者的书里发现这种令人陶醉的融合。但这极难达到。例如,我发现许多法文书(包括我自己的)有点过于形式化,一些俄文书又不那么精确。……我进一步想要强调的是,论文应含有更多的注记、未解决的问题等,这常常比精确证明了的定理更使人感兴趣。哎,大多数人害怕承认他们不知道某些问题的答案,结果克制自己不提这些问题,即使这些问题是很自然会出现的。这太遗憾了!至于我自己,我很乐意说'我不知道'。"[18]

关于塞尔的聪敏和才智流传着不少趣闻轶事。例如,在一次会议的晚上,一群数学家边喝啤酒边聊天。一个漂亮的数学问题产生于这个场合,大家都带着这一问题回房间睡觉了。第二天早上醒来,一位数学家在自己房间的房门下边发现了一份署名为他与塞尔的打印好的草稿,这是塞尔那个晚上的产品。在20世纪60年代初,在格罗滕迪克的讨论班上,塞尔或是提出一些像"为什么这样的抽象是必需的?"这样的问题,或是看自己带去的预印本。有一次格罗滕迪克在写了满满一黑板的内容后问听众,是否可以把所述的定理推广?塞尔放下预印本,过了一会儿,他在黑板上给出了一个反例。

塞尔不仅是一位博学多才的数学家,而且为人谦和,极受同行的拥戴。在他过50岁生日的时候,世界上许多著名数学家都写文章祝贺,《数学发明》杂志还专门用了第35、36整整两卷的篇幅发表了其中30多篇庆贺塞尔生日的文章,可见他是何等地受人敬重。

▲ 罗斯

Klaus Friedrich Roth

> 罗斯定理澄清了一个具有基础理论深刻性与极端困难的问题,将作为数学史上的一个里程碑而永存。[20]
>
> ——达文波特

> 我精细地改进了图埃-西格尔定理。
>
> ——罗斯

罗斯是英国数学家，1925年10月29日生于德国布雷斯劳（现为波兰的布雷斯瓦夫）。由于他在"数的几何"上对有理数逼近代数数的研究作出了卓越贡献，尤其是得到了"图埃–西格尔–罗斯定理"，于1958年荣获菲尔兹奖，时年33岁。

罗斯9岁时便随家人移居英国，1939年进入伦敦著名的鲍尔中学就读，1943年中学毕业后考入剑桥大学彼得豪斯学院，1945年获得学士学位。

大学毕业后罗斯到位于苏格兰艾尔金市以北10公里处国际知名的高当斯滕学校任教，该校是1934年由德国教育家哈恩（K. Hahn）创建的一所专门培养男生的学校。[6] 1946年罗斯回到伦敦，在伦敦大学学院读研究生，1948年获得硕士学位，同年获得所在学院的一个助理讲师席位，两年后他又获得了博士学位，正式成为该校讲师，1961年晋升为教授。在此期间他广泛接受了英国解析数论学派诸如哈代、李特尔伍德、莫德尔（L. J. Mordell）和达文波特（H. Davenport）等名家的影响，他的用有理数逼近代数数的具有里程碑意义的成果，即他的菲尔兹奖成果，就是在他任讲师期间获得的。

1966年，罗斯被任命为伦敦帝国学院纯粹数学系主任，直至1988年改任该院的访问教授。1996年，他又回到了苏格兰北方，不远处便是他开始其研究生涯之前曾经任教过的著名的高当斯滕学校。

除了菲尔兹奖外，罗斯还获得过许多别的荣誉，比如1960年他当选英国皇家学会会员，1993年当选爱丁堡皇家学会会员，1983年荣获伦敦数学会德摩根奖，1991年荣获英国皇家学会塞尔维斯特奖，等等。

罗斯的工作"无理数的有理数逼近问题"属于"数的几何"分支，具体说它的起源是丢番图不定方程，亦即考察不定方程：

$$ax - by = 1, \ a,b \in \mathbf{R}; x,y \in \mathbf{Z}; x > 0。 \tag{1}$$

其中，a、b已知；x、y未知。这时，稍作演化即有

$$\frac{a}{b} - \frac{y}{x} = \frac{1}{bx}。 \tag{2}$$

显然,当 a、b 取有理数时方程(1)或(2)的解是"平凡"的;但若 a 或 b 取无理数时,对(1)的解的讨论就失去了意义。因为这时仅当无理数 a 和 b 的无穷不循环小数之间具有整数倍关系才可能有解,这种局限性使得对它的解的讨论失去了意义。可是这时从形式(2)可以看出,当第一项为无理数(记为 θ)时,左端即成为有理数与无理数间的"距离"问题,这时自然会考虑到,是否可以由此出发,一般性地研究有理数对无理数的逼近问题呢?这就进入了罗斯获奖工作的领域了。问题的回答是肯定的。同时,既然是逼近问题,方程(2)就不再是等式而是个不等式了。于是可一般地取 $\dfrac{1}{bx}=\dfrac{1}{nx}$, $n\in\mathbf{N}$(自然数)并一般地表作

$$\left|\theta-\frac{y}{x}\right|<\frac{1}{nx},\ \theta\in\mathbf{R}_i(无理数);\ y\in\mathbf{Z};\ n,\ x\in\mathbf{N}。 \qquad(3)$$

这时利用狄利克雷(P. G. L. Dirichlet)的"抽屉原理"(K 个苹果放在 $K-1$ 个抽屉里,至少有一个抽屉里的苹果多于1个)可知,对任一 $n\in\mathbf{N}$,不等式(3)皆存在整数解 (x,y):$0<x\leq n, y\in\mathbf{Z}$,而且对整数解的研究也颇有深度、颇有趣味。以后的研究又分作两个方向,都取得了进展,罗斯的工作即属其一。

两个方向中的一个是研究 θ 为二次无理数时不等式(3)的解理论(一切整系数二次方程的根集之中的无理数叫二次无理数),这时是在不等式(3)中取 $\dfrac{1}{nx}$ 为 $\dfrac{1}{nx^2}$,讨论它对任一确定的 θ 具有无穷多对解时,对应的 n 的上确界,记为 $n(\theta)$,并以此来进行研究。

另一个方向则是罗斯驰骋的领地,主要研究 θ 为一般实代数数(整系数多项式的根)的情形。由于在 θ 为代数数时,继续用上述寻找 $n(\theta)$ 的方法难以取得进展,人们就改变了一种方式,讨论 θ 的这样的上确界,记为 $\mu(\theta)$,使之满足不等式(4)具有无穷多对整数解 x、$y\in\mathbf{Z}, x>0$:

$$\left|\theta-\frac{y}{x}\right|<\frac{1}{x^\mu}。 \qquad(4)$$

对此刘维尔(J. Liouville)于1844年曾经证明,当 θ 为 n 次实代数数(整

系数 n 次多项式的实根)时,$\mu(\theta) \leq n$。后来这一问题又作为悬而未决的问题先后经过了许多人的改进。比如在获得 $2 \leq \mu(\theta) \leq n$ 后,图埃(A. Thue)于1908年将其推进到 $\mu(\theta) \leq \frac{n}{2}+1$;西格尔(C. L. Siegel)于1921年又推进到 $\mu(\theta) \leq 2\sqrt{n}$。此外,盖尔丰德(A. O. Гельфонд)等人也对其作出过重要推进。最后是由罗斯得出 $\mu(\theta)=2$,从而彻底解决了这一持续了一个多世纪的世纪难题。

罗斯首先是反过来证明了如下的罗斯定理:设 θ 是任一实代数数(实为代数无理数),则对任一 $\mu>2$,(5)式仅有有限多对整数解

$$\left|\theta-\frac{y}{x}\right|<\frac{1}{x^\mu}。 \tag{5}$$

换句话说,该定理表明要使(5)式存在无穷多对整数解,必须 $\mu \leq 2$,这样一来,人们所追寻的上确界 $\mu(\theta)$ 就最终成为 $\mu(\theta)=2$,从而彻底地得到了 $\mu(\theta)$ 的估计。

罗斯的这一成果立刻激活并推进了若干领域内公开问题的研究,其中包括施密特(W. M. Schmidt)关于同时逼近的工作,法尔廷斯和维斯特霍兹(Wüstholz)在代数几何上的工作,以及其他人作出的关于莫德尔猜想的新证明,等等。

此外,罗斯还于1952年在另一个重要的公开问题上作出了重大突破,那是1935年由埃尔德什和图兰(P. Turán)提出来的一个猜测:对于自然数序列 $(n_1, n_2, n_3, \cdots) \triangleq \{n_i\}$,满足 $\forall n_p、n_q、n_r \in \{n_i\}$,皆有 $n_p + n_q \neq 2n_r$,除非 $p=q=r$ 才有等式成立。

这时图兰和埃尔德什又进一步假设,对任一 n 在 $\{n_i\}$ 中任取满足不等式 $n_{i1}<n_{i2}<\cdots<k<\cdots<n_r \leq n$ 的有限序列,其中 k 表示这一不等式中一定含有 k 这一项,r 表示满足这一关系的最小项数,所以 r 是 k 和 n 的函数,记为 $r=r_k(n)$,他们由此猜测:$r_k(n)=o(n)$,换种形式即为 $\lim\limits_{n\to\infty}\frac{r_k(n)}{n}=0$。

对此,罗斯于1952年对于 $k=3$ 的情形作出了肯定性证明。由于后来

者走的是另一条路,使得他得到的结果

$$\frac{n}{e^{c_1\sqrt{\ln n}}} < r_3(n) < \frac{c_2 n}{\ln \ln n}, \tag{6}$$

保持了长时间的领先地位,很久以后才被推进为:

$$r_3(n) < \frac{c_2 n}{(\ln n)^\rho}, \ 0 < \rho \ll 1。 \tag{7}$$

1966年,罗斯与哈尔贝斯塔姆(H. Halberstam)合作完成了一部介绍解析数论初等方法的专著,其中关于组合数学和筛法的部分至今仍属该领域的经典。

罗斯一直从事数论问题的研究,但这并不等同于他的工作领域狭窄。因为数论问题的特点是技巧性高,要求的创造性、艺术性强,所用到的工具更是无所不有,所以能在数论领域一辈子干下去,去解决一个又一个悬而未决的问题,这正体现了他特有的智慧和能力。只有知识面宽广(因而工具库丰富)、思想活跃、创造性强的人才可能这样一辈子干下去。著名数学家达文波特曾说过:"一切事物中都有个精神,就看你是否能发现它。要在罗斯博士的工作中找到这一精神是不困难的,那就是:大量难以解决的数学问题都是可以得到突破的,只是困难和严峻性总是存在,需要有不惜花费时间和加倍努力的精神准备罢了。"[20]

罗斯于2015年11月10日在苏格兰的因弗内斯逝世,享年90岁。

托姆

René Thom

> 20世纪60年代后期以来,突变理论本身已成为该领域很有启发意义的工作,没有人对托姆在奇点理论的工作中所起的作用表示怀疑了。[21]
>
> ——古肯海默尔(J. Guckenheimer)

> 没有数学就不可能理解我们所处的世界。[22]
>
> ——托姆

托姆是法国数学家，1923年9月2日生于法国东部的蒙比利埃市。一提到托姆人们便会联想到"突变理论"，可以说正是突变理论使托姆成了"公众人物"，但使他获得数学界最高荣誉的成果并非突变理论，而是"配边理论"。由于在代数拓扑学中创立了配边理论，托姆于1958年荣获菲尔兹奖，时年35岁。

总的说来，托姆在配边理论、奇点理论、突变理论方面作出了突出贡献，同时还提出托姆复形，建立了微分流形大范围分析基础定理。1976年成为法国科学院院士。

托姆8岁才开始在家乡蒙比利埃市的一所小学读书，但很快就显示出了他的科学天赋。由于他的父母是店铺老板，有能力送他去当地的一所学院学习初等数学，他于1940年拿到了初等数学毕业证书，但就在这时他的生活被第二次世界大战打乱了，父母让他和弟弟独自到瑞士避难，后来托姆又转到法国里昂，住在母亲的一个朋友家里，继续他的学业，于1941年6月拿到了哲学毕业证书。之后他又到巴黎继续读书，并于1943年进入巴黎高等师范学院就读。

尽管托姆进入巴黎高等师范学院时正处于德占期，生活相当困难，但是，著名数学家亨利·嘉当和布尔巴基学派的思想对他的影响还是非常深远的。毕业后托姆即跟随亨利·嘉当到斯特拉斯堡攻读博士学位。其间，令托姆最难忘怀的是，埃雷斯曼(C. Ehresmann)等人关于"斯廷罗德平方"对他的指导，以及中国拓扑学家吴文俊先生关于示性类和庞特里亚金定理对他的指点。这些帮助不仅直接有助于托姆于1951年完成他的博士论文《球丛空间及斯廷罗德平方》，更使他由此深入到一般流形的拓扑分类研究。托姆的"配边理论"正是在这样的环境下创造出来的。1951—1952年，他在普林斯顿研究访问期间，接受了代数几何中著名的"一般"(genericite)概念，回到斯特拉斯堡后，他又进一步接触到横截理论、萨德定理和导网理论等可微分奇点理论的工具。这些都是托姆于1954年正式创立配边理论的催生因素。当然最根本的还在于托姆大脑中灵感的萌动所产生的升华与突破，这就是难以说得清楚的了。

简单说来，配边理论是由用流形的边（子流形）来对流形进行分类这一思想发展成的，是涉及微分映射、拓扑流形、代数拓扑和代数几何的一套理论。"流形"又叫弯空间，是更为一般的空间概念。欧几里得空间即为流形的一类特例，称为平直空间，其边界为无穷大。球、椭圆等则是另一类典型的流形，这类流形没有边界或者说其边界子流形为空集。像只有一个或两个开口（边界子流形）的更为一般的流形，分别都成为配边意义下的一个类。

配边理论用处很大，比如米尔诺创立的微分流形和他的"七维怪球"都要用到配边理论。此外，在代数拓扑中证明黎曼–罗赫定理也要用到它，多个同调群间可以通过"配边"将其连接成一个流形等。

英国著名数学家阿蒂亚还指出："托姆配边理论最为惊异的后裔产生在量子场论（QPT）新观点中。由于物理学是通过微分方程来描述的，物理学总是和微分几何密切相连，例如麦克斯韦方程（它导致了霍奇理论），以及爱因斯坦广义相对论（GR）。在过去30年中，人们极力想统一广义相对论和电子理论，致使物理学家们深涉微分几何的疆域。尤其是在当代物理中，指标定理为自己找到了一个天然的位置，而配边理论则衬托在它的背景之中。"[23]

一个思维活跃的人才，其研究领域常常迁移性很强，就在托姆因配边理论研究而荣获菲尔兹奖的时候，他已开始对奇点理论感兴趣，并致力于这方面的研究。简单地说，所谓奇点，从分析意义上看即非光滑点，从动力系统上看即经过它的（一般）轨线非唯一的点，从映射意义上讲即降秩（具有投影性）点。所以，奇点在映射中是一类特殊点，常常是零测度的；而正常点（也叫正则点）是绝大多数情形，或叫一般情形，具有非零测度。但对于函数论来说，奇点才是最值得关注的点，其理论意义也最深。托姆是直接从奇点集合的角度去进行研究的，具体说是把奇点作为微分映射下的一个"集合"，并以其创立的分层集合等概念去作精细的研究。比如他进一步用其导出的"划分"等概念讨论了奇点处的"切向"特征，即表明了这一点。

在从事理论研究的同时，托姆没有忘记对实践的观察和体验。他通过光学实验发现了焦散面中未被理论预示的"稳定奇点"，并经过多年研究终于从理论上认识到了它的原理。

1963年，托姆因应聘接替布尔巴基学派领袖人物迪厄多内的职位而回到巴黎。环境的改变使托姆的兴趣又发生了转变。这时他转向了可微流形的结构稳定性研究，即形变理论研究。这促成了他于1966—1967年完成了"突变理论"的标志性著作《结构稳定性与形态发生学》。但由于原定出版该书的出版社破产，致使该重要著作一直拖到1972年才正式出版。此书正式出版后，在新闻媒体的"炒作"下，突变理论一下子名扬世界，托姆也因此成了"公众人物"，不过也由此引发了一场不愉快的风波。其中最主要的原因，或许是英国数学家齐曼(E. C. Zeeman)在对突变理论的应用性所作的进一步推广和宣传中，说它可以预知选举结果、治疗精神紊乱、对付囚徒暴动以及分析心脏跳动等等，从而引起了新闻界的广泛关注，一时间炒得沸沸扬扬，有人甚至将其吹捧为能与牛顿(I. Newton)的《自然哲学的数学原理》相媲美的不朽名著。这些过分言辞在一向讲求严谨的数学乃至科学界内，必然会引起一定的异议甚至反感。其中最为激烈的反对者要算萨斯曼(H. J. Sussmann)等人。当然，他们的主要抨击对象是齐曼。著名的动力系统专家阿诺尔德(В. И. Арнольд)最初也是一个批评者，但后来他成了突变理论的一个发展者，毕竟他也是研究作为突变理论重要基础的"奇点理论"的权威之一。

对突变理论的整个批评与辩驳过程从1973年一直持续到1978年，时起时伏，批评实质上主要集中于预报的精确性问题。

我们知道，如今突变论已被人们列为系统科学的"新三论"（耗散结构论、协同学、突变论）之一而得到了广泛肯定。不过比较起来它在系统科学中的发展是最为缓慢的，可以说是严谨有余、活力不足，主要原因也许是20世纪70年代那阵批评风使得突变理论的支持者不得不小心谨慎。

总的说来，突变理论主要有三个不同特色的发展方向（如果说称不上学派的话）。一个方向是阿诺尔德及其学生从光滑实映射角度去讨论奇点分类，这自然是最严谨、扎实的研究，也是突变理论核心地带的工作。但如果说突变理论就只是有关奇点研究的理论，也未免有些保守。齐曼等人就一直致力于突变理论发展的另一个方向，即它的应用研究。这既充分体现了该理论的应用性特征，也的确取得了越来越多的应用成果。

突变理论发展的第三个方向，主要是托姆本人所从事的工作。我们知道，突变理论是直接与奇点理论和动力系统深层理论相关的。自1958年以来，托姆对奇点理论的研究无疑构成了突变理论的坚实基础。正是在此基础上他才提出了"奇点开拆"的概念。所谓的奇点开拆即具有有限余维（映射式线性主部的降秩阶数）奇点的态射（线性降秩映射）的横截面。20世纪60年代初，托姆在美国与相关的研究小组探讨了系统结构稳定性问题，他还把自己的梯度场结构理论与斯梅尔（S. Smale）的"谱"定理相结合，提出了在一般动力系统中非常重要的"吸引子"概念，后来这一概念被进一步推广到混沌理论中的"奇点吸引子"概念。托姆曾谦虚地说："在一般动力系统上……我仅有的贡献（也许）是编造了'吸引子'这个名词，一个召唤伟大前程的名词。"[24]可见他本人也很看重这一贡献，并且准确地掂量出了这一贡献的未来价值。

正是在上述工作和经验知识积累的基础上，托姆才于1967年发表了余维数不大于4的奇点意义下突变的7种基本类型，同时完成了突变理论的标志性著作《结构稳定性与形态发生学》。

不过，按照托姆的说法，突变理论不是数学，因此他说自己是在1970年以后才逐步从数学转向突变理论的。这里面主要有两方面的涵义，一方面是突变理论不属于纯粹数学，尽管它有严肃而深刻的纯粹数学基础，但它的重要特征在于应用，是"使自然现象明了化的非凡方法"。另一方面，托姆在后期对突变理论的研究越来越哲学化，"在托姆看来，突变理论是一种生活方式，是数学哲学。"[21]这主要是强调它在预测上的非准确性，主张应从定性观点去看待它的预测。托姆曾说过，"在数学中，定性描述在任何情况下都是有用的,这是庞加莱的基本哲学"。[25]这是因为客观世界"能够作精确解析描述的现象是相当少的一部分"。[25]比如"基础物理学虽然是由具有解析特征的法则所描述的,然而这主要是因为它们遵从宇宙宏微观之间的基本对称性假设","人们会想,既然对极大、极小现象都有法则可言,那么对其间的现象也应该有类似的法则。但这种观念是没有根据的"。[25]因此,"在我们考虑的范围内仍有大量自然现象不遵从精确定量预见的一般原则,这就迫使我们考虑定性方法的可能性。这就是我认为过些日子,虽然一些人会说突变理论不能给出实际结果,但是,它可能带给我们许多定性认识的缘由,这些认识是从其他任何途径都不能轻易获得的。"[25]

的确,托姆最近所从事的工作主要也在哲学方面。他对语言学、逻辑学,对定量与定性的关系以及辩证法等都有着数学思维下的深刻顿悟,因此人们也称他为科学哲学家。托姆本人就说:"我认为我们需要触及科学的文化。"[25]

从某种意义上说,教育学也属于科学哲学的范畴。褒誉托姆为科学哲学家,也部分表现在他对教育学特别是数学教育学的关注上。他曾经是20世纪70—80年代参与西方"新数学教育"论战的一个学派的领袖人物之一,足见他对教育特别是数学教育关爱之深。总的说来,托姆的教育思想是重基础、重思想、重理解、重启发。他曾主张:"为了培养学生的才能,有必要把他们放在一个不是灌输式而是启发式的环境中,有必要唤起他们的自发性和个人进取心。"[25]"一个只包含'实用'理论的纲要是无法实现这一目标的。"他认为"没有数学就不可能理解我们所处的世界",[22]但"仅为日后实用效能而选取的教材必以教条方式来讲授。这时成绩好坏只能是以对所灌输教材的记忆力为标准"。[26]托姆坚决反对在中学教程中删除几何学,他曾指出:"目前以代数取代几何的趋势,对教育是有害的,应当把它扭转过来。"[26]"如果以为无需适当的启发,只需通过大量的生硬强记代数结构来取代几何的学习,就会更容易地学到数学,那无论如何是一个可悲的错误。"[26]

托姆认为:"促进数学的发展不应该强调数学对本国的需要这种局部的重要性,而应该阐明它作为理解现实世界的工具,作为几乎在任何科学理论工作的必要前提这种普遍的重要性。"[22]

托姆于2002年10月25日在布列耶维特逝世,享年79岁。

赫尔曼德尔

Lars Valter Hörmander

> 施瓦兹……提出了不少有关微分算子的问题。其后,一套相当全面的理论建立了。在众多的研究者中,赫尔曼德尔在这方面的成果是最深入和最重要的。[27]
>
> ——加丁(L. Garding)

> 如果想为偏微分方程建立一套简单而普遍的理论,多变量函数的古典运算是不适用的。[28]
>
> 现代微分方程理论中的一个普遍特征是希尔伯特空间中算子的抽象理论的应用。[29]
>
> ——赫尔曼德尔

赫尔曼德尔是瑞典数学家,1931年1月24日生于瑞典隆德。他由于得到了变系数线性偏微分方程解的存在性、唯一性及正则性的有关结果,于1962年荣获菲尔兹奖,时年31岁。1988年他还荣获沃尔夫数学奖,时年57岁。

赫尔曼德尔17岁进入隆德大学学习,在著名偏微分方程专家加丁的指导下,1955年以一篇优秀论文《偏微分算子的一般理论》获博士学位。由于成绩突出,他很快就被聘为斯德哥尔摩大学教授。1963—1964年任美国斯坦福大学教授;1964—1968年任美国普林斯顿高等研究院数学教授;1968年以后任瑞典隆德大学教授,并当选美国国家科学学院国外院士。他还是瑞典皇家科学院院士。

赫尔曼德尔在伪微分算子、傅里叶积分算子及线性偏微分方程领域的建树极为杰出。微分算子(或积分算子)是从某一个由函数构成的赋范线性空间到另一个由函数构成的赋范线性空间的微分(或积分)运算的泛称。伪微分算子是微分算子的自然推广。伪微分算子的研究产生于对奇异积分算子的研究。20世纪50年代末60年代初,奇异积分算子的米歇利姆-考尔德伦-齐格蒙特理论在偏微分方程的研究中颇为充分地显示出它的功用。比如,考尔德伦(A. P. Calderón)用它导出关于线性偏微分方程的柯西问题唯一性定理,阿蒂亚与辛格(I. M. Singer)又借以建立了影响很大的椭圆算子的指标理论。在推动了一些数学家致力于创立一种除奇异积分算子之外,还促进了一般变系数线性偏微分算子及其逆(当其存在时)在内的算子代数的发展,得到更精密同时又很灵活的符号演算法则。于是,定名为伪微分算子的理论便应运而生,其奠基性的代表作是1965年发表的约瑟夫·科恩(J. J. Kohn)和尼伦伯格(L. Nirenberg)的《伪微分算子代数》以及赫尔曼德尔的一系列论著。

赫尔曼德尔是著名数学家米塔-列夫勒(M. G. Mittag-Leffler)所奠定的瑞典传统数学分析学派的优秀继承者。对于一般偏微分方程,判定解是否无穷可微的条件是一个数学难题。赫尔曼德尔在博士论文《偏微分算子的一般理论》中，系统地总结了常系数线性偏微分算子理论，得到了一般偏微分方程解无穷可微的一个简单条件，即次椭圆性条件，这是一个极为重要的一般性结果。在此基础上，1958年他又获得了进一步的结果。要判断一个变系数线性偏微分方程在什么条件下有解，是一个重要而又困难的问题，赫尔曼德尔在系统总结了常系数线性偏微分算子的理论，并深入研究了变系数线性偏微分方程之后，于1959年不仅成功地给出了存在性条件，而且还得到唯一性及正则性的有关条件，从而得到了判断变系数线性偏微分方程有解的标准。这些结果都是线性偏微分方程理论中具有划时代意义的成就。正是这项工作使他荣获了1962年菲尔兹奖。

赫尔曼德尔在获奖后，继续向偏微分方程领域内的更深层次开拓，从而在线性微分算子等方面取得了累累硕果。对任意常系数偏微分方程，赫尔曼德尔对值域在特征平面上的柯西问题解的非唯一性作了详细研究。他在研究了常系数的微分算子 $P(D)$ 的值域后指出：$P(D)u=0$ 的解全是 C^∞ 类函数的充分必要条件是 $P(D)$ 为准椭圆型算子，这个结果现被称为赫尔曼德尔定理。它是使强弱两种扩张达到一致或达到边界正则性的一种条件，并指出 P 为椭圆型或边界条件为强制未必是必要的，但这些条件究竟可以减弱到什么程度，仍是一个尚未完全解决的问题。

赫尔曼德尔既研究了常系数和平坦边界条件的情形，又研究了非强制边界条件的情形，他的研究与多复变函数论密切相关，令人瞩目。赫尔曼德尔采用加权测度 $W_t(x)dx$ 的 L_p 空间代替通常的 $L_p(\Omega)$ 空间，得到一种关于加权空间内的估计，并把它应用到对变系数微分方程的柯西问题唯一性的证明。另外，赫尔曼德尔还利用不等式来证明斯坦流形基本定理。在微分算子组中，对于 C^∞ 函数和广义函数的情形，赫尔曼德尔建立了常系数的超定组和不定组的一般理论。1965年，他刻画了常系数准椭圆型微分算子的代数特性，并证明了伪微分算子构成一个算子代数，从而使伪微分算子的理论及其应用成为近20年来偏微分方程理论的热门。当 L 为线性微分算子时，对相当一般的 f，关于方程 $Lu=f$ 具有局部解的必要条件与充分条件，赫尔曼德尔曾作过深入研究。他在1967年证明：二阶次椭圆型方程在区域Ω的每一个点上有非负特征形式(可能乘以-1后)时,能够给出形式为

$$Pu \equiv -\sum_{j=1}^{r} X_j^2 u + iX_0 u + cu = f \tag{1}$$

的二次方程次椭圆性的一个充分条件,其中X_j $(j = 0, 1, \cdots, r)$是具有无穷次可微实系数的一阶算子：

$$X_j \equiv \sum_{k=1}^{m} a_j^k(x) D_k,$$
$$D_k = -i\frac{\partial}{\partial x_k}。$$

对于算子(1),他给的条件是关于算子X_j $(j = 0, 1, \cdots, r)$的李代数的条件。算子(1)在区域Ω的次椭圆性充分条件是：在Ω的每一点上,算子X_j $(j = 0, 1, \cdots, r)$和由这些算子生成的换位子中,存在m个线性独立算子,这个赫尔曼德尔条件也是算子P在区域Ω中为次椭圆型的必要条件。1970年,他又把伪微分算子推广到更广泛的一类算子,称为傅里叶积分算子。傅里叶积分算子理论在波动方程解的渐近表示中有它的根源,应用一类傅里叶积分算子可导出能量估计,并对严格双曲型算子构成基本解。赫尔曼德尔应用这种算子对椭圆型算子的谱函数导出了一个高度精确的渐近公式。另外,他还和杜斯特曼特(J. J. Duistermaat)应用马斯洛夫理论,构造了傅里叶积分算子的局部以及整体理论,使傅里叶积分算子成为线性偏微分方程理论中的一个强有力的工具。傅里叶积分算子和伪微分算子一起形成了偏微分算子理论中最强有力的所谓"70年代技术"。

概括起来,赫尔曼德尔从1955年起,先后参与建立线性偏微分算子四大理论：线性常系数偏微分方程理论,线性变系数偏微分方程理论,伪微分算子理论,傅立叶算子理论。除此以外,赫尔曼德尔在散射理论、非线性双曲方程和纳什-莫泽隐函数定理等方面也有重要建树。

赫尔曼德尔发表过许多论著,他的代表作有:《线性偏微分算子》(1963年,中译本于1980年由科学出版社出版)、《积分论》[1970年,与克拉松(T.

Claesson）合著，中译本于1987年由科学出版社出版］、《多复变函数论导引》、《线性偏微分算子的分析》(1983年)等。《线性偏微分算子》给出了线性偏微分方程和边值问题解的存在性、唯一性和正则性问题的系统研究，总结了20世纪70年代以前该领域的主要研究成果，是线性偏微分算子一般理论方面的名著。泛函分析和分布理论组成了该书所展开的理论框架。《积分论》与通常以测度论为起始的教科书不同，它借助于非负下方半连续函数来引进并讨论抽象的积分和测度概念及其性质，内容丰富而精炼，贯穿了近代分析学的观点和方法，写得很有特色。另外，赫尔曼德尔关于微分算子方面的四卷本论文集是该分支的百科全书式的论著。

赫尔曼德尔对偏微分方程的有关问题，发表过不少深刻见解。他曾指出："如果想为偏微分方程建立一套简单而普遍的理论，多变量函数的古典运算是不适用的。"[28]"现代微分方程理论中的一个普遍特征是希尔伯特空间中算子的抽象理论的应用。"[29]他还认为："现在流行的研究变系数微分算子的方法的主要部分，事实上也是在高阶（强）椭圆型微分方程的狄利克雷问题研究中发展的。"[28]"伪微分算子理论部分地结合到指标问题研究的最近发展，使得不仅对椭圆型边值问题有更简单和更自然的处理成为可能，而且可以用具单特征的微分算子方法的一种推广来研究非椭圆型边值问题。"[28]

1982年，赫尔曼德尔曾应邀来我国参加在长春举行的第三届微分几何和微分方程国际会议。他虽然是世界数学大奖的获得者，蜚声数学界，但却没有任何架子，对中国数学工作者的报告都认真听取，并提出了不少宝贵意见。他还无私地把他尚未写完的书稿借给中国同行参考。他诚挚地指出：专业不要分得过细、过早，学习偏微分方程的青年人应该在代数、拓扑等方面有一个坚实的基础，不然是不会有太大发展的。这不仅是他的真知灼见，也是他取得辉煌成就的宝贵经验。

赫尔曼德尔于2012年11月25日在瑞典隆德逝世，享年71岁。

米尔诺

John Willard Milnor

当米尔诺在七维球上发现了奇异微分结构时(1956年),微分在拓扑学中起着一种冲击波的作用。[30]

——陈省身

对于数学研究,我最爱的东西是它的不受拘束的无政府状态!这里没有数学沙皇的饬令来告诉我们必须按什么方向工作,我们必须做什么。[31]

——米尔诺

米尔诺是美国数学家，1931年2月20日生于美国新泽西州奥兰治。他由于对微分拓扑中七维球面上存在不同微分结构的证明，否定了庞加莱主猜想，发展了复配边、自旋配边等理论，于1962年荣获菲尔兹奖，时年31岁。1989年他还荣获沃尔夫数学奖，时年58岁。

米尔诺1948年就读于普林斯顿大学，1951年毕业，1954年获博士学位，继而留在普林斯顿大学任教，1954年任副教授，1956年任教授，1963—1966年任数学系主任；1968—1970年在麻省理工学院任数学教授；1970年起任普林斯顿高等研究院教授。米尔诺是美国国家科学院院士，并曾担任美国数学会副主席。米尔诺的一生可谓少年得志，中年辉煌。他从1989年起任纽约州立大学石溪分校数学研究所所长。

米尔诺自幼勤奋好学且极富数学才华，在学生时代的早期就荣获由美国数学会组织的普特南数学竞赛优胜奖。在大学学习期间，他就在著名的数学杂志上发表论文，内容是关于纽结的曲率。

米尔诺是当代杰出的拓扑学家。拓扑学是数学中一个重要的基础分支。起初它是几何学的一支，研究几何图形在连续变形下保持不变的性质（所谓连续变形，形象地说就是允许伸缩和扭曲等变形，但不许割断和黏合，因此有"橡皮几何学"的俗称）。人们一般认为拓扑学源于欧拉解柯尼斯堡七桥问题，并把欧拉定理（对任意闭的凸多面体，恒有：顶点数－棱数＋面数＝2，当凸多面体经过任意的拓扑变换时，公式仍成立）作为历史上关于拓扑学的第一个定理。1847年，德国数学家李斯廷(J. B. Listing)出版了《拓扑学初步》一书，最早使用"拓扑"[topologie——源自希腊文 τπos（位置、形势）]这个术语作为他所讨论课题的名称。书中对拓扑学做了某些奠基性的工作。将近一个半世纪以来，拓扑学已发展成为研究连续性现象的数学分支。由于连续性在数学中的表现方式与研究方法的多样性，拓扑学又分成研究对象与方法各异的若干分支。在拓扑学尚处孕育阶段的19世纪末，就已出现点集拓扑学与组合拓扑学两个方向。随着时代的发展和数学的进展，点集拓扑学演化成一般拓扑学，组合拓扑学则成为代数拓扑学。后来，又相继出现了微分拓扑学、几何拓扑学等分支。现在,拓扑学已成为一个丰富多彩的数学领域,并在自然科学和工程技术中有了日益重要的应用。

米尔诺对微分拓扑学和代数拓扑学都作出过突出贡献。他开展工作的特点是:在向一个新分支进军之前,总是要先整理、总结已知的结果,有时还写成系统的讲义,使之成为一个分支的入门;他还善于利用拓扑学的方法解决其他领域的问题,因而硕果累累。他首先发展了示性类理论,并根据微分流形的指数定理,引入微分结构不变量,在七维球面 S^7 上作出了几个微分结构,并证明它们互不微分同胚,即证明了七维球面 S^7 上有多种微分结构。他的这个结论轰动了当时的数学界,激发了许多数学家的想象力,从而使微分在拓扑学中起到了一种冲击波的作用。以此为开端,微分拓扑学可以说正式成为一个数学分支,并且相当活跃。米尔诺通过深入研究有关代数及拓扑理论,运用同伦论进一步证明了七维球面有且只有 28 种不同的微分结构。对于更高维的球面,他也和别人合作得到了相当完美的结果。

1958 年,米尔诺利用拓扑学的结果来解决代数和几何学中的经典问题,并证明了实数域上的可除代数(不假定乘法结合律和交换律)只有实数域、复数域、四元数体和凯莱代数。他还证明:只有当 n 为 1,3,7 时,n 维球面上才存在处处平行的向量场。20 世纪 50 年代末 60 年代初,米尔诺发展了配边理论,特别是为发展复配边、自旋配边等理论做了很多工作。1961年,他证明互相配边的两个紧流形可以通过有限次换球术互变。其中的复配边理论应用广泛,并已成为一个重要的数学工具。

1961 年,米尔诺对组合拓扑学的一个重要问题——庞加莱猜想的主猜想[如果 T_1 和 T_2 是同一个三维拓扑流形的单形剖分(不必是平直的),那么 T_1 和 T_2 有同构的重分],举出了反例。他证明了对于低于三维的有限的单纯复形(这比流形广),主猜想成立;但对于不低于五维的这种流形,主猜想不成立;对于不高于三维的流形,主猜想成立;但对于不低于四维的流形,主猜想是否成立仍是一个尚未解决的问题。

另外,他得出了三维流形的唯一分解定理。他还举例证明了一个多面体有两种不同的分解方法,并说明一个边缘的流形里面微分同胚,但里面加上表面就不同了。在纤维丛中,他于1956年证明:当 G 是可数 CW 群(即 G 是拓扑群且是可数 CW 复形,其乘法与取逆元所对应的映射是胞腔映射)时,存在分类空间 B_G,它是可数 CW 复形。对于任意的拓扑流形,可定义其上的切微丛,米尔诺于1964年用此概念证明了微分流形的切丛及庞特里亚金类不是拓扑不变量。

米尔诺于1963年得到:设 f 是微分流形 M 上的可微实函数,a 为正数,令 $M^a = f^{-1}(-\infty, a) = \{p \in M \mid f(p) \leq a\}$,这时,$M$ 及 M^a 的拓扑有下列基本性质:(1)设 M 是紧流形,f 是定义在 M 上的可微函数,使得除在 $f^{-1}(c)$ 上含有 K 个指数为 S_i 的非退化临界点 $p_i(i = 1, 2, \cdots, k)$ 外,在 $f^{-1}(c-\varepsilon, c+\varepsilon)$ 上不含其他临界点。这时,对于适当的嵌入映射 f_i,集合 $M^{c+\varepsilon}$ 与 $X(M^{c-\varepsilon}; f_1, \cdots, f_k; s_1, \cdots, s_k)$ 微分同胚。(2)在所有紧流形 M 上,存在不含退化临界点的可微函数。

米尔诺受布里斯科恩(E. Brieskorn)的方法启发,应用拓扑学技巧来研究超曲面的奇点,得到了许多结果。例如,1968年他获得了如下纤维化定理:假设 V 在 $z_0 \in C^{n+1}$ 的邻域由一个方程 $f(z) = 0$ 来定义,则有一个相伴的光滑纤维化 $\varphi: S_\varepsilon - K_\varepsilon \to S^1$,对于 $z \in S_\varepsilon - K_\varepsilon$,$\varphi(z) = f(z)/|f(z)|$,其纤维 $F = \varphi^{-1}(p)(p \in S^1)$ 有 n 维有限 CW 复形的伦型。如果 z_0 是函数 f 的孤立临界点,则 F 具有 n 球束的同伦型。

代数 K 理论是代数的一个分支,它主要研究环(或更一般的某个范畴)上取值于阿贝尔群的一系列函子 K_n,而带有某种广义同调论的特色。该理论来源于格罗滕迪克关于黎曼-罗赫定理的工作中所用的 K 群构造。K 群构造是20世纪60年代初期由巴斯(H. Bass)开创的,他引进了 K_1 并与其他数学家合作大规模地研究 K_0 及 K_1。米尔诺在代数 K 理论中也颇有建树,例如 K_2 就是由他引进的。关于谱相同的流形,米尔诺在1964年构造了两个16维流形(实质是环面)的例子,尽管它们具有相同的谱(等谱),但却并不等距。

米尔诺还对莫尔斯理论作了提炼与升华。莫尔斯理论是微分拓扑的一个重要分支，通常是指两部分内容：一部分是微分流形上可微函数的莫尔斯理论，即临界点理论；另一部分是变分问题的莫尔斯理论，即大范围变分法。美国著名数学家斯梅尔认为："莫尔斯理论是美国数学的最伟大的贡献……"莫尔斯（H. M. Morse）在研究工作中，由于当时代数拓扑学还发展得不太完美，所以不得不通过烦琐、细致的具体分析来论证他的结果，从而使他的名著《大范围变分学》一书显得非常难懂。随着代数拓扑和微分拓扑的发展，米尔诺以他的渊博学识，撰写了一本脍炙人口的名著——《莫尔斯理论》。该书对这一课题的基本理论作了非常完美的总结和提高，使之摆脱了烦琐的论证而呈现出清晰明朗的面貌，使以前那些浩如烟海的文献成为历史的陈迹。今天的读者只要认真研读他的这本书，就可以直接跨入这个领域，特别是可使读者沿"极小测地线"进入这一领域。

近20年来，米尔诺的研究领域从微分拓扑学扩展到了数学的许多方面，他也逐步成为一位博大精深的数学大师。米尔诺对纤维丛、霍普夫代数理论、怀特海挠率、曲率与基本群的关系、二次型理论、代数数论等都有独到的研究。特别是他对代数 K 理论和复超曲面的奇点，作出了开创性的贡献。米尔诺的代表作有：《微分拓扑学》、《从微分观点看拓扑》、《莫尔斯理论》、《h 配边定理》和《代数 K 理论导引》等。他的《微分拓扑学》系统地论述了微分拓扑学这一领域中的几个重要专题：嵌入与浸入定理、向量空间丛理论和协边理论。他的《从微分观点看拓扑》用微分拓扑的方法研究拓扑学中布劳威尔映射的概念以及与其有关的某些论题，其中正则值的概念和萨德定理起着核心作用。米尔诺的《微分拓扑学》、《从微分观点看拓扑》和《莫尔斯理论》都已被译成中文，分别于1983年和1988年由上海科学技术出版社出版。米尔诺的著作写得简明、清晰，读起来是一种享受。有人问法国著名数学家、1954年菲尔兹奖得主塞尔最喜欢什么风格的书或文章，塞尔回答说："精确性和非形式化相结合！这是最理想的，就像讲课那样。你会在……米尔诺及其他一些作者的书里发现这种令人陶醉的融合。"[18]

近年来，米尔诺一直在研究与复域的有理映射有关的一个课题，业已发现该课题与遍历理论、拟共形映射、离散群以及分形理论之间存在着一些重要而又出乎人们意料的联系。

20世纪最伟大的数学家之一希尔伯特曾说:"19世纪最富启发性和最值得注意的成就是非欧几里得几何学的发现。"而米尔诺对非欧几里得几何学进一步补充了如下见解:"非欧几里得几何学在它前40多年的历史中,就像一个没手没脚的躯体一样,与数学的其余分支完全脱离,而且也没有任何牢靠的基础。但是高斯的曲面理论以及黎曼的高维弯曲流形理论为把非欧几里得几何学变成一个更有地位的数学分支铺平道路……1868年贝尔特拉米(E. Beltrami)两篇论文的发表,成为非欧几里得几何学历史的转折点。"[32]

1962年,美国著名数学家惠特尼(H. Whitney)在斯德哥尔摩召开的国际数学家大会上评述米尔诺的工作时,回忆起自己在20世纪30年代对微分性质与拓扑性质的关系研究,惠特尼认为自己的贡献仅仅是给未来可能的发展开了一个头,而米尔诺的成就使"这个未来已成为现实"!

米尔诺不仅是一位杰出的数学家,而且是一位优秀的教师。1966年他荣获由美国总统亲自颁发的美国国家科学奖章。1982年荣获了由美国数学会颁发的斯蒂尔奖中的重大贡献奖。

米尔诺曾说过:"从很年轻时起,我就认为对于一个研究生来说,在这个世界上发展出一种数学理论来改变我们思考社会科学的方式是最自然不过的事。"[31]

米尔诺对数学研究也发表过不少精辟见解。他认为:"对于数学研究,我最爱的东西是它的不受拘束的无政府状态!这里没有数学沙皇的饬令来告诉我们必须按什么方向工作,我们必须做什么。全世界成千上万的数学家,每个人都沿着他或她自己的方向前进。许多人正在探索最流行或最时尚的方向,而另外一些人则在奇怪的或非时尚的方向上工作。"[31]他还说过:"我喜欢把数学的边界描绘成一堵高大而外形凹凸不平的墙,一边是未知的、没有解决的问题,而另一边则是成千上万的数学家,每个人都在以不同的方法试图一小点一小点地啃掉问题的不同部分。或许他们中大部分人不会走得很远,但是,时不时地其中一个人会突破这道墙从而开启一个认知的新领域。尔后,或许另一个人又作出了另一个突破并打开了另一个新领域。有时,这些突破碰到了一起,数学的不同部分就融合起来,让我们看到了一个宽广的新景观。"[31]米尔诺还指出:"通常作出这些突破的人是那些著名人物,是那些我们期待他们做出好结果的人;但并非总是如此。有很多次重大的结果是由那些完全不知名的人做出来的,或者是由那些我们虽然知道但却被低估了的人做出来的,于是乎我们惊奇地发现,他们竟取得了如此多的成就,没有人有权力不去理这些人……"[31]他还说:"我正在为争取数学上的宽容辩护:即便某个数学分支在今天看来似乎是无味的,它也不应该被完全放弃。重要的是,为了攻克用于了解数学世界及其应用的基本问题,我们需要在许多不同的方向都有持各种不同观点的人在工作着。"[31]

2011年,他因其"在拓扑、几何和代数的开拓性发现"荣获了阿贝尔奖。

▲ 阿蒂亚

Michael Francis Atiyah

阿蒂亚对数学的整体性有很深的体会。[33]

——米尼奥(R. Minio)

数学最使我着迷之处是不同的分支之间有着许许多多的相互影响,有着预想不到的联系和惊人的奇迹。[34]

数学的目的就是用简单而基本的词汇去尽可能多地解释世界。[34]

——阿蒂亚

阿蒂亚是英国数学家，1929年4月22日生于英国伦敦。由于阿蒂亚与美国数学家辛格一起于1963年给出了"阿蒂亚-辛格指标定理"，从而使俄罗斯数学家、1978年沃尔夫奖得主盖尔范德于1960年提出的重要猜想——一个闭微分流形上的拓扑指标与其上椭圆算子的分析指标相等，得以圆满解决，并由此推广了著名的黎曼-罗赫定理，有力地推动了K理论的迅速发展，于1966年荣获菲尔兹奖，时年37岁。

阿蒂亚天赋极高，且勤奋好学，他父母说他生来就是个搞数学的料。由于父亲在苏丹工作，阿蒂亚的中小学课程主要是在埃及上的。第二次世界大战后他回到英国继续读中学，然后又服了两年兵役。1948年夏阿蒂亚考入剑桥大学三一学院数学系，1952年大学毕业获学士学位后又继续深造，于1955年获得博士学位并留校任教。1955—1956年他去美国普林斯顿高等研究院工作了一年多，这是爱因斯坦、外尔、冯·诺伊曼工作过的地方，是世界数学的中心。他在这里看到数学的前沿，并结识了数学世界未来之星：如塞尔、辛格、希策布鲁赫、博特等人，其中有些人后来成为他学术上的亲密合作者。1958—1961年阿蒂亚任剑桥大学讲师；1961年到牛津大学任高级讲师；1963—1969年任萨维里几何学讲座教授，这是一个显赫的职位，英国大数学家哈代曾任这个职位。1969—1972年阿蒂亚任普林斯顿高等研究院数学教授，1973年回国任牛津大学数学教授。他先后当选英国皇家学会会员和法国、瑞典、美国等国科学院的外籍院士。

阿蒂亚的博士导师是著名数学家霍奇(W. V. D. Hodge)。霍奇的研究兴趣和特点在于探索数学上不同分支间的关系。1952年霍奇出版了一本被誉为"20世纪科学史上重要里程碑之一"的专著《调和积分论》，就是综合代数学、拓扑学和分析学于一体。阿蒂亚的学位论文中关于"层"论的重要工作，也是在继承导师学术思想的基础上独立作出的。可以说，是导师的影响加阿蒂亚的天赋，才使得他形成了"把数学看成一个整体"，认为"数学是整个科学文化一部分"的观念，并一生致力于数学所有领域间相互作用及相互联系的研究。据阿蒂亚说，他投身这一研究方向也受到他所崇拜的著名数学家外尔的影响。

我们知道,追求统一性是任何发展着的科学所不可缺少的自然动向,这一过程叫作"归纳"。这种动向在物理学中同样表现得十分强烈,那就是以统一场论为中心的一系列理论。致力于统一理论研究的科学家有很多,其中就包括爱因斯坦和杨振宁等。

最能体现阿蒂亚研究风格和特点的重要成果,是他和希策布鲁赫合作推广 K 理论而创立的"拓扑 K 理论"。所谓拓扑 K 理论,简单说就是一种广义上同调论,因而可以看作以多面体的棱、面、顶点为背景的代数拓扑中,建立在诸如单形、复形、链群、边缘群等系列概念上的所谓"同调论"的"关系"。比如设 K 是多面体上一个复形,$C^q(K,G)$ 为 K 的以 G 为值群的 q 维上链群,$Z^q(K,G)$ 为 $C^q(K,G)$ 中 q 维上闭链(子)群,$B^q(K,G)$ 为 $C^q(K,G)$ 的上边缘链(子)群,则商群

$$Z^q(K,G)/B^q(K,G) \triangleq H^q(K,G), \quad q=0,1,2,\cdots,n$$

即为 K 的 q 维上同调群。$Z^q(K,G)$ 关于模 $B^q(K,G)$ 的等价类叫作上同调类。如果两个上闭链群属于同一上同调类,则称它们是相互上同调的。那么,研究上同调关系及其规律的理论便叫作上同调论。

1956 年,格罗滕迪克首先把上同调论推广到代数几何学中向量丛的等价类"K 函子"的研究上,从而开始了 K 理论研究。然后便是阿蒂亚与希策布鲁赫于 1959 年将其 K 函子推广到拓扑空间而形成的"拓扑 K 理论"。如果将其 K 函子推广到建立在环或范畴上、取值于阿贝尔群的系列函子研究中,即形成"代数 K 理论"。K 理论的用途很广,比如 1962 年亚当斯用 K 理论回答了诸如"M 维球面上有多个线性独立向量场"的深刻问题,阿蒂亚也曾用 K 理论来研究流形的"浸入理论"等。

阿蒂亚最杰出的成果,是他 1963 年与美国数学家辛格运用拓扑、几何和分析,发现并证明了指标定理,即他们证明了"设 $p(f)=0$ 是一个微分方程组,则 p 的解析指标 = p 的拓扑指标。"指标定理也可以简述为:"对于紧的可定向的流形上的线性椭圆微分算子,其解析指标等于其拓扑指标。"

因此他们共同荣获了2004年度阿贝尔奖。

这个定理统一了如代数几何中的黎曼-罗赫公式和拓扑学中希策布鲁赫的符号差定理及微分几何中的高斯-博内-陈省身定理。因此这个定理有很长的根系,其证明涉及数学上诸多领域,从拓扑理论、方法,到配边理论、伪微分算子、索博列夫空间以及泛函分析。这个定理揭示了分析学、拓扑学、代数学之间的深刻联系,它可以说是分析学、拓扑学、代数学等多个数学分支相互结合的一个典型实例。自发现这个定理以来的40多年中,它已得到了广泛的应用,起先在数学中,尔后,从20世纪70年代后期开始,应用到物理学中。例如,规范理论、瞬子、单极子、弦理论、反常子理论……为此,著名数学家、沃尔夫数学奖得主陈省身教授把阿蒂亚和辛格关于指标定理的证明以及怀尔斯(A. Wiles)关于费马猜想的证明,誉为20世纪数学中两个最重要的成果。

阿蒂亚十分重视应用数学研究,尤其是数学在物理学中的应用。他坚信"在某种意义上,是物理学为数学提供了最为深刻的应用,物理学中产生的数学问题的解答方法,过去一直是数学活力的来源,现在仍然如此"。他主张"应该有更多的数学家参与进来,并且设法学一些物理学,他们应该把新的数学方法引入物理学中去"。阿蒂亚把物理学中的"瞬子"问题与代数几何挂上钩,所得到的关于规范场理论的重要工作,就充分体现了他的这一思想。同时他也十分重视计算机科学的发展给人类社会、人类智慧、教育学、经济学乃至数学带来的影响与挑战。

20世纪70年代以来,阿蒂亚利用他的影响越来越多地关注数学的应用、教育和社会传播等工作。显然这也与他致力于数学的整体性、统一性,致力于数学与其他学科间内在联系的研究等一贯主张分不开。

阿蒂亚对数学发表过不少精辟见解。他说:"数学更像是个发育中的机体,它同过去以及其他学科的联系是历史悠久的。"[33]他指出:"我相当随意地把18世纪和19世纪放在一起,把它们当作我们称为古典数学的时代,这个时代是与欧拉和高斯这样的人联系在一起的,所有伟大的古典数学结果也都是在这个时代被发现和发展的。……20世纪大致可以一分为二地分成两部分。我认为20世纪前半叶是被称为'专门化的时代',这是一个希尔伯特的处理办法大行其道的时代,即努力进行形式化,仔细地定义各种事物,并在每一个领域中贯彻始终……布尔巴基的名字是与这种趋势联系在一起的,在这种趋势下,人们把注意力都集中于在特定的时期从特定的代数系统或者其他系统能获得什么。20世纪后半叶更多地被我称为'统一的时代',在这个时代,各个领域的界限被打破了,各种技术可以从一个领域用到另一个领域,并且事物在很大程度上变得越来越有交义性。"[35]他还指出:"数学最使我着迷之处是不同的分支之间有着许许多多的相互影响,有着预想不到的联系和惊人的奇迹。"[34]"数学的统一性与简单性都是极为重要的。因为数学的目的就是用简单而基本的词汇去尽可能多地解释世界。……如果我们积累的经验要一代一代传下去的话,我们就必须不断地努力把它们加以简化统一。"[34]他"把数学看成一个整体"。他说:"我强烈地反对把数学简单地看作一些相互割裂的课题的汇集,以为可以借写下的公理1、2、3,来发明一些新的数学分支,而且自己一直做下去……"[33]关于什么是核心数学,阿蒂亚认为:"核心数学,在某种意义上说,一直没有变,它总是涉及那些来自现实世界的问题,以及与数、基本计算及解方程有关的数学本身产生的问题。这些一直是数学的主要部分。任何能阐述这课题的进展都是数学的重要部分。"[33]

关于大学教育,阿蒂亚曾说过:"大学教师必须保持两种活动的平衡,他们应该知道学生学些什么是有用的,要记住学生将来做什么。"[33]谈到数学学习中的记忆时,他指出:"在数学里你几乎不需要记忆,你不必去记忆事实:你所需要做的只是去理解整个东西是如何装配起来的。"[33]换句话说,他强调数学不是靠记忆而是靠理解。关于理解,阿蒂亚还有更多的论述。他曾说过:"如果我对某个科目有兴趣,我就去设法理解它;我只是不断地想着它,并试着一点点地往深挖。"[33]"我对于证明的重要性并不大注意,我认为更重要的是理解。证明的重要性在于它是对你的理解的一个检验。"因此他认为,"当你传授数学时,你应该设法传授理解……但是,传授理解是不容易的……"[33]当然,从根本上说要想做到理解确实很不容易,不过这不能作为我们放松理解的托词。阿蒂亚甚至说,"即使所有工作都可以靠按按钮来完成,我们也必须教会儿童应该按哪个按钮……这意味着,必须更多地强调对所涉及过程的理解,而较少强调具体常规的计算。"这正应了阿蒂亚的一句格言:"没有金钱还无碍大局,缺乏头脑就万事皆空。"[36]关于创新,阿蒂亚说道:"人们从不怀疑,创新在数学进步中是不可或缺的,它在各种判断准则中往往处于前列……"[36]

阿蒂亚善于与他人合作。辛格、希策布鲁赫、塞尔、博特等人都与他合作较多或合作取得过重大成果。阿蒂亚常常通过自己的思索、好奇、兴趣以及相互交谈、学习、讨论等方式去发现新东西,一经发现就穷追不舍。同时,他也喜欢把一个领域发现的问题与过去曾经考虑过的其他问题放在一起来讨论。他曾说过:"我发现与别人交流思想是非常激励人的……我与别人交谈时把各种思想搅拌在一起:新的东西一出现,就紧追不舍。"[33]

阿蒂亚曾诚挚地对著名华裔数学家、菲尔兹奖得主丘成桐教授说:"中国既望跻身经济大国之列,就必须雄心万丈,志不在小。日本维新之初,一意仿效西洋,但旋即改变方向,致力发展基础研究。美国虽是当今经济最强国,但它依然大力注资于科研,我想中国要与日本、美国分庭抗礼,就必须在这方面与它们并驾齐驱。"[37]

阿蒂亚思如泉涌,有哲人的宏论,发表了许多有影响的论文,1985年牛津大学出版社出版了他的五大卷全集。但这些还未能反映出他的工作的全貌,由于他不知疲倦的研究,每年都有新的论文发表。1983年,阿蒂亚被授予爵位;1990年,阿蒂亚被选为剑桥大学三一学院院长兼牛顿研究所所长,这是继牛顿之后首次由一位数学家出任三一学院院长职务;1992年,阿蒂亚荣获功绩勋章;1990—1995年,阿蒂亚任英国皇家学会会长,这也是牛顿曾担任过的职务;1995—2005年,阿蒂亚任莱斯特大学校长;2005—2008年,阿蒂亚任爱丁堡皇家学会主席。

阿蒂亚于2019年1月11日在英国牛津逝世,享年89岁。

▲ 科恩

Paul Joseph Cohen

> 科恩已经作出的研究工作将比我们的时代还要持久。……他的名字应放在和哥德尔同样的地位,在数理逻辑的发展史上再也没有比他们的工作更激动人心的成就了。[38]
>
> ——麦金太尔(A. MacIntyre)

> 在集合论中,选择公理与连续统假设是相互独立的。[39]
>
> ——科恩

科恩是美国数学家,1934年4月2日生于新泽西州朗布兰奇。由于他在基础数学中运用自己创造的"力迫法"证明了连续统假设与ZF公理系统是相互独立的,于1966年荣获菲尔兹奖,时年32岁。

科恩1953年毕业于纽约的布鲁克林学院,然后进入芝加哥大学读研究生,1954年获得硕士学位,1958年获博士学位。他的博士论文是关于三角级数的唯一性理论问题,导师是调和分析名家齐格蒙特(A. Zygmund)。

1957—1958年,当科恩还在攻读博士学位期间,他便开始在罗彻斯特大学任教。获得博士学位后,他先在麻省理工学院工作了一年,此后,1959—1961年在普林斯顿高等研究院从事研究工作,1961年起到斯坦福大学任教,1964年升任教授。

科恩是一个多才多艺的数学家,他会讲瑞典语、法语、西班牙语、德语和依地语,他曾是斯坦福大学合唱队队员,他会演奏钢琴和小提琴,并喜欢旅游。

在1962年之前,科恩的主要工作是在调和分析领域。1960年,科恩完全解决了局部紧阿贝尔群上的幂等测度,研究了关于傅里叶级数的 L_1 范数下界估计的李特尔伍德猜想并给出了证明。他就是凭着一篇《论李特尔伍德猜想与幂等测度》的论文,获得由美国数学会颁发的博歇奖。这是美国在分析方面的最高奖,由此可见科恩成就之杰出。1967年,科恩又获得了美国国家科学奖,同年当选美国国家科学院院士。

科恩在调和分析领域可谓"功成名就"。他不仅获得过博歇奖,还提出过以其名字命名的科恩定理。他在幂等测度和群代数方面的重要贡献极大地推进了调和分析论的发展,而这些成果都已载入史册,稍具规模的数学史书籍或数学辞典在讲到调和论知识时,都提到了科恩的名字,可见他对所从事的专业工作研究之深、贡献之大。但是,科恩作为一位数学史上的名人,其奇特之处还在于,他平生最大的成就并不在其本专业领域内,而是在集合论基础理论这个20世纪初才兴起的"数学基础"领域内,以至于很多人都以为他原本是一个逻辑学家。当然,在数学中一个专业的学者进入另一个专业而"后来居上"的事例不少，可以说每个时代都有；但具有像科恩这样的成就、水平而且专业跨度如此之大的事例，还是非常罕见的。这也是菲尔兹奖迄今唯一一次授予"数学基础"领域的数学家。为了阐明科恩对"数学基础"的贡献，我们先得简要介绍一下连续统假设和ZF公理系统。

连续统假设是德国数学家希尔伯特在1990年国际数学家大会上影响极大的讲演中提出的23个问题的第一个问题。连续统假设原本是德国数学家康托尔（M. B. Cantor）提出的一个关于连续统的势（即基数）的假设。通常称实数集（直线上点的集合）为连续统，而把连续统的势记为 C。康托尔曾经提出：实数集的子集除了有穷子集、可数无穷子集以及与实数集本身等势的子集外，再没有其他的子集。也就是说，康托尔猜测，实数集的一切无穷子集或者与自然数集等势，或者与连续统等势。他的这一猜测被称为连续统假设，简记为CH。

连续统假设是集合论中的一个著名猜想，它是在康托尔创立集合论的过程中提出来的。在康托尔提出集合论以后，人们一方面认识到"集合"概念之重要，另一方面也认识到康托尔的朴素集合论有许多不完备的地方，需要得到进一步发展。特别是对于集合论中出现的悖论，如果不能解决，甚至会使得人们对整个数学推理的正确性产生怀疑。为了克服悖论带来的困难，人们想起了"公理化"这个欧几里得创造并一直使用的方法。我们知道，从绝对意义上讲，客观世界任何事物间都存在着"关系"，从而具有某种模糊性，但概念间是不容模糊的，集合悖论即出自概念上的模糊性，而用公理化手段即可剔除这类模糊性。

特别需要强调的是，作为一套系统理论，仅靠分别建立几个公理是不行的，还要求这些公理间形成一个具有协调性、独立性和完备性的所谓"公理系统"。

1908年，逻辑学家策梅洛（E. F. F. Zermelo）以"集合"与"属于"作为仅有的不加定义的原始概念，提出了一套公理系统。后来这套系统又经A·A·弗伦克尔（A. A. Fraenkel）作了修订，因此称作ZF公理系统。

ZF 公理系统由 9 个公理构成，包括空集公理、外延公理、无序对公理、并集公理、子集、幂集公理、替换公理、正则性公理、选择公理和无穷公理。事实上，将这 9 个公理称为"公理系统"是不太贴切的，因为自从这 9 个公理提出以来，围绕它们是否能形成满足协调、独立、完备这"三性"的公理系统的争论就一直没有停止过。其中的选择公理是：对于一个子集族构成的集合，存在这样的子集，它由每一子集中选一个且仅选一个元素构成。人们总认为选择公理不独立，猜测它可以由其他公理推出来，但又一直未能证明这一点。另外，在人们对 ZF 公理系统与连续统假设的关系认识中，选择公理也起着令人尴尬的作用。

1940 年，哥德尔（K. Gödel）在《选择公理和广义连续统假设同集合论公理的协调性》一书中证明，连续统假设与 ZF 公理系统（包括选择公理）是无矛盾的。如果可以认为这就是 ZF 公理系统的协调性，那么下一个问题就是要证明 ZF 公理系统的独立性。事实上只有证明 ZF 的独立性后才能结合哥德尔的结论确认其协调性，所以独立性的证明肩负着双重任务。这时首要的是证明人们早就怀疑的选择公理相对于剩下的 8 个公理的独立性。然而，在随后的 20 多年里，这一问题却一直未能得到解决，直到 1963 年，在科恩转入这一领域一年后，问题才最终迎刃而解。

1963 年，科恩证明了连续统假设与 ZF 公理系统是相互独立的，即由 ZF 公理系统既推不出连续统假设成立，也推不出连续统假设不成立。这是数学基础和集合论研究的重大成果。同时他还证明了选择公理与 ZF 公理系统中的其他公理相互独立，从而结束了围绕该公理的长期争论。*

由于这些杰出工作，1966 年，科恩荣获了菲尔兹奖，次年便当选美国国家科学院院士，并荣获由美国总统颁发的美国国家科学奖章。

事实上，科恩于 1963 年用他专门提出的"力迫法"（力迫法是用来构造

---

* 高隆昌在《数学及其认识》（第二版，西南交通大学出版社，2011 年）第六章及《终极大自然：理论与应用》（科学出版社，2019 年）第三章"3.4"中指出，上述困惑的根源在于，实轴结构（连续统）系由（一维）有理空间和无理空间（超空间）构成，且超空间中无数理逻辑。

集合论公理的独特的模型的,在该模型中命题是按步骤来证明为真的,并迫使在以后的全部步骤仍然保持为真),得到的不只是一个而是如下一系列成果:

(1) 选择公理是独立于其他公理的;

(2) 哥德尔的"可构造公理"对于选择公理、连续统假设是独立的;

(3) 连续统假设是独立于选择公理的;

(4) $[0,1]$ 上所有实函数的线性排序问题仅在包含选择公理的 ZF 公理系统中才可能得到。

加州理工学院的集合论学家基克里斯(A. S. Kechris)说:"从此力迫法就成为现代数理逻辑的主要工具。"[38]

美国斯坦福大学数学系主任伊莱希伯格(Y. Eliashberg)说:"科恩对连续统假设的解决、怀尔斯关于费马猜想的证明以及佩雷尔曼关于庞加莱猜想的证明,将作为过去50年数学界的最高成就为人们所铭记。"[38]

科恩于2007年3月23日于斯坦福逝世,享年73岁。

格罗滕迪克

Alexander Grothendieck

> 格罗滕迪克是一个不知疲倦的人,他有一股非凡的冲劲和不可遏止的逻辑力量,在他自己的思想指导下,他把每个概念都发挥到最广而没有一点人为的限制——与逻辑推理无关的限制。也许有史以来没有哪位数学家有过他这样的愿望。[40]
>
> ——芒福德(D. B. Mumford)

> 我特别讨厌有些数学家在引用别人的成果时不说明此成果的出处,好像这些成果是他们自己做出的。[41]
>
> ——格罗滕迪克

格罗滕迪克是法国数学家，1928年3月28日生于德国柏林。由于他创立了一整套现代代数几何抽象理论体系，在泛函分析中引入了核空间、张量积，以及在同调代数领域作出的杰出贡献，于1966年荣获菲尔兹奖，时年38岁。

格罗滕迪克的父亲生于沙皇俄国，20世纪20年代居住在德国，后在参加西班牙内战时被俘，被纳粹分子杀害。格罗滕迪克虽然从未见过父亲，但他对父亲极为尊敬，在他法国高等科学研究院的办公室里除了悬挂有父亲的一幅油画以外，没有任何其他装饰。格罗滕迪克于1941年跟随母亲移居法国，后进入蒙泰佩利耶大学学习，毕业后揣着学校写给亨利·嘉当的推荐信在巴黎高等师范学院学习了一年（1948—1949年）。一次，他登门拜访亨利·嘉当，说他希望学习分析学，亨利·嘉当告诉他，要学分析学应去南锡大学找迪厄多内和施瓦兹，随后他去南锡大学找到施瓦兹。施瓦兹把他与迪厄多内刚写的论文《(F)和(KF)空间的对偶性》拿给格罗滕迪克，让他回去看，这篇论文的后面提出了14个未解决的问题。格罗滕迪克经过自己独立的钻研，两个月以后，带了其中7个问题的答案再来见施瓦兹，这使施瓦兹大为惊喜，并意识到格罗滕迪克将成为一流的数学家。格罗滕迪克的那些答案不久都发表在1950年的《法国科学院通报》上。1949年格罗滕迪克到南锡大学工作，与迪厄多内一起从事泛函分析的研究工作，并成为有韦伊、亨利·嘉当以及迪厄多内参加的布尔巴基学派的成员。1953年格罗滕迪克在南锡大学获博士学位，其博士论文题目是"核空间的拓扑张量积"，导师便是迪厄多内。

格罗滕迪克1953年以前的主要兴趣在泛函分析领域，他在迪厄多内和施瓦兹工作的基础上，创造性地引入了"核空间"的概念。设E是局部凸拓扑线性空间，V是0点的一个凸的、平衡的邻域。把$\{y \mid P_V(x-y)=0\}$视为一个元$\tilde{x}_V$，这里P_V为对应于V的闵可夫斯基泛函。所有这样的$\tilde{x}_V$按范数$\|\tilde{x}_V\| V = P_V(x)$成为一个赋范线性空间$X_V$。如果对0的任给的一个凸的、平衡的邻域$U$，都存在凸的、平衡的邻域$V$使$V \subset U$，且相应的正则映射$\varphi_{V,U}$：

$X_V \to V_U$ 的完备化空间 X_U 为核算子,则称 X 为核空间,它是抽象核定理得以成立的局部凸空间,是数学分析中重要的拓扑线性空间,也是最接近有限维空间的抽象空间。利用核空间定理,可以解释广义函数论中的许多现象。除了核空间概念外,格罗滕迪克还引进了拓扑张量积概念,这也是一个非常重要的研究工具。

后来,在法国科学院的资助下,格罗滕迪克于 1953 年至 1955 年到巴西圣保罗大学进行访问研究,然后又先后在哈佛大学、麻省理工学院、剑桥大学和堪萨斯大学访问了几年。正是在这几年,他的研究兴趣发生了改变,转向了拓扑和几何。1956 年格罗滕迪克离开堪萨斯大学后回到了法国科学院,1959 年他接受了新成立的法国高等科学研究院的教授职位。从 1959 年到 1970 年的这些年可以说是格罗滕迪克数学生涯的黄金时期。在他的领导下,一个全新的数学学派诞生了。法国高等科学研究院后来成为全世界的代数几何中心,而格罗滕迪克无疑是这个中心的领军人物。他在研究院组织了一个代数几何讨论班,许多布尔巴基学派成员,如谢瓦莱、塞尔和 A·博雷尔(A. Borel)都参加了他的讨论班。在这一时期,格罗滕迪克的著作甚丰,在世界著名的 IHES 蓝皮丛书中,他独自或与他人合作共出版了近 30 卷,每卷都超过 150 页。在这几年他的研究领域也很广,他还提供了研究几何、数论、拓扑以及复分析的统一框架。20 世纪 60 年代他又引入了概型理论。

20 世纪代数几何领域最重要的进展之一是他在一般情形下的理论基础上建立的。20 世纪 30 年代,扎里斯基(O. Zariski)和范·德·瓦尔登等人首先在代数几何研究中引入交换代数的方法。在此基础上,韦伊在 20 世纪 40 年代利用抽象代数的方法建立了抽象域上的代数几何理论。20 世纪 50 年代中期,塞尔把代数簇的理论建立在层的概念上,并建立了凝聚层的上同调理论,这为格罗滕迪克随后建立概型理论奠定了基础。概型理论的建立使代数几何的研究进入一个全新的阶段,极大地影响了数学其他领域的发展。

概型概念是代数簇的推广,它允许点的坐标在任意有单位元的交换环中选取,并允许结构层中存在幂零元。设 A 为具有单位元 1 的交换环, A 的素理想 $[\neq (1)]$ 的集合记作 $\mathrm{Spec}(A)$, 称为 A 的谱 (spectrum)。对于 A 的任意子集 a, 用 $V(a)$ 表示包含 a 的素理想所构成的集合。我们在 $\mathrm{Spec}(A)$ 上定义一个拓扑,它的闭集就是 $V(a)$, 这个拓扑也称为 $\mathrm{Spec}(A)$ 的扎里斯基拓扑。对于 A 的元 f, 开集 $D(f) = \mathrm{Spec}(A) - V(f)$ 称为基本开集。基本开集构成 $\mathrm{Spec}(A)$ 上的扎里斯基拓扑的一个基。点的闭集无非就是 A 的极大理想的集合。对于 $\mathrm{Spec}(A)$ 的每个点赋以商环 A_β, 就可以得到 $\mathrm{Spec}(A)$ 上的一个环层 $\tilde{A}$。我们有等式 $\Gamma[D(f), \tilde{A}] = A_f$, 这里 A_f 是由乘闭系 $\{f^n \mid n \geq 0\}$ 所得的商环。特别是有 $\Gamma[\mathrm{Spec}(A), \tilde{A}] = A$, 把 $\mathrm{Spec}(A)$ 看作以 $\tilde{A}$ 为构造层的局部环式空间, $\mathrm{Spec}(A)$ 就称为一个仿射概型 (affine scheme)。如果一个局部环式空间 X 局部地同构于一个仿射概型,就称它为一个概型。概型态射 (morphism of schemes) 定义为它们之间作为局部环式空间的射,这样就得到一个范畴,它的对象是概型。态射 $f: X \to Y = \mathrm{Spec}(A)$ 称为局部有限的,是指存在 Y 的一个仿射开覆盖 $\{U_i = \mathrm{Spec}(A_i)\}$, 其中每个 A_i 是有限生成的 A 的代数。一般的态射 $f: X \to Y$ 称为局部有限型的,是指存在 Y 的一个仿射开覆盖 $\{V_i\}$, 使得 f 的每个限制 $f^{-1}(V_i) \to V_i$ 都是局部有限型的。如果 $f: X \to Y$ 是(局部)有限型的,我们就称 X 在 Y 上是(局部)有限型的。在域 K 上[即在 $\mathrm{Spec}(K)$ 上]为有限型的概型称为 K 上的一个代数概型 (algebraic scheme)。关于簇的许多概念,例如维数、一般点、特定化等,都能够借助于交换环的理论自然地推广到概型上。

概型理论把代数几何和代数数域的算术统一到了一个共同的语言之下,使得在代数数论的研究中可以应用代数几何中的大量概念、方法和结果。这种应用的两个典型例子就是:(1)德利涅(P. Deligne)于 1973 年把韦伊关于 ζ 函数的定理推广到了有限域上的任意代数簇,即证明了著名的韦伊猜想,他正是利用了格罗滕迪克的概型理论。(2)法尔廷斯在 1983 年证明了莫德尔猜想:设 $F(x, y)$ 是两个变量 x, y 的有理系数多项式,那么当曲线

$F(x,y) = 0$ 的亏格不小于 2 时,方程 $F(x,y) = 0$ 至多有有限组有理解。主要由于这一工作,法尔廷斯荣获了 1986 年的菲尔兹奖。这个结果的一个直接推论就是费马方程 $x^n + y^n = 1$ 在 $n \geq 4$ 时最多只有有限多个非零有理解,从而使费马猜想的研究获得了重大突破。由此可见格罗滕迪克所建立的概型理论是多么重要。现在概型理论的运用已深入微分拓扑与代数拓扑、多复变函数论、奇点理论甚至偏微分方程等学科。许多代数学家孜孜求解的那些代数几何与数论中的经典问题都可以借助格罗滕迪克的 K 函子、L 进制上同调以及其他一些同样复杂的概念得到解决。另外,格罗滕迪克还对黎曼-罗赫定理给出了代数证明,对曲线的基本群给出了代数定义。

总之,格罗滕迪克对代数几何作出了杰出贡献。他创立了一整套现代代数几何抽象理论体系,几何形象的痕迹在他手里完全消失,他引进的"概型"这个概念把代数几何抽象程度提高到新的水平,被誉为代数几何学的一次革命,并对有关数学分支产生了深远的影响。到 1970 年,他的工作已完成了十几卷,构成了一个完整的现代代数几何体系"概型理论"。"概型理论"把代数几何和代数数域的算术统一到了一个共同的语言之下,使得在代数数论的研究中可以应用代数几何中的大量概念、方法和结果。对此,另一位菲尔兹奖得主、国际数学联合会前主席芒福德曾评价道:"格罗滕迪克是一个令人震惊的奇才,在代数几何领域内他引进了美丽而深刻的思想,以及一个全新的天地'概型'。"[42]

菲尔兹奖似乎特别青睐代数几何学家,在菲尔兹奖得主中,有十多位的工作都与代数几何有关。尽管代数几何学家中英才辈出,但在许多代数几何学家眼中,"王"却只有一个,那就是格罗滕迪克。

格罗滕迪克还是一位个性鲜明、非常有正义感的和平主义者:

他坚决反对美国入侵越南的战争,只身来到战火纷飞的越南战场,在地道里向越南数学家讲代数几何;

他大声疾呼反对苏联军队入侵捷克;

苏联科学院院士庞特里亚金在 1970 年举行的国际数学家大会上作关

于"微分对策"的报告,其中牵涉到导弹追踪飞机之类的问题,格罗滕迪克愤怒地上台抢话筒,抗议在数学大会上演讲与军事有关的题目;

1959年他被聘为巴黎高等研究所的终身教授,后来当他获悉这一研究机构受到北大西洋公约组织的资助时,就毅然辞去职务回乡务农;

他呼吁裁军和种植花草。

由于他对代数几何作出的杰出贡献,1988年瑞典皇家科学院决定对他颁发六年一度的克雷福德数学奖,奖金数额与诺贝尔奖相当,但格罗滕迪克致信瑞典皇家科学院拒绝领奖,并痛斥当前学术界的一些腐败现象。他在信中写道:"……我不准备接受此奖……我深信,能证实观念或一种新图景的生命力的唯一决定性的考验是时间,生命力是由它的后代,而不是由荣誉来确认的。……同行间的赤裸裸的剽窃几乎已成了惯例,尤其是对那些无权无势来自卫的同行的掠夺。而尽管如此,这一切竟都被人们所容忍,其中包括最显而易见、最无视公正的情形。在这样的状况下,参与'奖金'和'奖赏'的赌博……是在精神上,甚至在智力上和物质上自杀……我将不遗余力地在学术界,尤其在我以前的数学界朋友和学生中,让人们了解我与今日的'官方学术'的势不两立。"[43]他还在一本回忆录《播种和收获》中写道:"我特别讨厌有些数学家在引用别人的成果时不说明此成果的出处,好像这些成果是他们自己做出的。"[41]他说:"构成一个研究人员创造力、想象力的品质的东西,是他注意倾听事情内部声音的能力。"[41]在这本书中还有他关于战争和生态环境的许多独特见解。

格罗滕迪克的主要著作有《张量积和核空间》、《代数几何基础》(与迪厄多内合著)、《拓扑空间》等。1988年,为庆祝格罗滕迪克60岁生日,卡蒂埃(Cartier)等人编辑出版了格罗滕迪克的三卷本论文集。卡蒂埃曾惊叹地写道:"可以举出格罗滕迪克的更多贡献:拓扑张量积、核空间、概型、K理论……很难想象这么多成果竟出自一个大脑。"[44]格罗滕迪克非常勤奋刻苦,经常每天工作12个小时,他曾经在一个没有暖气的寒冷屋子里写出了3000多页的手稿。格罗滕迪克和其他人合作出版了十几部巨著,共有

10 000页以上。

《格罗滕迪克纪念文集》的编委会写道:"要完全了解格罗滕迪克对20世纪数学的贡献和影响是困难的,他改变了我们在许多数学领域的思考方式,他的许多思想在创建时是大革命,而现在是如此地自然,仿佛它一直在数学中存在一样。事实上,格罗滕迪克的思想对整个新一代数学家而言是数学中的一道亮丽的风景。没有格罗滕迪克的贡献,他们不能想象数学。"[45]

正如美国密歇根大学的巴斯所说,格罗滕迪克用一种"宇宙般普适"的观点改变了数学的全貌。

格罗滕迪克于2014年11月13日在法国圣利齐耶县逝世,享年86岁。

斯梅尔

Stephen Smale

> 是路过的斯梅尔使我们走上完成"指标定理"的正确轨道。[46]
>
> ——阿蒂亚

> 我认为有更多理由说明研究微分同胚这一具有大自然美的问题的重要性,因为常微分方程定性理论的任何现象和问题都可以用最简单的形式展示成它们的微分同胚问题。[47]
>
> ——斯梅尔

斯梅尔是美国数学家,1930年7月15日生于密歇根州东部的福林特。由于他在证明广义庞加莱猜想中作出的杰出贡献,于1966年荣获菲尔兹奖,时年36岁。

由于他对微分拓扑学的重要贡献,重塑了动力系统的面貌,为混沌学说提供了基础,以及在力学和经济学上的建树,他荣获了2006年度沃尔夫数学奖,时年77岁。

斯梅尔在家乡念完高中之后,于1948年考入密歇根大学。在一年级时他的微积分系列课程中的考试成绩为A,但到了二、三年级,他成绩平平,只得了B、C,甚至其核物理学的考试成绩为F。他侥幸考上了密歇根大学数学系的研究生,但开头仍然表现不佳,其平均成绩是C,直到系主任威胁要开除他时,他才开始发奋努力。1956年终于获得博士学位,其导师是著名拓扑学家博特。他的博士论文的题目是"关于黎曼流形上的正则曲线理论"。在论文中他把惠特尼于1937年证明的关于平面曲线的结论推广到了一般的n维流形上的曲线。其后斯梅尔在芝加哥大学任讲师。1958—1960年他前往普林斯顿高等研究院,在国际科学基金支持下学习,并开始研究混沌现象以及用拓扑学方法研究庞特里亚金关于结构稳定向量场理论。1960年被聘为加州大学伯克利分校的数学副教授,次年到哥伦比亚大学任教授,1964年他又回到加州大学伯克利分校任教授,并在那里度过了职业生涯的大部分时光。直到1994年退休。1995—2001年被聘为香港城市大学杰出教授,2002年被聘为日本丰田工业大学芝加哥分校教授,2009年8月又回到香港城市大学任杰出教授。

斯梅尔1964年当选巴西科学院外籍院士,1967年当选美国艺术与科学研究院院士,1970年当选美国国家科学院院士,1997年成为莫斯科数学会名誉会员,1998年成为伦敦数学会名誉会员。

"读万卷书,行万里路",这是对斯梅尔的生动写照。他喜欢旅游,并且常常携家带口,寓科学活动于游览之中。就在刚获得博士学位的那个夏天,他带着妻子出国旅行,同时参加了在墨西哥城举行的有关数学重大进展的一个国际会议。会上,他荣幸地见到了托姆并结识了芝加哥大学的赫希(Hirsch)和利马(Lima)。会后,托姆被邀请到芝加哥大学讲学,斯梅尔也在该大学找到了一份工作,因此他们四人成了好朋友。斯梅尔向托姆学习横截理论,托姆和赫希则对斯梅尔博士论文中的研究方向——微分流形中的"浸入理论"感兴趣。

就在芝加哥期间,斯梅尔利用常微分方程定性理论讨论了二维球面上微分同胚空间的同伦结构。同时,在这方面还有帕莱(Palais)与斯滕伯格(Sternberg)揭示出的动力系统的一些很好的结果。1958年夏天,斯梅尔携家人从芝加哥来到普林斯顿高等研究院,在这里他见到了莱夫谢茨(Lefschetz)和佩肖托(Peixoto),学到了由他们承继和发扬的安德罗诺夫(Andronov)的结构稳定性理论。基于斯梅尔的拓扑学功底,他的兴趣一下子被激发起来。正是在这些背景和环境的孕育下,当他听到佩肖托说,庞特里亚金认为大于2的一般维数拓扑空间中动力系统的结构稳定性是个很深的问题时,年轻气盛的他按捺不住了,一头扎进其中,并很快得到了一些重要结果,加上佩肖托也曾用到的安德罗诺夫与庞特里亚金的在圆盘 D^2 上"没有解进入鞍点"的条件,实际上斯梅尔很快就发现这些都是"结构稳定性"的必要条件。于是他又在托姆的横截理论的基础上进一步提出了"稳定与不稳定均衡流形互相横截"这一推广到更高维的思想。由此写出的论文《关于一类动力系统的莫尔斯不等式》,被托姆称作"莫尔斯–斯梅尔动力系统"(即结构稳定系统)。经莱夫谢茨提议,1959年夏在墨西哥城召开的数学会上,斯梅尔作了以此论文题目为题的报告。

会后,佩肖托和利马邀请斯梅尔前往巴西的里约热内卢,于是他带着妻子和两个分别仅为两岁半和半岁的孩子,于1959年12月离开普林斯顿前往巴西。来到里约热内卢不久,斯梅尔关于动力系统的论文发表了,他感到兴奋,特别是他非常欣赏其论文中的一个猜想,由此猜想可以导出"混沌不存在"(按现代说法)。但他兴奋的心情很快被美国数学家莱文森(Levinson)给他的一封信打破了。莱文森在信中给了自己以前论著中的一个结果,这个结果显然包含了斯梅尔那个猜想的一个反例。莱文森的论著是对第二次世界大战期间英国数学家卡特赖特（Cartwright）和利特尔伍德（Littlewood）所做的大量工作的阐述。卡特赖特和利特尔伍德分析了由于战争所提出的有关无线电波的一些方程，他们发现这些方程的解有着意想不到的奇怪的特性。斯梅尔夜以继日地工作，并经常带着纸、笔去海滩上思考，试图迎接莱文森那封信所提出的挑战。但当他仔细研究了卡特赖特、利特尔伍德和莱文森的论著后，斯梅尔确信莱文森是对的，而自己的猜想错了。斯梅尔后来深情地说道："事实上，卡特赖特和利特尔伍德已经发现了混沌的征兆，……我作了一个错误的猜想，但是在学习过程中，我发现了马蹄。"[48]

"斯梅尔马蹄"是描述混沌现象的标志形象。它实际上是一个人工构造的动力系统实例，叫作"马蹄映射"，又叫"擀面师映射"。擀面师在擀面时总是将面块拉长又折转，循环往复，因此只要稍加规范地设其面块在一固定平面域（比如方域）内，每次折转皆折成马蹄形，且一次横向一次竖向地交替放置，就可看到每次拉伸都相当于将固定平面域作出一维压缩、另一维拉伸的同胚映射。当折成马蹄形时，原有区域上必产生重叠子块，叫作不变集。如此循环下去，不变集的子块迅速变小但子块数呈指数增加，以至无穷，这一擀面的"迭代"过程即构成一个规范的动力系统，具体叫作"离散动力系统"。该离散动力系统已被证明是结构稳定的，且具有无穷多种周期解，从而成为动力系统研究中的一个著名范式。

斯梅尔还指出："马蹄是卡特赖特-利特尔伍德和莱文森的方程按几何观点理解的自然产物。它帮助我们理解混沌的机理，说明动力学中有大量的不可预见性。"[48] 斯梅尔对庞加莱猜想作出了重要贡献。他在一篇文章中写道："在庞加莱的一篇文章中作如下断言：一个与 n 维球面有着相同代数不变量的流形拓扑等价于 n 维球面，但是他后来发现他的证明有错，于是他限到三维情形，并把他作为公开问题提了出来，这就是今天我们所说的庞加莱猜想。……而激励我研究拓扑学的主要原因是庞加莱所提出的这个著名的悬而未决的问题。自从我开始从事数学研究以来，对三维庞加莱猜想，我曾给出过几个错误的证明,但一次又一次地我还是想去解决这个问题。在沙滩上发现马蹄的两个月中,我得出了一个结论,它使我也不免大吃一惊。因为这个结论看来能成功地保证我回到庞加莱当初的推断,而维数限定在五维或更高维。实际上这个结论不仅得出了庞加莱猜想在维数大于4时是成立的,而且它还推出了拓扑学中许多漂亮结果。由于这项工作,我于1966年荣获了菲尔兹奖。"[48]斯梅尔在这里所指的许多漂亮结果之一,就是他建立的h-配边定理,如今许多进一步结果都是通过将h-配边定理与代数及微分拓扑等其他工具结合在一起而得到的。

就在1966年斯梅尔获得菲尔兹奖的那届数学家大会上,他应邀作了题为"微分动力系统"的大会报告,这次报告意味着微分动力系统的正式诞生。20世纪70年代后,微分动力系统日新月异,发展十分迅速,成为大范围分析的重要组成部分。

另外,斯梅尔关于莫尔斯的临界点理论的无穷维形式和关于萨德定理的无穷维形式,极大地改变了无穷维流形的拓扑和分析的研究。

凡是能作出多种贡献的人物的兴趣往往容易被各种不同的问题所吸引而发生转移,斯梅尔正是这样。在他开创微分动力系统的工作以后,一方面由于他对动力系统的认识十分深刻,另一方面因为动力系统在客观世界的存在十分广泛,使得他广泛地介入应用数学的基础理论研究。首先是在数理力学上的工作,比如他在1970年发表的"拓扑与力学"系列论文以及1979年发表的关于一些物理系统中遍历问题的探讨等,即充分运用拓扑观点和流形理论广泛地揭示了力学中种种基本问题的实质。他在力学中的"修正位势"的概念在相对平衡稳定性和分歧的近代发展中起着关键作用。

斯梅尔还将莫尔斯理论注入数理经济中,从而使他在数理经济学上的贡献也十分突出,比如他对经济系统的全局分析和对价格调控过程的数理刻画等等,其贡献都是一流的。特别是他应用由他所发展的多个函数的最优化的抽象理论,对于帕雷托(Pareto)最优值存在性提供了一个条件,并用微分几何的语言刻画了最优值的这个集合。他还在非常弱的假设下证明了一般平衡的存在性,并且发展了计算这种平衡的算法。可以说,正是他在20世纪70年代的系列论文,使得数理经济学中围绕一般均衡理论进行的持续了近100年的研究画上了句号。以后的数理经济学就转入了所谓"综合方向"(实则没有主流方向)的发展。今天在经济学界,特别是理论经济学界,斯梅尔具有很高的知名度。

斯梅尔从20世纪80年代早期又在计算理论和计算数学方面进行了探索,从而发展了连续计算理论和计算复杂性理论,并且对一些特殊的问题设计和分析了算法。其中一些分析成为数值算法研究中深刻应用数学的典范。

斯梅尔已将他发表的主要论文于2000年结集为三卷出版。1998年他编辑了21世纪18个待解决的数学难题,即所谓"斯梅尔问题集",其中黎曼猜想、庞加莱猜想、纳维-斯托克斯方程组、$P = NP$?都被克莱(Clay)数学研究所选入了"新千年七个悬赏一百万美元的数学问题"之中。

在数学中以他的姓氏命名的斯梅尔公理、斯梅尔定理、斯梅尔h-配边定理都是他的重要建树。

斯梅尔除了荣获沃尔夫数学奖、菲尔兹奖外,他还于1965年荣获美国数学学会的维布伦奖,1988年荣获美国数学协会的肖维勒奖,1989年荣获美国工业与应用数学学会的冯·诺伊曼奖,1994年荣获巴西国家科学大十字勋章,1996年荣获美国国家科学奖章,2005年荣获美国工业与应用数学学会的莫泽奖等。他1986年还应邀在美国伯克利召开的国际数学家大会上作了一小时大会报告。

斯梅尔对数学发表了许多精辟见解:例如,他说"数学是一种正式的思维方式。人们在数学中比在文学中可以用更加精确的方式表达关系以及程度。甚至模糊的事物可以利用概率与数学相结合。……数学是如此之有效,因为寻找一个普遍规律没有比在数学中更容易获得。它使我们能够抽象出主要思想。随着形式化和符号化,就能看到事物的全部。抽象让我们看到的一般意义下的思想。"[168]他还说"数学家们似乎过于注重物理了。我相信很多事物正在比物理学更加使数学发生改变。就像我工作的领域,从生物学、统计学、工程、计算机科学,尤其是计算,开拓了视野和其他问题。"[168]

他还说:"在我看来,对数学的理解不是来自读甚或听,而是来自对于所看到或听到的进行再思考。我必须根据自己的特殊背景做数学,有的强,有的弱,有代数的,也有几何的,我的强项是几何分析,但在一长串公式面前我常会遇到麻烦,……而数学文献在提供线索方面是有用的,常可以利用这些线索组成一幅令人信服的画面,只有当我按照自己的术语重新组织了数学时,我才感觉我理解了它,否则我决不认为自己理解了数学。"[148]他指出:"混沌学是一门新兴的学科,其最基本的一个特点是研究按通常的经验难以预见和处理的事物。"[148]

斯梅尔是一位矿物标本的收藏者,他收藏有极佳的矿物标本,他的许多矿物标本都被收录到了《斯梅尔收藏品:天然水晶之美》一书中。

斯梅尔1987年5月曾应邀访问过杭州大学,2007年6月在浙江大学王兴华教授等陪同下,参观了上海博物馆的绘画馆,当这位混沌学大师看到公元1349年前我国元代画家朱德润的《浑沦图》时,简直是惊呆了!

贝克

Alan Baker

贝克直接向一些特别困难的问题发起攻击……[51]

——图兰

尽管它（超越数论）历史悠久，但仍然青春焕发。通过深入研究，许多课题必将取得进展，同时还有一些著名的问题仍待解决。[52]

——贝克

贝克是英国数学家，1939年8月19日生于英国伦敦。由于他在丢番图方程上的一系列重要贡献，于1970年荣获菲尔兹奖，时年31岁。

贝克于1958年进入伦敦大学学院学习，1961年获得学士学位后，前往剑桥大学三一学院继续深造，并于1964年获得博士学位。毕业后贝克留校成为三一学院的研究人员，1974年起任剑桥大学纯粹数学教授。

在剑桥期间，贝克曾去美国访问过一段时间。1970年他成为普林斯顿高等研究院成员，1974年任斯坦福大学客座教授。

除了菲尔兹奖以外，贝克还获得过很多荣誉，比如1972年他获得了剑桥大学阿达蒙斯奖，1973年当选英国皇家学会会员，1975年因其一本仅有100多页的经世之作《超越数论》获得亚当斯奖，1980年当选印度国家科学院荣誉院士。

20世纪，英国数学特别是数论的力量非常强，堪称世界数论中心，最有名的人物包括哈代、李特尔伍德、达文波特、罗斯、马勒(K. Mahler)，以及印度的拉马努金，等等。贝克在这样一流的数论环境里学习，可以直接受到名家的熏陶。其中达文波特是贝克的导师，来自德国的马勒对贝克的影响最大。如果说任何一位数学家在既有的数学天赋下会随着后天环境的不同而在不同的数学领域作出不同贡献的话，那么可以说英国的数论环境造就了贝克在数论上的大师级成果。的确，贝克的导师便是世界一流的数论名家达文波特，同时他又有机会广泛接触、汲取更多师长们的思想，从而成长为一个聚众家之长，具有自己独特风格的数论大家。而他开明的导师达文波特更因此由衷地感到高兴，并不因为贝克没有"循规蹈矩"地继承自己的风格而迁怒于他。

贝克在数论领域有一系列的贡献，仅解决的历史悠久的难题就有十多个。要想了解他在数论方面的贡献，我们还得从超越数论谈起。

超越数论是以超越数为研究对象的一个数论分支。全体复数可分为两大类：代数数和超越数。如果一个复数是某个系数不全为零的整系数多项式的根，则称此复数为代数数。不是代数数的复数，叫作超越数。对超越数的研究是由法国著名数学家刘维尔开创的,他于1844年构造出历史上第一批超越数。1873年,埃尔米特(C. Hermite)突破性地证明了自然对数的底 e 是超越数。1882年,林德曼(F. Lindemann)推广了埃尔米特的方法,证明了 π 是超越数,从而解决了古希腊的"化圆为方"问题。后来,人们通过证明,陆续知道了 cos1、sin1 等是超越数。

当然,人们并不满足于这样一个个地去证明超越数,为此,许多数学家开始致力于寻找判定超越数的"万有工具"。在这方面,关于超越数的代数独立性的林德曼-魏尔斯特拉斯定理就代表了19世纪超越数论的最高成就。

1900年希尔伯特提出的著名的23个问题中的第7个问题是:如果 α 是不等于0和1的代数数,β 是无理代数数,那么 α^β 是否为超越数?1934年,盖尔丰德等人对此给出了肯定的证明。由此可知,对于非零的代数数 $\alpha_1, \alpha_2, \beta_1, \beta_2$,若 $\ln \alpha_1$ 与 $\ln \alpha_2$ 在代数数域上线性无关,则 $\beta_1 \ln \alpha_1 + \beta_2 \ln \alpha_2 \neq 0$。

贝克正是在此基础上,于1966年将这一结果推广到了任意多个对数的情形,这就是著名的贝克定理:

设 $\alpha_1, \alpha_2, \cdots, \alpha_n$ 为代数数域上的非0元素,满足 $\ln \alpha_1, \ln \alpha_2, \cdots, \ln \alpha_n$ 在有理数域上线性无关,则 $1, \ln \alpha_1, \ln \alpha_2, \cdots, \ln \alpha_n$ 在代数数域上也线性无关。

这一来,运用贝克定理即可成批地得到超越数了。比如:

(1) 如果 $\alpha_1, \alpha_2, \cdots, \alpha_n$ 及 $\beta_1, \beta_2, \cdots, \beta_n$ 全都属于代数数域,且 $\sigma = \alpha_1 \ln \beta_1 + \alpha_2 \ln \beta_2 + \cdots + \alpha_n \ln \beta_n \neq 0$,则 σ 是超越数;

(2) 若 $\alpha_1, \alpha_2, \cdots, \alpha_n, \beta_0, \beta_1, \cdots, \beta_n$ 都是非0代数数,则 $e^{\beta_0} \alpha_1^{\beta_1} \cdots \alpha_n^{\beta_n}$ 是超越数;

(3) 如果 $\alpha_1, \alpha_2, \cdots, \alpha_n$ 都是非0非1的代数数,而 $\beta_1, \beta_2, \cdots, \beta_n$ 是一般的代数数,且 $1, \beta_1, \beta_2, \cdots, \beta_n$ 在有理数域上线性无关,则 $\alpha_1^{\beta_1} \cdots \alpha_n^{\beta_n}$ 是超越数;

(4) 对于给定的 $A \geq 4, d \geq 4$,若有次数不超过 d,系数绝对值不超过 A 的多项式决定的非0代数数 $\alpha_1, \alpha_2, \cdots, \alpha_n (n \geq 2)$,再取 $0 < \delta \leq 1, \ln \alpha_1$,

$\ln \alpha_2, \cdots, \ln \alpha_n$ 取对数主值，这时若存在整数 $b_1, b_2, \cdots, b_n$ 使其绝对值 $\leq H$，满足

$$0 < |b_1 \ln \alpha_1 + b_2 \ln \alpha_2 + \cdots + b_n \ln \alpha_n| < e^{-\delta H},$$

则有

$$H < (4^{n^2} \delta^{-1} d^{2n} \ln A)^{(2n+1)^2},$$

显然，上述(2)、(3)属于对已被盖尔丰德等人解决了的希尔伯特第7个问题的进一步贡献；至于(1)、(4)则有利于对所谓黎曼 ζ 函数猜想的研究。

特别是，这里关于超越数线性无关性的贝克定理还被推广应用到一大类丢番图方程解理论上，从而进一步得到了一系列重要成果。为了认识贝克定理在丢番图方程解理论上的应用前景，只要看看丢番图方程解理论的如下发展特征就清楚了。

丢番图方程的历史已逾1000年，但直到20世纪初期，其发展仍与超越数的初期发展相仿，人们对于丢番图方程都还是一个一个方程孤立地去苦索其解。因此，希尔伯特在其第10个问题中提出，可否有一个统一的方法去判定一个个丢番图方程是否有解？虽然在1970年这一问题被苏联的马蒂雅维奇（Ю. В. Матиясевич）否定性解决，但人们还一直期望找到一种方法至少能"批量"地判定方程类的可解性问题。只要注意到这一思想正好与寻求"成批"超越数的思想的一致性，也就可以预见到贝克的作用了。

的确，在此思想激励下，图埃于1909年首先作出了突破，他发现了如下一类丢番图方程：

$$f(x, y) = m, \tag{1}$$

其中，m 是一个整数；$f(x,y)$ 是 x、y 不可约（不可分解因式）的至少三次的齐次式，且具有整系数。

图埃本人证明了方程(1)最多只有有限多对整数解。

后来，数论名家、沃尔夫奖得主西格尔和菲尔兹奖得主罗斯则推广了图埃的结论，甚至对更广的方程(1)得到了解数的界。

然而，当贝克介入之后，丢番图方程解理论便更有一番新天地了。首先他大大推进了前人对一类特殊的(1)型方程：

$$x^3 - ay^3 = m$$

的研究,然后即用他的"贝克定理"的思想长驱直入,所获得的成果,至少从原理上可以得到更广的(1)型方程的全部解。因为贝克证明了,对于$f(x,y) = m$,只须假设f具有整系数,即必存在一个仅依赖于m的上界$B = B(m)$,满足:

$$\max(|x_0|, |y_0|) \leq B, \qquad (2)$$

其中(x_0, y_0)是方程的任一对整数解。

显然,(2)式意味着只有有限对整数需要考察(因为所有不大于B的整数是有限的),所以我们说原则上能够用检验可能的解数的方法去完全地列出该类$f(x,y) = m$型方程的解。作为特例,贝克的工作也包含了对莫德尔方程$y^2 = x^3 + k$及卡塔兰方程$x^p - y^q = 1$等许多经典问题的研究。此外,贝克还在代数数论中,肯定了虚二次数域只有9个。

除了在数论研究领域的诸多成就外,贝克还著有不少颇具影响的专著:首先是《超越数论》(1975),至今它还是这一领域的权威性著作,被誉为能与高斯的《算术研究》媲美的不朽之作;此外,还有《超越数论:进展与应用》(1977)、《数论简明导引》(1984)、《超越数论的新进展》(1988)等等。这些著作不仅对指导相关的研究工作起着重要作用,更为学生们提供了丰富而优秀的数论教材。

贝克在其《超越数论》的序言中,曾经指出:"尽管它(超越数论)历史悠久,但仍然青春焕发。通过深入研究,许多课题必将取得进展,同时还有一些著名的问题仍待解决。作为例子,我们只要提一下e、π的代数独立性和欧拉常数γ的超越性等著名猜想就行了,这些猜想中的任何一个获得解决,都将标志着巨大的进展。"[52]

贝克于2018年2月4日在英国剑桥逝世,享年78岁。

广中平祐

Hironaka Heisuke

> 一个很出名的定理是广中平祐的奇点消解定理,这是 30 年前做的,可是在代数几何里面是解能确切定义的问题。[53]
>
> ——丘成桐

> 在一些不同类型的数学的最根基部分,存在数学的一个永恒的问题或永恒的使命,那就是无限。自觉或不自觉地,数学家所做的就是把无限有限化。[54]
>
> ——广中平祐

广中平祐是日本数学家，1931年4月9日生于日本山口县。由于他完美地解决了在特征零的域上代数簇的奇点消解问题，于1970年荣获菲尔兹奖，时年39岁。

广中平祐1950年进入京都大学学习，1954年从该校理学部数学科毕业后进入研究院，1957年到美国哈佛大学攻读数学专业，1959年获博士学位。他先后在马萨诸塞州布兰代斯大学和哥伦比亚大学任教，1968年起任哈佛大学教授。1976年回到日本，历任京都大学教授、京都大学数理解析研究所所长、山口大学校长等职。2003年广中平祐任创造学园大学首任校长，2004年被授予国家军事荣誉勋章，2008年被聘为首尔大学教授。

广中平祐上中学时，正值日本军国主义发动的侵略战争逐步走向失败，国民生活十分困苦的时期。他中学二年级就进入工厂干活，战争结束后才上高中，近20岁才上大学。由于广中平祐共有兄弟姐妹14人，因此他在读研究生期间，还得挤出时间当家庭教师或干零活，以挣钱贴补家用。由于他刻苦勤奋和对数学有执着追求的精神，最终成为当代著名的代数几何学家。

广中平祐能进入代数几何的殿堂，主要是受当代三位代数几何大师（即法国的韦伊、塞尔和美国的扎里斯基）的影响。因为他在日本京都大学研究院读研究生期间，这三位大师先后于1955年和1956年访问了日本，他们的报告使广中平祐了解了代数几何并激发了他的兴趣。1957年，广中平祐远渡重洋到美国哈佛大学师从扎里斯基攻读代数几何。

代数几何的起源可以追溯到17世纪把坐标概念引入几何学的思想，不过直到19世纪中叶它才成为一门独立的学科分支。代数几何的基本研究对象是在任意维数的（仿射或射影）空间中，由若干个代数方程的公共零点所构成的集合的几何特性。这样的集合通常叫代数簇，而这些方程叫这个代数簇的定义方程组。一个代数簇 V 的定义方程中的系数以及 V 中点的坐标通常是在一个固定域 K 中选取的，这个域称作 V 的基域。当 V 为不可约时（即如果 V 不能分解为两个比它小的代数簇的并），V 上所有以代数式定义的函数全体也构成一个域,称作V的有理函数域,它是K的一个有限生成域。通过这样一个对应关系,代数几何学也可以看成是用几何语言和观点进行的有限生成扩域研究的学科。代数簇V关于基域K的维数可以定义为V的有理函数域在K上的超越次数。一维代数簇叫作代数曲线,二维代数簇叫作代数曲面。代数簇的最简单的例子是平面中的代数曲线。例如费马大定理就可以归结为下面的问题:在平面中,由方程$x_1^n + x_2^n = 1$定义的曲线,当$n \geq 3$时没有坐标都是非零有理数的点。又如,齐次方程组

$$\begin{cases} x_0 x_1 = x_2 x_3 \\ x_0^2 + x_1^2 + x_2^2 + x_3^2 = 0 \end{cases}$$

在复数域上的射影空间中定义了一条曲线。它是一条椭圆曲线。

对代数簇的研究通常分为局部和整体两个方面。局部方面的研究主要用交换代数方法讨论代数簇中的奇点以及代数簇在奇点周围的性质。作为奇点的例子,可以考察由方程$x^2 - y^2 = 0$所定义的平面曲线中的原点$(0, 0)$。这是一个奇点。不带奇点的代数簇称为非奇异代数簇。

奇点消解是对任意一个不可约簇V,找出与它双有理等价的非奇异射影簇V'。从19世纪末开始,就有许多数学家开始研究代数曲面的奇点消解问题,但论述都欠严谨,原因是这些结果是使用超越方法得到的。直到1939年,扎里斯基才给出了特征零域上的一个纯代数证明。1944年,扎里斯基又用严格的代数方法证明了当特征为0时维数≤3的代数簇问题。在此基础上,广中平祐经过顽强探索,运用了许多新的数学工具和多步归纳法,终于出色地解决了关于一般维数的情形。

广中平祐的结果更精确的表述就是:设K为任一特征为0的域,V为K上的约化代数概型,那么存在K上的代数概型V_i和K上的射的有限序列$V_r \to V_{r-1} \to \cdots \to V_1 \to V_0 = V$,满足如下条件:

(1) V_r不带奇点;

(2) $V_{i+1} \to V_i$是一个以V_i的闭子概型D_i为中心的单项变换的逆;

(3) D_i的点在V_i中是奇点,但在D_i中却是单点,并且V_i沿D_i是正规平

坦的。

广中平祐的这项工作,是对代数几何的杰出贡献。正如另一位菲尔兹奖得主丘成桐所说:"一个很出名的定理是广中平祐的奇点消解定理,这是30年前做的,可是在代数几何里面是解能确切定义的问题。"[53]俄裔法籍数学家、沃尔夫奖得主格罗莫夫(М. Громов)说广中平祐的奇点消解"是数学史上独特的东西,它是现存的最难于超越或简化的那种证明之一"。[54]

关于奇点消解,广中平祐说:"奇点只是单个的点,但在它中间却包含了许许多多的事物。现在,要看出在它里面有什么东西,你必须把它膨胀开,把它放大,使它光滑,然后你便能看到全景。这就是奇点消解。"[54]

广中平祐对多变量解析函数也作出过重要贡献。1972年他证明了,若X是解析空间,在无穷远处可数(即紧集的可数并),则存在正常修改$\pi:X' \to X$,这里X'是光滑的(即没有奇点)。更有,在X的任一相对紧开集U上,π是吹胀$\pi_i:X'_i \to X'_{i-1}(X'_0 = X)$的有限序列的乘积,这里$\pi_i$具有光滑中心$Y'_{i-1}$,$X'_{i-1}$沿$Y'_{i-1}$是正规平坦的。这个深刻的结果使我们能从复流形的性质导出解析空间的性质。

广中平祐不但是一位杰出的数学家,也是一位优秀的教师,他关心热爱学生,讲课充满激情,深受学生敬佩。1984年他在日本设立数理科学振兴会,后来又设立了"数理之翼"夏季讨论班,着力培养年轻研究者。

广中平祐曾针对数学家发表过不少评论。他说:"数学家中有的人对于各种领域和课题有强烈的价值判断,断言优劣,并毫无顾忌地贬低劣者。这样的数学家中有作出辉煌业绩者,也有无所成就者。"[16]"在被称为所谓才子的数学家中,不少场合都能确实看到那种'要比对方先回答'的意思。这大抵是好的,但有时候也并非如此。"[16]

他说:"我认为把任一种理论与数深深地联系在一起是数学家的理想。"[54]他指出:"首先,数是有趣的。我以为数论实际上是数学中最重要的学科,也是最难的。"[54]

他还说:"在一些不同类型的数学的最根基部分,存在数学的一个永恒的问题或永恒的使命,那就是无限。自觉或不自觉地,数学家所做的就是把无限有限化。不可能把无限的东西输入到一部计算机里。不管这部计算机性能有多好,有多快,都不可能算出无限的东西。然而在此数学家便有事可做了:构想出一个模型,这个模型可能不完全准确地与原来的现象匹配,但它可以帮助你了解原来的东西。而这个模型是有限的,你可以把它输入计算机并让它算出准确结果,至少是对此模型的准确答案,所以数学家给予无限以一个有限的形状,或者是一个有限步可算出的和可理解的形式。这是人类天性的十分有趣的特征……人类有两只手,一只手在无限之中,另一只手在有限的现实世界中。我们数学家的真正的任务是以某种方式把两者联系起来。"[54]

广中平祐曾用"流水般随意游玩,心底里凝神钻研,独自洞察真理之微妙"[16]来刻画日本著名数学家、菲尔兹奖和沃尔夫奖得主小平邦彦,这也许亦是他自己对人生的追求。

诺维科夫

Sergei Petrovich Novikov

诺维科夫是拓扑学领域诸多杰出成果的创造者。……他与物理学家们的紧密接触,促使他探讨如何将当代几何与拓扑学转化为理论物理学家们能够接受的形式。[55]

——莫纳斯特尔斯基(M. Monastyrsky)

我的数学生涯是从代数拓扑开始的,而且在这个领域里我持续工作了十多年。实际上,我现在仍然首先把自己看作一个代数拓扑学家。[56]

——诺维科夫

诺维科夫是俄罗斯数学家,1938年3月20日生于高尔基城(今俄罗斯罗夫哥诺德市)。由于他在1966年证明了组合流形的有理庞特里亚金示性类的拓扑不变性,于1970年荣获菲尔兹奖,时年32岁。

　　诺维科夫出身数学世家,父母都是杰出的数学家,这使他从小就受到家庭的熏陶,加上他自身的天资和勤奋,17岁(1955年)便考入莫斯科大学数学力学系,并于1960年获得学士学位。随后他又考取苏联科学院数学研究所的研究生,师从著名数学家波斯尼科夫(М. М. Постников)。1964年诺维科夫获副博士学位*,1965年获博士学位,其后回到莫斯科大学任教授。1971年调任苏联科学院理论物理研究所朗道数学研究室主任。1992年后他定期去美国马里兰大学任教,1996年成为该校正教授。

　　早在1966年,诺维科夫就当选苏联科学院通讯院士,1967年他获得了列宁奖金,1981年当选院士。1985—1996年他还一直担任莫斯科数学会理事长。1993年当选欧洲科学院院士,1994年当选美国国家科学院外籍院士。

　　诺维科夫有着深厚的数学功底和广泛活跃的研究兴趣,而且其贡献也是多方面的,大体上可归为拓扑学和动力系统两大领域,现简介如下。

一、拓扑学方面的工作

　　按诺维科夫自己的说法,他是以拓扑学家的身份开始数学研究的。他在拓扑学上的一系列贡献,分属若干个学科分支,但不管哪一个分支,其共同特征即在于对各种映射"类"的研究,具体可表述为等价类的研究和不变性的研究。

　　1. 等价类的研究

　　这方面涉及的学科主要有同调论、同伦论和配边理论等。简单地说,同调论属代数拓扑学,产生自 n 维空间多面体中所谓单纯形、复形(单纯形的复合,记为 K)及其顶点间的各种关系。而同伦论则是一个采用所谓的"同

---

* 苏联时代的高等教育学历制度,相当于中国的博士学位。

伦"映射方法来获得或判定出拓扑类后,进而探索其性质和应用的学科。

对于配边理论,我们在前面已经作了介绍,它是由1958年菲尔兹奖得主托姆创立的一种理论,属于微分拓扑学范围,是指采用"配边"方式来获得或判定拓扑类,并探索其性质和应用的学科领域。

表面看来同调论、同伦论和配边理论分别属于不同的拓扑学分支,但是整个拓扑学的"等价类"特征却把它们联系了起来。诺维科夫首先用同伦论来解决配边理论问题,反过来又用配边理论解决同伦论问题。他把配边理论变成广义上同调理论,并仿照上同调理论来研究其各种性质,得到了许多有趣的结果。他的工作有力地推动了同伦论的发展,同时也使配边理论成为现代拓扑学的重要工具之一。

2. 不变性的探讨

本质上说,"等价类"也是"不变性"的一种描述,因此它最终探索的还是拓扑不变性。这方面最为典型和最为重要的问题首先是所谓"示性类理论"的研究,其次是所谓"指标理论"的研究。

示性类理论是为了回答"微分流形 M 上的任一点 $x(\in M)$ 处是否都存在 k 个线性独立的切向量场?"也就是说,对于 M 的切丛 $\Omega =$ (底空间、全空间、投影映射) $\triangleq (M, B, \pi^{-1})$,考察 Ω 上可否存在 k 个截痕,它们彼此是线性相关的。20世纪中叶对此"示性类"问题先后产生过不少重要的成果,其中著名的有施蒂弗尔-惠特尼类、陈(省身)类、吴(文俊)类和庞特里亚金示性类等等。在一般意义下前三者都被证明是微分流形 M 的不变量,唯有庞特里亚金示性类被米尔诺证明并不是 M 的拓扑不变量,那么可不可以在一定条件下使庞特里亚金示性类成为不变量呢?这就成为一个更具挑战性的问题了。诺维科夫的菲尔兹奖获奖工作,正是体现在这一问题的解决上。

不过,诺维科夫解决此问题的初衷并非直接从这一问题出发。具体说,诺维科夫于1965年提出一个猜想:在基本群产生的流形上,庞特里亚金示性类的某类多项式具有同伦不变性。这就是著名的诺维科夫猜想。它是拓扑学中最为基础的问题之一,目的是想在简单情形中探索高维流形的分类问题,也就是后来的布罗德-诺维科夫-沃尔理论。但正是在围绕这一猜想进行的工作中,诺维科夫同时证明了组合流形上有理庞特里亚金示性类是拓扑不变量,从而荣获了1970年的菲尔兹奖。

二、数理科学与动力系统方面的工作

现代有不少数学名家,不管他们的主体工作多么纯粹(纯粹数学),他们总是不会忘记应用,一方面是其抽象的数学成果对于其他学科领域的应用,另一方面则是直接关心或从事应用数学的研究。

诺维科夫正是这样的一位数学名家。除了在他的主体研究领域——拓扑学上有着丰富的贡献外,在应用数学领域还有如下多方面的建树。

(1) 关于齐性宇宙学模型的动力系统分析。诺维科夫与他的一名学生一起提出了一个高妙的技巧,从而解析地刻画出一类奇异吸引子——一类十分奇怪的几何现象。

(2) 可积系统的研究与应用。诺维科夫继承并发展了经典数学中对微分方程求解,亦即寻求可积性的研究,从而获得了很强的处理系列实际模型的能力。比如,他发现不仅在经典力学、量子力学和统计力学中广泛存在可积模型,而且在量子场论、超弦理论和孤子理论等领域,可积模型都广泛存在,从而为应用数学作出了重要贡献。

(3) 关于孤子理论的研究。这是诺维科夫从20世纪70年代以来最为关心的方向之一,并由此引申到可积系统、共形场理论及量子群理论的研究。

诺维科夫通过与物理学家们紧密合作,在紧接着规范场理论的研究之后,又在多值泛函理论方面取得了开创性成果。近年来,诺维科夫将物理的直观与深刻的拓扑技巧相结合,与他的学生们一道,在弦论中又取得了许多重要结果。

诺维科夫对数学的有关问题发表过不少精辟见解,他曾说过:"在莫斯科我们有一个人数众多而且极富活力的数学学派,其领导者是柯尔莫哥洛夫(А. Н. Колмогоров),我认为他是继庞加莱、希尔伯特及外尔之后最大的数学家。许多著名的数学家都是他早期的学生,如盖尔范德、阿诺尔德及许多其他的数学家。"[56]他还说:"在数学界,我与其他数学家有着密切的联系,我向朋友们请教,如向阿诺尔德和阿诺科夫(Anocov)请教,结果我被卷入了与斯梅尔的动力系统中的问题有关的叶状结构理论中去了。其他来自盖尔范德学派的朋友,通过教给我偏微分方程的知识,帮助我涉足到了指标问题——我在这个领域写了一些文章,当然我的朋友从我这里也学到了一些拓扑学知识。我从搞代数几何的朋友那里也受益匪浅,他们帮助我在拓扑学中应用一些代数概念。"[56]

诺维科夫指出:"拓扑学思想很丰富,研究拓扑的大数学家很多,因此之故,自20世纪中叶起,拓扑学一直置身于世界数学的中心……从1954—1970年颁发的菲尔兹奖中,约有一半授予了拓扑学家,而其影响则涉及数学的其他许多领域。"[57]

诺维科夫指出:"动力系统理论是一门崭新的极为优美的学科。……研究爱因斯坦方程的齐次解空间,能够引导出复杂的动力系统,特别是在宇宙学奇点附近。……在描述广义相对论的动力系统的相对论空间里有着特别有趣的几何。"[56]他还指出:"孤子理论是一个非常有趣的发现,它引导出了现代可积系统、共形场理论及量子群理论。"[56]他说:"数学和物理学中的数学方法的大部分最重要的发现是在可积模型理论的发展过程中得到的。"[56]他的这些言论,对于搞应用数学研究的人,必定会有深刻的启发。

由于诺维科夫对代数拓扑学、微分拓扑学以及数学物理领域的杰出贡献,他2005年荣获了沃尔夫数学奖。

▲
汤普森

John Griggs Thompson

> 在有限单群理论中,最重要的论文可能要数汤普森的"N群论文"。这组论文在1968—1974年分成六个部分陆续发表。……虽然"N群论文"本身并不属于有限单群的分类问题,但它为局部群论引进了许多重要技巧。[58]
>
> ——阿施巴赫(M. Aschbacher)

> 我自身的经历说明有限群理论是有魅力的。[59]
>
> ——汤普森

汤普森是美国数学家，1932年10月13日生于堪萨斯州奥塔瓦。由于他证明了所有的非交换单群都具有偶数阶这一重要结论，于1970年荣获菲尔兹奖，时年38岁。1992年他还荣获了沃尔夫数学奖，时年60岁。

汤普森于1955年毕业于耶鲁大学获学士学位，随后到芝加哥大学读研究生，1959年获博士学位，其导师是麦克莱恩。他在其博士论文中就解决了半个多世纪久攻不下的弗罗贝尼乌斯猜想，即若一有限群具有有限阶、无不动点自同构，则该群是幂零群，从而开始崭露头角。1961—1962年在哈佛大学任助理教授；1962—1968年任芝加哥大学教授；1968年远赴英国，任剑桥大学丘吉尔学院研究员；1970年起兼任剑桥大学劳斯鲍尔纯粹数学讲座教授；1971年当选美国国家科学院院士；1979年当选英国皇家学会外籍会员。

汤普森是当代有限群论的大师。

群的概念在数学史上产生较晚，尽管其思想萌芽在欧几里得的《几何原本》中早已有之，但其概念的出现还是19世纪前半叶的事。此后，群的概念即在运动和变换等形式中逐步形成，到19世纪后半叶，这一概念才正式出现并迅速发展，以至于很快在整个数学领域占据了重要位置，并成为现代数学的基础之一。

汤普森有意识地开辟通向群概念道路的尝试始于18世纪末，当时拉格朗日、范德蒙德(A.-T. Vandermonde)、鲁菲尼(P. Ruffini)等试图寻求高次代数方程的根式求解法，因作方程诸根之间的置换而注意到了群的概念。基于这种思考方法，阿贝尔(N. H. Abel)证明了五次以上的一般的代数方程不可能用根式求解。柯西用一个文字来表示置换，将群本身作为研究对象，而群与代数方程之间关系的完全描述是伽罗瓦(E. Galois)于1830年前后作出的。阿贝尔和伽罗瓦的这种方程论是群论成功的开始。把群抽象化并给出其定义的是凯莱(A. Cayley)和克罗内克(L. Kronecker)。1872年克莱因在其《埃尔兰根纲领》一文中强调了群论在几何学中的意义。1900年前后，弗罗贝尼乌斯(F. G. Frobenius)、伯恩赛德(W. Burnside)等人进行了抽象群的研究，特别是用矩阵来表示群的表示论的研究。这些研究现已成为有限群论的基础，由此，群论开始成为数学的一个分支。群论是抽象代数学最先发展的一个领域，20世纪30年代抽象代数学的进步，便是大力推进群论思想方法的结果。从20世纪30年代后期起，有限群的研究开始逐步开展起来，特别是在1955年前后，数学家们对有限群的兴趣大大提高，并得到了丰富多彩的成果，其中汤普森的成果尤为显著。

具有有限个元素的群称为有限群，其所含元素的个数称为有限群的阶。汤普森长期致力于有限群的研究，他的一系列工作大大改变了这个领域的面貌。

有限群中更有一类，叫作有限单群。在一种特定意义下，这种群可以作为"砖块"，构造出千姿百态的有限群大厦。于是，从理论上说，有限群的构造取决于有限单群的构造。20世纪初，英国著名数学家伯恩赛德曾提出并解决了群论中的许多问题。例如，他利用群特征标证明了每一个素数次的可迁群是可解的或二重可迁的，每一个 $p^a q^b$（p,q 是互异的素数；a,b 是非负整数）阶的群是可解的。他发现奇数阶的群不能有非平凡的实的不可约表示，因而对每个奇数阶的群可解这一问题产生怀疑。后来有人将他的这个怀疑表述为伯恩赛德猜想，即除了只含素数个元素的循环群外，一切有限单群都含偶数个元素，或简述为"有限单群是偶数阶的"。对于这一猜想，一直到20世纪50年代都很少有人研究，因为看不出有什么办法能有希望解决它。

汤普森和费特（W. Feit）并没有被困难吓倒，他们娴熟地运用群论中已有的经典技巧，建立并运用了 P 局部子群方法，合作撰写了一篇题目为"奇数阶群是可解的"的论文，不仅解决了伯恩赛德猜想，而且还为局部群论引进了许多重要技巧。他们这篇论文长达238页，于1963年发表在《太平洋数学》杂志上。通常该杂志每期要刊载二三十篇论文，而这一期却只刊载了他们这一篇论文。换句话说，他们对伯恩赛德猜想的证明实际上是一本长达238页的专著!这篇博大精深的论文，不仅体现了他们的数学功底，也反映了他们的毅力。由于这篇论文极其优秀,他们共同获得了美国数学会颁发的科尔奖。

1968年,汤普森离开美国,远赴英国到了剑桥大学,因为那里有一个很强的有限群研究集体。汤普森在剑桥大学期间,发表了总标题为"论其局部子群皆可解的不可解有限群"的6篇论文。他的这些论文,被同行誉为"有限单群理论中最重要的文献"。在有限群研究中,他引进了许多新的思想和技巧,开拓了一系列新的研究方向。例如,在关于极小单群(即所有真子群皆为可解群)及更一般的单N群(即所有P局部子群皆为可解群)分类定理的证明中,他完成了P局部子群的分析法。而汤普森的有关成果,是完成单群分类的重要组成部分。他的论文覆盖了有限群分支,而有限群论的主要发展是与对费希尔-格里斯大魔群的研究联系在一起的。汤普森和麦凯(J. Mckay)经过研究发现,大魔群表示的维数就是模函数$J(T)$展开的系数,$J(T)$是用戴德金η函数与单李代数E_8的权格的θ函数定义的,这种观点直接将大魔群的研究与和它平行发展的无穷维李代数方面的工作联系在一起,从而使数学家们发现了无穷维李代数表示维数与η函数的单位元的关系,带着预想不到的结果和应用,一个新兴的数学领域产生了,它包含着原本看来相距甚远的不同分支,如物理学中的弦论和二维共形论、利奇格的分类以及编码理论等。

编码理论最初是由美国数学家、工程师香农(C. F. Shannon)将通信上用的莫尔斯码和印刷电码等编码问题归纳成数学上的编码问题。编码理论的目的是构造适于高效率地进行信息传输的代码。而汤普森就对编码理论颇有见地。

大家知道,空间的一切直射变换构成直射群,一切直射变换和对射变换构成射影群。射影群中有许多重要子群。汤普森利用他掌握的有关群论的知识探讨了射影平面的有关理论,促进了不存在10阶射影平面的证明。

汤普森还从希尔伯特不可约定理出发,构造出了数域的伽罗瓦群,取得了近百年来这一领域的最大进展。

汤普森非常勤奋刻苦,用他自己的话来概括,他的生活准则是"每天至少工作10小时"。他虽然是一位著名数学家,但为人谦逊,普通数学家们都愿意和他交往。20世纪对组织有限群论研究作出过重大贡献的美国数学家布劳尔(R. D. Brauer)曾赞誉汤普森"是一位质朴的人",并欣然于1970年9月1日在法国尼斯举行的国际数学家大会开幕式上,为该届菲尔兹奖得主汤普森的成就作了介绍。

由于对数学作出的杰出贡献,除了菲尔兹奖以外,汤普森还于1982年荣获了伦敦数学会颁发的贝里克大奖,并于1992年荣获庞加莱金质奖章,2000年美国总统克林顿(Clinton)授予他国家科学奖章。

汤普森2008年与法国著名数学家蒂茨(J. Tits)被授予阿贝尔奖,以表彰他们在代数领域,特别是在构建现代群论方面所取得的深刻成果。

汤普森曾指出:"我自身的经历说明有限群理论是有魅力的。"[59]他还说:"我不知道未来的达尔文(Darwin)会不会把我们费尽心力得到的一些定理用某一概念统一起来。如果统一的话,稀疏群无疑将是统一的聚合点之一。我认为把稀疏群仅仅看作异类,从美学的角度来讲,这是令人生厌的。"[59]

芒福德

David Bryant Mumford

芒福德的论文都处在数十年来前景看好的研究的最前沿。它们直指那种把两个方面结合起来的方向：一个方面是现代代数几何的普遍概念；另一方面则是由超越方法得到，特别是由代数几何学的意大利学派得到的光辉的特殊结果。[60]

——莫纳斯特尔斯基

一个非常重要的问题是恢复纯粹数学家与应用数学家之间的思想交流。[61]

数学教育应当进行十分严肃的努力，从思想上重视实际应用。[61]

——芒福德

芒福德是英裔美籍数学家,1937年6月11日生于英国萨塞克斯郡。由于他大大推进了代数几何学中的一个经典问题的解决——描述了阿贝尔簇的模簇,于1974年荣获菲尔兹奖,时年37岁。

芒福德幼年即到美国读书,年仅16岁就考上哈佛大学,20岁大学毕业并留校工作。1961年获博士学位[其导师是查理斯基(C. L. Siegel)]后留在哈佛大学任教,1967年成为该校教授;后来他到布朗大学应用数学系任教授;1995—1998年任国际数学联合会主席;2008年当选英国皇家学会外籍会员。

芒福德自幼聪敏而好学,在哈佛大学他得到了代数几何大师扎里斯基教授的教导,使他很快成长起来,并在数学界崭露头角。芒福德主要是研究代数几何中的参模理论。参模理论是研究代数几何学中的对象的连续簇的理论。该理论起源于对椭圆函数的研究:存在不同的椭圆函数域(或它们的模型——C上同构的椭圆曲线)的连续簇,它以复数作为参数化。参模是著名数学家黎曼首先引进的概念,他证明了亏格 $g \geq 2$ 的 C 上代数函数域(或它们的模型——紧黎曼面)依赖于 $3g - 3$ 个连续复参数——(参)模。从代数几何的观点看,紧黎曼面是代数曲线,其参模是代数簇。

芒福德在研究参模的整体结构时,创造性地应用了不变式理论。不变式理论是一个经典数学领域,该领域曾与希尔伯特、哥尔丹(P. A. Gordan)和克勒布施(R. F. A. Clebsch)这些数学家的名字紧密联系在一起,也与其他一些19世纪后期和20世纪初期的著名数学家有关。芒福德以现代代数几何学的观点完全改造了不变式理论。特别是,他引进了向量丛的稳定性概念。这一概念最初产生于描述群 G 在代数簇上的轨道,后来在代数簇为参数空间或一族代数对象,并由群 G 建立了它们之间的等价关系的情况下,一个对象轨道的稳定性被忠实地反映在它的几何性质中,这个事实就变得很清楚了。这种观察奠定了代数簇模簇构造理论的基础,同时运用蜕化法使得该理论有可能去解决代数几何学中的许多特殊问题。这种方法实质上可以由下面的例子得到解释。考虑一个多项式方程 $f(z) = 0$ 的解空间,其

中 $f(z)$ 是复变量 z 的 n 次多项式。方程根的个数不仅在所有根互不相同(即它是处于一般位置的多项式)时等于 n，而且只要给予根适当的重数，则对任意 n 次多项式结论也正确。然而蜕化也会很坏，例如 z^n 的系数变成了零。在几乎所有的特定几何问题中，芒福德的理论都能构造性地区分出"好的"稳定蜕化，从而最终导致代数几何中许多经典问题的解决。例如，芒福德和哈里斯(T. E. Harris)证明了高亏格代数曲线的模簇是非有理的，哈里斯还写出了具有初等奇点光滑曲线流形的连通性。[60]因此，可以毫不夸张地说，芒福德对不变式理论的建树，重新激发了数学家对不变式理论这一经典领域的兴趣，而芒福德于1965年出版的《几何不变式论》就是该领域的一部名著。他还与德利涅(P. Deligne)引入参模堆的概念。

芒福德在代数几何学中的另一重大贡献是代数曲面理论。代数曲面的历史开始于两个变量代数函数论的研究。由于可以把单变量代数函数理论作为黎曼面上的有理函数理论来处理，从而发展成了完美的理论体系。同样，为了研究由3个复变量的不可约多项式 $p(x,y,z)=0$ 所定义的两个变量代数函数的实质，而把它作为代数曲面上的有理函数来处理，就是非常必要的了。庞加莱和皮卡尔等人很早就着眼于这一点，他们研究了代数曲面的拓扑结构，并以此为武器展开了代数曲面上的阿贝尔积分(也称为皮卡尔积分)理论。这一传统后来由莱夫谢茨进一步作了光辉的发展。另一方面，德国数学家M·诺特(M. Noether)以及意大利学派的几何学家恩里克斯(F. Enriques)、卡斯泰尔诺沃(G. Castelnuovo)和塞韦里等人则把主要力量放在作为簇的代数曲面的研究上。特别是意大利学派的数学家们早就注意到代数曲面的非正则数所具有的重要性，并深入研究了其几何性质。他们在20世纪前半叶，大体上完成了把代数曲面的理论统一成为一个巨大的理论体系的工作。

1961年，芒福德证明了代数曲面与代数曲线和高维代数簇的一个不同之处是，代数曲面如果有一点具有一个邻域，它在一一连续映射之下是实四维空间的一个邻域的象，则该点也具有一个邻域是复二维空间的一个邻域的——解析映射之下的象。这对于其他维数是不成立的。在代数曲面理论中,芒福德应用皮卡尔概型(Picard scheme)理论,证明了特征线性系完备的充要条件是代数曲面 F 的皮卡尔概型是约化的。另外,芒福德对代数曲面的分类也作出了重要贡献。

俄罗斯数学家莫纳斯特尔斯基评论道:"芒福德的论文都处在数十年来前景看好的研究的最前沿。它们直指那种把两个方面结合起来的方向:一个方面是现代代数几何学的普遍概念;另一方面则是由超越方法得到,特别是由代数几何学的意大利学派得到的光辉的特殊结果。"[60]

芒福德在代数几何领域耕耘20年后,转向了计算机视觉的研究,他以其睿智和数学功底在此领域作出了原创性和奠基性的杰出贡献,他的这些成果集中展示在他的专著《脸的二维和三维模式》和《通过例子看模式论》之中。他还应邀于2002年在北京举行的国际数学家大会上,以"模式理论:感知的数学"为题作了一小时大会报告。他在报告中指出:"智能生物如何由世界所发生的信号弄清世界的结构呢?向该方向迈出的头一大步是认识到这个过程本质上是随机的……但是,这些信号具有模式,这些模式以一定变化方式不断重复。头一步就是要造出正确的随机模型来表示这些模式及其可变性。这些模型必须能够通过运用 Bayes 统计方法来学习,并且进行理性考虑。"[62]他在报告中论述了一些最成功的想法以及由此产生出来的新数学。

芒福德在担任国际数学联合会主席期间,对数学发表了一些带有全局性的见解。他指出:"一个非常重要的问题是恢复纯粹数学家与应用数学家之间的思想交流。在19世纪,你可以看到大多数数学家都是身兼二任,例如傅里叶级数,就受到了应用的刺激。但以后产生了分隔,尤其是在美国,虽然我想其他国家在某种程度上也是如此。我希望当前对科学用处的普遍强调(如果公众打算向科学研究投资,它应该是有用的)将不致简单地驱使应用科学多花钱去搞纯粹研究,而是相反引导到共同的目标与认识,使纯粹的研究人员能在应用中受到启发,运用他们的理论思想更有效地解决应用问题。我想交流总是有的,但这的确是一个重大的挑战。"[61]

关于数学教育,芒福德说:"我坚信数学教育应当进行十分严肃的努力,从思想上重视实际应用。……我认为统计学是中学课程中应当增设的一门十分重要的科目,因为中学生常犯有许多数值判断方面的错误,如果在中学里引进这门课,他们将得到更好的训练。"[61]

在一篇题目为"改革微积分——为了数百万人"的文章中,芒福德写道:"我们讲授微积分,是为了希望我们的学生中的一小部分能追随我们对严谨的热爱,还是为了使我们大多数学生将来在他们的专业中有应用微积分的能力?"[63]关于数学的形象,他说:"在国际数学联合会执委会上讨论过数学的形象问题,并力图确定一些方法来向公众说明什么是数学,我想对这个问题没有简单的答案,我认为这是一个非常困难的挑战,我相信重要的是发现一些个人,他们有高度的主动性和使自己面对科学大众的能力。有些人有这种技巧,有些人却没有。我认为我们必须避免课程越来越专门化的强烈倾向。"[61]

由于芒福德的一系列贡献,他于2006年荣获了邵逸夫数学科学奖,2008年荣获了沃尔夫数学奖。另外,他与沙(Shah)1985年关于信号处理的变分途径的论文还获得了由IEEE(美国电气及电子工程师协会)颁发的奖项。

▲
邦别里

Enrico Bombieri

邦别里知识面广、能力强，这使得他产生了很多新颖的、有意义的、令人鼓舞的典型思想。[64]

——查德里斯卡恩兰（K. Chandrasekharan）

我改进了数论中的大筛法。

——邦别里

邦别里是意大利数学家，1940年11月26日生于意大利第二大城市米兰。由于他改进数论中的大筛法，得到了估计算术级数中素数分布误差的"邦别里中值公式"，解决了诸如哥德巴赫猜想中所谓的(1+3)问题等一系列的素数分布问题，于1974年荣获菲尔兹奖，时年34岁。

同许多数学家一样，邦别里自幼喜爱数学，其数学天赋很早便已显露出来。他在13岁时就开始学习大学数学专业的数论教材；17岁就开始发表数学论文；1962年，他在攻读研究生期间，即给出了素数定理新的初等证明，正式跨入了世界数论研究的前沿。

早年邦别里一直在家乡米兰求学，1963年获米兰大学博士学位，师从著名数学家里奇(G. Ricci)。同年邦别里去剑桥大学三一学院跟随达文波特访问性工作了一年。置身于世界数论特别是解析数论研究的中心，这使他受益匪浅。在那里，他还结识了罗斯等更多的朋友，为其后来的工作发展创造了有利条件。应邦别里邀请，达文波特于1965年到米兰访问，也对邦别里的工作起了很大的促进作用。可以说正是这次访问，使邦别里选准了决定其生平系列贡献的关键性的第一步——从事大筛法的研究。

1965年，邦别里任意大利卡利亚里大学教授，1966年任比萨大学分析学教授。自1974年获得菲尔兹奖后，邦别里获得的荣誉也接踵而至。1976年他荣获了意大利国家科学院颁发的菲尔特里纳里奖，1977年受聘为普林斯顿高等研究院数学教授，1978年当选国际数学联合会执委会委员，1984年当选法国科学院外籍院士，1996年当选意大利国家科学院院士。

对于邦别里的数学才能，第七任(1974—1978年)国际数学联合会主席蒙哥马利(D. Montgomery)曾称赞道："他多次证明了自己有这样的能力，即他能很快掌握一个新领域的实质，选准容易切入的重要问题，以及可供参考的各种不同领域中深刻的数学成果，然后把自己的能量聚焦，以洞察出这些问题的求解途径。"[64]

至于邦别里的博学多才，也有数学家这样说："邦别里是世界上最博学、最特别的数学家，他有效地影响着数论、代数几何、偏微分方程、多复变函数和有限群论。他在数学关键领域中能将其高超的技巧与其对艰深问题的准确的直觉能力互补共进,相得益彰。"[65]

亦如第六任(1971—1974年)国际数学联合会主席查德里斯卡恩兰所说:"邦别里的所有成就中首要的是他的算术级数中素数分布定理,这是运用大筛法得到的。"换句话说,邦别里虽是个多能的、贡献丰富的数学家,但其中也有个核心,那就是与"大筛法"有关的理论和贡献。下面着重对"筛法"及其相关知识和成果作一简介。

古典筛法是由古罗马天文学家、数学家埃拉托色尼提出的。为求出不大于 n 的所有素数,他提出:第一步,从3开始依次写出所有不大于 n 的奇数;第二步,在此序列中依次划掉3的倍数(留下3);第三步,依次划掉3以后剩下的第一个数5的倍数(留下5);依此类推,最后剩下的数组加上2即为所求。埃拉托色尼肯定想象不到,他的这一方法在2000多年后仍然如此"走红",这主要归功于哥德巴赫猜想。

哥德巴赫猜想是德国数学家哥德巴赫(C. Goldbach)在1742年和欧拉的数次通信中提出的一个猜想:"每个大于4的偶数皆可表为两个奇素数之和,每个大于7的奇数皆可表为3个奇素数之和。"前者即所谓的(1+1)问题。一般认为,只要前者得以解决,后者即容易了,所以人们一直在致力于攻克前一猜想。正是在这一主攻方向上,筛法一直起着主导的作用,随着问题的进展,筛法也在不断得到发展。1919年,挪威数学家布龙(V. Brun)对古典筛法作出了重要改进,叫作"布龙筛法"。他把筛法描述为估计这样的集合 $S(A,P,Q_p) = \{n \mid n \in A, n除不尽 p, p \in P\}$ 中整数 n 的个数的上界或下界,其中 A 为整数集,P 是素数集,Q_p 表示 n 除不尽 p 时形成的所谓剩余类的集合。由此布龙把哥德巴赫猜想中的偶数猜想归结为所谓的(9+9)问题,即一个大偶数可以表为两个不超过9个素因子乘积的奇数之和。沿着这一道路,数学家们先后得到了(7+7)、(6+6)、(5+5)、(4+4)、(3+4)、(3+3)、(2+3)等结果。特别是(3+4)和(2+3)两步结果是由我国著名数学家王元院士分别于1956年和1957年证明的。不过,由于沿着这一道路越来越难以前进,所以也有人在不断探索新的途径。令人称奇的是,这些新路都仍离不开"筛法",均为筛法的另一种改进。

1941 年,林尼克(Yu. V. Linnik)为解决维诺格拉多夫(И. М. Виноградов)提出的一个问题而对筛法作了进一步修改,成为所谓的"大筛法"。1950年,匈牙利数学家雷尼(A. Renyi)又将布龙筛法与林尼克大筛法结合起来,对大筛法作了进一步改进,并以此证明了存在常数 R,使得"偶数 = $(1 + R)$"成立。因此,当布龙道路越走越艰难的时候,即从 1958 年以后,人们开始把希望寄托在这一"雷尼途径"上了。首先是我国数学家潘承洞教授于 1961 年和 1962 年先后得到了 $R = 5$ 和 $R = 4$ 的较好结果[同期巴尔班(M. B. Barban)也独立得到了相同的结果],而下一步的突破则轮到本文的主人公邦别里了。

邦别里的工作仍然建立在对筛法作出改进的基础之上。当然,要对这种已经过前人一次次创造性改进的筛法作进一步的创新,就必须有进一步突破性的思想和方法。的确,邦别里对筛法,具体说是大筛法的进一步改进,就体现为著名的邦别里中值公式:

$$\sum_{q \leqslant \sqrt{x}(\ln x)^{-B}} \max_{\substack{a \\ B(a,q)=1}} \left| \pi(x;q,a) - \frac{\pi(x)}{\varphi(q)} \right| \ll x(\ln x)^{-A}, \tag{1}$$

其中,a、q 满足算术数列 $a, a + q, a + 2q, \cdots$;$\pi(x;q,a)$ 表示该数列中不大于 x 的素数个数;$\varphi(q)$ 为不大于 q 且与 q 互素的自然数个数;A 为任一正数;$B = B(A) > 0$。

邦别里中值公式表明,上述算术数列中,当 a、q 互素即 $(a,q) = 1$ 时,整数 $\pi(x;q,a)$ 与分式 $\frac{\pi(x)}{\varphi(q)}$ 的差是个高阶无穷小。特别是,这类差对于所有 q [$q \leqslant \sqrt{x}(\ln x)^{-B}$] 求和比较起 $\frac{x}{(\ln x)^A}$ 来,也是个与之同阶的量。

邦别里对大筛法的改进即在于揭示出算术数列 $a, a + q, a + 2q, \cdots$ 中的素数分布特征。其可贵之处在于该算术级数涉及一系列素数分布规律问题,因此可以说由此孕育了邦别里及其后来者的一系列重要贡献,这些贡献主要可归纳为以下几个方面。

(1) 由此证明了(1+3)问题,这在当时(1965年)是哥德巴赫猜想问题上居世界前列的工作。值得指出的是,早在1962年"中值公式"尚未得到证明时,王元教授即已在假设"中值公式"成立之下证明了(1+3)。1966年这一成果又被我国数学家陈景润研究员推进到了(1+2)。只是由于"文化大革命"的原因,这些成果迟至1973年才得以发表。陈景润为数学事业努力奋斗的事迹在国人间引起了强烈反响,可以说他的奋斗精神影响了至少一代人。陈景润的工作仍然是以筛法为基本武器,并运用了他自己提出的"转换原理"对筛法作了新的改进。他的(1+2)结果至今仍是该领域最好的结果。

(2) 希尔伯特23问题之8,是关于素数分布规律和黎曼猜想的问题,"邦别里中值公式"正是回答这一问题的有力武器。事实上,尽管黎曼猜想至今还未解决,但许多过去看来在黎曼猜想成立的前提下才能证明的数论问题,现在可以绕开黎曼猜想直接得证了。我们可以看出,邦别里的算术级数与黎曼猜想的 ζ 级数

$$\zeta(s) = 1 + \frac{1}{2^s} + \frac{1}{3^s} + \cdots + \frac{1}{n^s} + \cdots$$

是有着内在本质联系的。

(3) 1967年,兴趣广泛的邦别里又把注意力转移到了复变函数论中关于单叶函数的比伯巴赫猜想上来。这一猜想说的是对于单位圆域上的正则单叶复级数函数

$$f(z) = z + a_1 z + a_2 z^2 + \cdots + a_n z^n + \cdots$$

必有

$$|a_2| \leq 2, \quad |a_3| \leq 3, \quad \cdots, \quad |a_n| \leq n, \quad \cdots$$

1920年以后这一问题一直进展缓慢,可是当邦别里介入后,很快便取得了突破性进展(比伯巴赫猜想已于20世纪80年代初完全解决)。也许这仍然与邦别里在算术级数上修养成的对级数的特有洞察力有关。

至此我们可以粗略地看到,正是哥德巴赫猜想激活了古典筛法,也是筛法的发展促进了哥德巴赫猜想艰难前进。另外,也正是围绕着哥德巴赫猜想及筛法的运用,形成和推进了数论中"解析数论"这一分支学科,可以说,哥德巴赫猜想、筛法与解析数论已互相交织在一起,彼此成为代名词。

邦别里还在数学的诸多领域作出了突出贡献,下面我们代表性地谈谈他在几何学、偏微分方程、极小曲面和伯恩斯坦猜想等领域的进展。

在1966年,当邦别里刚到比萨大学任分析学教授时,他就开始对著名数学家德乔吉(E. de Giorgi)研究的几何测度论感兴趣了,于是他们就一起开始这方面的工作。他们首先研究的是欧氏空间中的普拉托问题。对于普拉托问题,我们在介绍1936年菲尔兹奖得主道格拉斯时已作过说明。对于$n ≤ 3$维的情形,这一问题很容易证明,邦别里等人主要是研究了$n > 3$维的情形。首先,他们一般性地研究了高维欧氏空间中子流形簇的所谓极小类型,因为这些类型一般即对应着普拉托问题中的极小曲面。这时他们看到,关于n维空间中K维子流形M的极小,意即一个充分小的M片,它有较之其他K维子流形M'最小的体积(这里M'与M有相同的$K-1$维边界)。至于所谓的最小超曲面,是指$K = n - 1$维的具有给定边界的子流形。前人已经证明当$n ≤ 7$时极小曲面不含奇点,而邦别里和德乔吉等人1969年的工作则证明了当$n ≤ 8$时,存在具有实质性奇点的极小超曲面。

作为极小曲面理论的又一分支,邦别里还推进了所谓"伯恩斯坦猜想"的研究。1902年,伯恩斯坦证明了若一个二维正则曲面在R^3中平均曲率为0,则它是平面。由此伯恩斯坦提出一个猜想:任意的n维正则超曲面在R^{n+1}中也是超平面。这个问题拖了很久也没有实质性的进展,直到1965年以后才被德乔吉和J·西蒙斯(J. Simons)等人推广到了$n ≤ 8$的n维欧氏空间的情形。他们证明了对于$n ≤ 8$,用映射$f: R^{n-1} → R$得到的极小超曲面是一个超平面。邦别里介入这一问题以后,对$n = 9$的情形得出了奇特的结果,具体地说,他以构造反例的方式证明:R^9中虽然存在一个映射$f: R^8 → R$使之有极小曲面,但它却不是超平面,从而证明了伯恩斯坦猜想在$n = 9$时不成立。亦即伯恩斯坦猜想在 $n < 9$ 时是成立的，但在 $n = 9$ 时则不成立了。这令人十分不解。真可谓"能证明的却不一定能理解"。

此外，邦别里还对拟晶体的分类这一公开问题用代数数论方法得出过重要结果，并对有限单群分类问题中一类李型单群的唯一性给出了证明，这足以看出邦别里能力的多面性、贡献的广泛性，说他是"世界上最博学、最特别的数学家"之一，可谓名副其实。

1989年他还给出了莫德尔猜想的另一证明。莫德尔猜想：若 C 的方格大于1，则 k 仅有有限多个坐标在 k 中的点，其中 k 为有理数域的有限扩张，C 为 k 上的光滑射影代数曲线。

2002年邦别里荣获意大利共和国大十字骑士勋章。

费弗曼

Charles Fefferman

"费弗曼主要从事古典分析的研究。他的崭新的概念、方法、思想给古典分析带来了新的冲击。"[185]

——费弗曼获伯格曼奖的授奖语

"分析学美丽而博大精深,从波动弦的振动到数论,又从波的扩散到股票期权的定价。要想出说得很完整太不容易。"[170]

——费弗曼

费弗曼是美国数学家，1949年4月18日生于美国首都华盛顿。由于他对偏微分方程、傅里叶分析，特别是收敛发散性、奇异积分和哈代空间所作出的杰出贡献，于1978年荣获菲尔兹奖，时年29岁。他还对以下几个领域作出了重要贡献：多复变函数、偏微分方程和次椭圆问题；将调和分析引入新的基础技术，并将其应用于包括流体力学、谱几何和数学物理在内的广泛领域。因此，费弗曼于2017年荣获沃尔夫数学奖，时年68岁。

费弗曼自幼聪敏好学，他很小的时候就想知道火箭是如何运作的，于是从图书馆借了一本物理书来看，结果他读不懂。他父亲跟他解释说，书中处处都是你未曾学过的数学知识，你自然是读不懂的。于是费弗曼开始努力学习数学，在12岁时就掌握了微积分。之后，他父亲带他到马里兰大学求学。费弗曼报考了马里兰大学且考试成绩优异，但校方认为他年仅14岁，不符合学校规定的年龄而不予录取；然而该校数学系主任认为费弗曼敏而好学，很有培养前途，于是就向校方施压说，如果学校不录取费弗曼这个优秀生，他就辞职不干了。最终，校方打破规定，正式录取费弗曼为该校本科生。大学二年级时，费弗曼就以德文发表了一篇科学论文。17岁时他以全校最优成绩毕业。接着他又到普林斯顿大学读研究生，师从著名数学家斯坦（E. M. Stein，1999年度沃尔夫数学奖得主），仅两年多（即他20岁时）便获得博士学位，其博士论文的题目是"强正则对合算子的不等式"。

在费弗曼念研究生期间，发生了一件动人的故事。有一天一位教授在黑板上列出了"本学科十大难题的征解"，费弗曼那天迟到，不知原委，以为是教授布置的作业，只管抄了回去，一个星期之后，两眼红肿的费弗曼找到该教授，气冲冲地说："你怎么布置这样难的作业？我几天没睡觉，也只做出了4道题，实在是没法，只能做多少交多少了。"那位教授看了他做出的4道题后，目瞪口呆，诧叹此生可畏，今后必成大器。

费弗曼获博士学位后，先留校任教一年，1970年到芝加哥大学任教，仅一年即被该校聘为教授，年仅22岁的他成为了美国大学中最年轻的教授，这是美国大学300年历史上从未有过的事情。1974年他又回到普林斯顿任数学教授,后来又担任该校数学系主任。

费弗曼以重振古典分析问题的研究而闻名于世,他的崭新的思想、概念、方法给古典分析带来了新的冲击。他在实分析、复分析领域都获得了深刻的结果。他解决了哈代空间的对偶问题,研究了多元函数的傅里叶级数的收敛性,并解决了球的乘子问题。费弗曼对伯格曼核作出了精确估计,从而对双纯域给出了分类。他完成了实分析与复分析方法的和谐融合,而他关于实超曲面与复流形的结果尤为漂亮。

下面我们先简单介绍费弗曼在哈代空间与BMO空间的对偶关系方面的工作。

BMO空间是有界平均振动空间的简称,它是约翰(F. John)和尼伦伯格在研究椭圆型偏微分方程的解时引进的一类函数空间。它包含空间$L^{\infty}(R^n)$。任一R^n上的有界可测函数必具有有界的平均振幅,反之则不一定成立。例如$\ln|x|$属于BMO空间,但不属于L^{∞}。这说明了BMO空间和L^{∞}有严格的包含关系。费弗曼与斯坦合作,给出了BMO空间的一个结构特征:$f \in$ BMO当且仅当$f = U + \tilde{V}$,这里$U, V \in L^{\infty}$,$\tilde{V}$为V的希尔伯特变换。这个事实表明,判断一个函数是否属于BMO空间,可以用纯粹的调和分析语言来表述与刻画。这个事实也就成为揭示BMO空间和调和分析之间内在联系的纽带。

哈代空间,即H^p空间,是勒贝格空间以外的重要函数空间之一。单变元H^p空间最早来源于复变函数论。1915年英国数学家哈代引入了H^p函数类,1923年匈牙利数学家里斯(M. Riesz)证明它们是完备的赋范空间,并将其命名为哈代空间。多变元的H^p空间的建立则要晚得多,这是因为单变元H^p空间的定义紧密地依赖于单变元解析函数,而多变元解析函数较单变元要复杂得多。1960年斯坦等人把上半平面的解析函数的实部与虚部的概念推广到$n+1$维欧氏空间的上半空间R_+^{n+1}上,并在一定条件下得到了$H^p(R_+^{n+1})$,且进一步定义了$H^p(R^n)$。

1972年费弗曼和斯坦在考尔德伦、齐格蒙特、伯克霍尔德(D. L. Burkholder)、冈迪(R. F. Gundy)和西尔弗斯坦(M. L. Silverstein)等人工作的基础上,给出了 $H^p(R^n)$ 的刻画。这种刻画无须用解析函数或调和函数,因为他们给出了 H^p 空间的实变函数理论的特征。

从里斯的工作知道,如果 p 和 q 是共轭指数,其中 $1<p<\infty$,则 H^p 是 H^q 的对偶空间。这一理论类似于 L^p,L^q 理论。可是并没有 L^1,L^∞ 对偶性的类似结论,同时对 H^1 的每种情况都需要特殊的处理方法。1971年费弗曼凭着自己高度的敏感性,指出 H^1 的对偶空间是BMO空间。于是 H^1 上的很多问题便可化为函数类的具体构造问题。费弗曼的方法应用很广,例如可对哈代定理从另外的角度加以认识。哈代定理是说如果 $f(z)=\sum c_n z^n \in H^1$,则 $\sum |c_n| n^{-1}<\infty$。根据对偶性,这意味着 $\sum \varepsilon_n n^{-1} e^{in\theta} \in$ BMO,$|\varepsilon_n|=1$。利用费弗曼的思想,还可以把共轭函数的 L^p 理论推广到加权的 L^p 空间上。

傅里叶级数的极大部分和算子本质上是一个极算子。1966年瑞典数学家卡勒松(L. Carleson)证明了如果 f 的平方是可积的,则 f 的三角级数几乎处处收敛,第二年美国数学家亨特(R. Hunt)把这个结果推广到了 p 次可积函数($p>1$)。1973年,费弗曼采用柯尔莫哥洛夫的思路,给出了连续函数的傅里叶级数几乎处处收敛的新证明,而且把相关结果推广到了多变量情形。他还率先找到了反例,指出即使对长方形边长的比例加上很强的限制,对多个变量的情形,长方形部分和仍没有类似结果。

由以上描述可以看到,实分析与复分析的思想是交织在一起的,利用这一点可以得出许多深刻而令人瞩目的新结果,其主要工具是奇异积分和傅里叶分析。众所周知,这些工具也和常系数偏微分方程有密切关系,因为傅里叶变换以代数形式反映导数。在此基础上费弗曼与比尔斯(R. Beals)合作引入了一个新的加权分类,从而对尼伦伯格和特里夫斯的主型偏微分方程的局部可积性的结果给出了一个新的证明。运用这些方法,费弗曼及蓬(H. Phong)还给出了精确的加丁不等式一个最佳的可能形式。

费弗曼在伯格曼核的研究工作中也作出了非常重要的贡献。伯格曼核

（函数）是 1922 年由美国数学家伯格曼(S. Bergman)引进的。他在复分析和偏微分方程方面都有重要建树。经典的柯西-黎曼方程自然地把偏微分方程和复分析联系起来。在多变量情形，则是一组方程。一个变量与多个变量的重要差别在于有些方程在域的边界上仍有意义。此投影由一核给出，称为塞格核。类似地，对域的内部对应于 L^2 的投影由伯格曼核 $K(z,\zeta)$ 给出。问题是当点趋近于边界时，K 的正则性如何？克茨曼(Kerzman)指出，对于强拟凸域，当 $z \to \zeta$ 时，奇点便会出现。而 $z = \zeta$ 的情形则是特别重要的问题。费弗曼于 1974 年应用直接而巧妙的方法，得到了一个非常完备的渐进公式，其中有一个对称奇点。他证明了 $K(z,\zeta)$ 本质上是形如 $\int_0^\infty e^{z\varphi(z,\zeta)} K(z,\zeta,t) \, dt$ 的拉普拉斯变换，其中 K 在 $z = \infty$ 处有形如 t^n 的奇点，这就恰好在边界 $\varphi = 0$ 上产生了所谓的费弗曼类型的奇点。

费弗曼对伯格曼核的兴趣源于他渴望求出光滑区域上双全纯映射在边界上的正则性。他证明了一个具有光滑边界的严格伪凸域到另外一个双全纯映射可以光滑地延拓到边界上，从而奠定了研究边界上映射的基础。接下来的问题是如何在双全纯等价或在局部等价的意义下对区域进行分类。对于两个变量的情形，所有局部不变量已由埃利·嘉当(Élie Cartan)和莫泽(J. K. Moser)给出了，他们找到了一些不变曲线，称为链。而对于陈-莫泽链，费弗曼给出了微分几何的描述，而该链是他从一些与伯格曼核有关的量度的测地线导出的。

费弗曼在伯格曼核领域的工作，不仅仅是获得了一些重要的结论，更重要的是他提出了一些创造性的思想方法，使这一领域与广阔的数学领域建立起了联系，从而开辟了许多新的应用领域。

费弗曼在偏微分方程方面也有很大的贡献。1973 年他给出非退化线性偏微分方程局部可解性的一个重要条件，他和他的学生的工作，使得这类方程的解的问题被完满解决。他还对纳维-斯托克斯方程有深入研究，他在一篇论文中，精辟地论述了该方程解的存在性与光滑性问题。

费弗曼在荣获沃尔夫数学奖时还兴奋地描述了他一生中两项得意的贡

献。他说"第一个贡献是挂谷集(Kakeya set)与傅里叶分析之间的一个联系。平面中的挂谷集具有奇特的形状。你可以将一枚细针在一个挂谷集的内部翻转一整周,而这个挂谷集的面积可以要多小就有多小。傅里叶分析研究复杂的振动如何分解为简单的振动。例如,小提琴弦的复杂运动由根音、第一泛音、第二泛音等构成。如果将高频部分移去,小提琴弦的音调将会降低。部分原因是,小提琴弦是一维的。照片则是一个二维的影像,也是由类似于琴弦的根音和泛音这样的简单片段构成的。由于照片是二维的,它可能无法对焦,而当截去高频部分时又会突然精准对焦。这就是因为挂谷集的存在。我在20世纪70年代发现了这一点。二维以上空间的挂谷集继续呈现了具有挑战性的问题。

"其次,我花了很多年研究关于原子的数学问题。任何一本量子力学书都会解释为何一个电子与一个质子联合而成一个氢原子。但书上不会告诉你为何数以万计的电子与数以万计的质子一起结合成数以万计的氢原子。这是一个困难得多的问题,需要许多数学,完全的解答仍然未知。我的贡献是,将这个问题归结为对系统能量的估计。"[169]

费弗曼在普林斯顿大学,除了做研究工作外,还要教一门研究生课(通常是论述他本人的工作)和一门本科生课(通常是初等微积分)。他教书非常认真,在学校他以能把非常复杂的问题用非常简单的语言来表述而广为人知,从而极受欢迎。

费弗曼对他博士生导师斯坦极为敬佩,他说:"我到普林斯顿读研究生。能追随斯坦学习,是我最大的幸运,他不仅是一位伟大的数学家,而且也是我见过的最好的数学老师。斯坦的教学和榜样对我的工作仍然是一个主要的影响。"[169]

费弗曼在谈到他喜欢的工作方式时说:"我喜欢躺在沙发上,一连好几个小时,让思绪自由地在形状、关系以及变化之间驰骋——但很少考虑数。大脑中产生一个又一个的想法,大多数想法被抛弃。当一个概念最终快形成时,我就得立刻把它写在纸上……新思想可是来之不易的啊!假如你运气足够好,你的思想实际上是对的,你在认识到它确实对以前也得花相当长的时间。相反,假如你误入了死胡同,你也得花相当长的时间才能走出来。最后你可能会悲叹:'真糟,我竟然在一件错误的事情上花费这么多年',一个好的数学家必须有勇气面对大量的尝试和摒弃。"[67]

费弗曼的爱好非常广泛,他特别喜欢下国际象棋,他还喜欢随着古典音乐的节拍哼歌,他甚至研究过几次总统竞选运动。当然,他最想做的事情还是"像所有数学家那样去证明(新)定理"。

费弗曼除了荣获菲尔兹奖和沃尔夫数学奖之外,还于1971年荣获萨拉姆奖,该奖是授予世界上在三角级数、抽象调和分析等领域取得最重要成果的数学家的数学奖项,而费弗曼是至今该奖最年轻的获得者。另外,他还于1976年荣获沃特曼奖,1992年获得伯格曼奖,2008年荣获美国数学会的博歇奖。

▲ 德利涅

Pierre Deligne

> 德利涅似乎不费吹灰之力就掌握了格罗滕迪克的理论……他喜欢找个出色的基本的新思想而使一个领域或一个古老问题豁然开朗。[40]
>
> ——芒福德

> 我喜欢与别人交谈,交谈是获取知识的重要途径。[68]
>
> ——德利涅

德利涅是比利时数学家,1944年10月3日生于比利时布鲁塞尔。由于他解决了联系素数与有限域中代数方程根的个数的韦伊猜想,于1978年荣获菲尔兹奖,时年34岁。

德利涅很早就显露出数学上的天赋。当他年仅14岁还是一名中学生时,他的一位数学教师尼斯(M. J. Nijs)就曾借几卷布尔巴基学派著的《数学原理》给他看。这部著作从一般到特殊,以公理化体系为整个近代数学奠定了一个坚实的基础,通篇只有内在逻辑的发展而没有启发性的描述。但德利涅却看懂了大部分内容,掌握了绝大部分近代数学的基础知识。1962—1966年德利涅在布鲁塞尔自由大学学习,师从群论学家蒂茨,学到了许多群论方面的知识。但蒂茨发现德利涅的主要兴趣不在群论,而是在代数几何和数论方面,于是他力劝德利涅到巴黎去发展。所以德利涅的1965—1966两个学年实际上是在巴黎高等师范学院度过的。当时巴黎是代数几何和数论的国际中心,1954年菲尔兹奖得主塞尔和1966年菲尔兹奖得主格罗滕迪克分别主持一个数论学术讨论班和一个代数几何学术讨论班。显然,天才而勤奋的德利涅在那里可以说是如鱼得水,脱颖而出已势在必然。1967年德利涅回到布鲁塞尔,1968年获布鲁塞尔自由大学博士学位,同年任该校教授。1970年他成为设在巴黎的欧洲高等研究院的终身教授,年仅26岁。1984年至今一直担任普林斯顿高等研究院教授。1978年当选法国科学院院士和美国艺术与科学学院院士,1994年当选比利时皇家科学院院士,2003年当选意大利林琴科学院院士,2007年当选美国国家科学院外籍院士。

德利涅在数学的诸多领域均有建树,而他对韦伊猜想的证明,更使他荣获了数学界的最高荣誉之一——菲尔兹奖。

19世纪以来人们定义和研究了许多种称为ζ函数的特殊函数,其中便有一种非常重要的黎曼ζ函数。在实变数$s>1$时,收敛级数$\zeta(s) = 1 + 1/2^s + 1/3^s + \cdots + 1/n^s + \cdots$,可表为无穷乘积$\prod_{p}(1-p^{-s})^{-1}$的形式,其中$p$遍及所有素数,这个表示称为欧拉无穷乘积表示。1859年,黎曼最先考虑 s 为复数,于是 $\zeta(s)$ 被人们称为黎曼 ζ 函数。黎曼认为素数性质可以通过 $\zeta(s)$ 来探讨,他建立了一个与 $\zeta(s)$ 的零点有关的表示 $\pi(x)$ 的公式。我们知道,研究素数分布的关键在于研究 $\zeta(s)$ 的性质,特别是 $\zeta(s)$ 零点的性质。关于 $\zeta(s)$ 的零点,当 $\mathrm{Re}(s) \geq 1$ 时没有零点;当 $\mathrm{Re}(s) \leq 0$ 时,在 $s = -2, -4, \cdots$ 时具有一阶零点,此外没有零点;当 $0 < \mathrm{Re}(s) < 1$ 时有无穷多个零点。在带状区域 $0 < \mathrm{Re}(s) < 1$ 内的零点称为非显然零点。黎曼猜测 ζ 函数的非显然零点全部都在直线 $\mathrm{Re}(s) = \frac{1}{2}$ 上,这就是著名的关于 ζ 函数的黎曼猜想,也是至今仍未解决的最著名的数学问题之一,它的研究对解析数论和代数数论的发展都具有极其深刻的影响。为了研究这一问题,人们考虑了许多种 $\zeta(s)$ 的变体,例如韦伊给出的代数簇的同余 ζ 函数就是其中之一。

设 k 为具有 q 个元素的有限域,V 为在 k 上定义的 n 维非奇异完备代数簇。设 k 的 m 次扩张为 k_m,坐标取自 k_m 中 V 的点的个数为 N_m,则由 $\dfrac{d}{du} \ln Z(u,V) = \sum_{m=1}^{\infty} N_m u^{m-1}$ 及初始条件 $Z(0,V) = 1$ 定义的 u 的函数 $Z(u,V)$ 称为有限域 k 上的代数簇 V 的同余 ζ 函数。当 V 为代数曲线时,$Z(u,V)$ 或 $Z(q^{-s}, V)$ 与 V 在 k 上的函数(单变量代数函数域)$k(V)/k$ 的同余 ζ 函数一致。对在 $Z(u,V)$ 的研究中,韦伊于1949年提出了如下4个猜想,也就是通常所说的韦伊猜想:

(1) $Z(u,V)$ 为 u 的有理函数。

(2) $Z(u,V)$ 满足如下函数方程:
$$Z((q^n u)^{-1}, V) = \pm q^{n\chi/2} U^{\chi} Z(u,V)$$
其中整数 χ 是积 $V \times V$ 中对角子簇 Δ_V 与自身的相交数。

(3) $Z(u,V)$ 的零点的绝对值为 $q^{-1/2}$ 的奇次幂,极点的绝对值为 $q^{-1/2}$ 的偶次幂。

(4) 如果 $V^{(0)}$ 是在某个有限次代数数域 K 上定义的非奇异完备代数簇,K 对于 K 的某个素理想 P 是 P 单纯的,$V^{(0)}$ 的模 P 约化为 V。假设 $V^{(0)}$ 的 h 维

贝蒂数为 $B_h^{(0)}$，则有 $B_h^{(0)} = B_h (h = 0, 1, \cdots, 2n)$。

韦伊猜想揭示了特征 P 的域上流形理论与古典代数几何之间的深刻联系，因而在国际上引起了轰动。韦伊本人证明了这个猜想的若干特殊情形。而1966年的菲尔兹奖得主格罗滕迪克更是为了证明这个猜想，建立了概型理论，但仍未能证明韦伊猜想。那么德利涅又是如何完成他的划时代杰作的呢？首先，德利涅运用了代数几何领域以前积累起来的财富。其中 M·阿廷（M. Artin）和格罗滕迪克的工作是决定性的，特别是格罗滕迪克构造的 L 进制上同调。L 进制上同调的构造使得可以把经典代数簇上同调理论中由莱夫谢茨得出的基本结果推广到有限域上，而韦伊曾建议通过具有莱夫谢茨不动点公式的上同调理论来证明 $Z(u, V)$ 的有理性等猜想。其次，德利涅深入研究了日本数学家久贺道郎、佐藤幹夫、志村五郎以及依原康隆在弄清拉马努金猜想与韦伊猜想的关系方面所做的工作，从而于1968年证明了关于自守形式的赫克算子的拉马努金猜想是韦伊猜想的特殊形式。英国数学家兰金（R. Rankin）的"平方技巧"对拉马努金猜想的证明起了重大的推进作用，所以德利涅考虑可利用兰金的思想去证明韦伊猜想。德利涅发现，可以从几何的角度去理解兰金的方法并大加扩充。把这个方法与通过所谓"莱夫谢茨线束"对上同调的细致分析相结合，再用卡日丹（D. Kazhdan）与马尔古利斯（1978年菲尔兹奖得主）的一个定理，德利涅给出了轰动一时的关于韦伊猜想的证明。

除了韦伊猜想，德利涅在许多重要问题上都有建树，例如希尔伯特第21问题、霍奇理论、模理论、模形式、伽罗瓦表示、L 级数和朗兰兹猜想以及代数群的表示等。德利涅建立了"混合霍奇结构"的理论为带奇点的复代数簇建立了上同调理论，他的文章极大推广了霍奇、小平邦彦、塞尔和其他人的经典结果。

另外，德利涅在超几何函数的研究中也作出了重要贡献。对超几何的研究，最活跃时期是19世纪后期与20世纪初期，之后纯粹数学家们便对它失去了兴趣。由于德利涅与莫斯托（G. Mostow）的文章以及盖尔范德学派发展起来的表示论这一新视角的推动,特殊函数论的研究又出现了复兴。德利涅描述了多维超几何函数的单值群 Γ,对这些参量中的某些值,群 Γ 构成了 $d-1$ 维映射变换群中的一个具有有限上体积的离散格,而且在某些情形中得到了非算术格。格罗莫夫和皮亚捷斯基–沙皮罗(I. Piatetski-Shapiro)已构造出了罗巴切夫斯基空间(秩为 1 的空间)中的一整串非算术格,这两方面的结果合在一起补充了马尔古利斯在秩 $\geqslant 2$ 的空间中关于算术格的研究。

德利涅还与莫斯托合作研究微分方程组的单演群理论。德利涅的研究领域非常广泛,而且每涉足一个领域,都会在那个领域留下深深的痕迹。这得益于他的数学认识观。德利涅认为数学虽然分支众多,对问题的处理方式有可能不同,但本质上都是一样的,而且相互之间有着必然的联系。他还认为数学有非常简单的特点,好的数学问题应该是用简单的语言就能够表述的问题。德利涅的数学观也反映在他的工作和生活当中,他思维清楚简洁,行文直截了当。他特别喜欢和"简单的"儿童们一起玩耍。他曾在住宅附近种了一大片菜地,还曾在复活节组织儿童去寻找彩蛋。他为人处事随和谦虚,乐于与人讨论问题。他曾说过:"我喜欢与别人交谈,交谈是获取知识的重要途径。"[68]由于他知识渊博,富于想象力,因而与他交谈的人往往也受益匪浅。

除了菲尔兹奖外,德利涅还于 1974 年 6 月荣获比利时皇家科学院奖,同年 12 月获得法国科学院颁发的庞加莱金质奖章,1988 年 9 月与格罗滕迪克一道荣获瑞典皇家科学院颁发的克雷福德奖,2004 年荣获巴尔赞数学奖。

由于德利涅对混合霍奇理论、韦伊猜想、黎曼–希尔伯特对应方面的工作以及他对于算术的杰出贡献,他荣获了 2008 年度的沃尔夫数学奖。特别是他还于 2013 年荣获了阿贝尔奖。

1990 年度菲尔兹奖得主、2018 年度沃尔夫数学奖得主德里费尔德(V. Drinfel'd)曾说:德利涅对我来说是神话中的英雄。

▲
奎伦

Daniel Quillen

　　他(奎伦)在解决每个具体问题时,总能把那些得花大量精力和时间才能得到的一般思想与来自各种数学领域的统一方法有机结合起来运用。[69]

——巴斯

　　我证明了:多项式环上的每一个射影模一定是自由模。

——奎伦

奎伦是美国数学家，1940年4月27日生于美国新泽西州的奥兰治。由于他在1972年完成的高阶代数K理论的成果，于1978年荣获菲尔兹奖，时年38岁。

奎伦的父亲早年本想做一名化学工程师，结果却成了一位物理学教师，这给了奎伦很好的家教环境。奎伦于1961年毕业于哈佛大学，获学士学位，然后留校在著名拓扑学家博特门下开始了他的科研工作。1964年（24岁）他以一篇题为"线性偏微分方程超定系统的正则性质"的论文获得博士学位，这时他的妻子已为他生了第二个孩子（他们共有5个孩子），为此巴斯诙谐地称奎伦既是早熟的数学家又是早熟的父亲。

获得博士学位后，奎伦进入麻省理工学院工作，在此期间他先后到过全世界多所研究机构从事访问研究：1968—1969年在巴黎科学院，他受到格罗滕迪克很大的影响；1969—1970年在普林斯顿高等研究院，他受到阿蒂亚很强的感染。值得强调的是，奎伦在普林斯顿的经历为他后来获得菲尔兹奖打下了重要的基础。

奎伦在1978年获得菲尔兹奖之前，于1975年获得过美国数学会颁发的科尔奖，他还是美国国家科学院院士。

归结进来，奎伦的贡献主要在于：

（1）同伦理论；

（2）复配边理论与形式群理论；

（3）K理论中亚当斯猜想的解决；

（4）同调代数——有限群的上同调论；

（5）代数K理论；

（6）证明塞尔猜想。

这些理论都是20世纪五六十年代发展起来的尖端，有数十位数学家因这方面贡献，获得过菲尔兹奖或其他奖项。

奎伦虽然身材不高、不苟言笑，但善于"啃硬骨头"，专门解决疑难问题。他的最大特点是同时精通代数学和拓扑学，善于将两者结合起来解决问题。代数学和拓扑学分别属于不同思维特征的数学分支,能两者兼通实在是不容易。再说,数学的进步总是体现在基本结构(如序结构、代数结构和拓扑结构)的复合及其不断深入上,诸如各种泛函空间乃至代数拓扑本身即是如此。而代数 K 理论,特别是高阶代数 K 理论更是在这种复合结构上的深入,需要更为深刻的复合型思维能力。

的确,奎伦正是这样一位复合型人才。他在总结前人工作的基础上,在米尔诺和诺维科夫的复配边理论中,发现了其结构与形式群的关联,使其数学才能得到了初步体现。此后不久,他又完成了最为重要的工作之一:解决拓扑 K 理论中的亚当斯猜想。

亚当斯猜想是英国数学家亚当斯于1965年提出的一个有关同伦理论的猜想,即"球面上的某种代数运算(φ)与其上向量丛的拓扑性质具有确定的对应关系"。这是一个十分深刻的问题,很难解决。而奎伦则善于用拓扑的观点去发现不同范畴内的诸多简单对象的同调性质,因而在同调论的基础上来考虑同伦理论,这对于奎伦来说可谓驾轻就熟。

具体说,奎伦用了两种不同的方法来解决亚当斯猜想,一种是代数几何方法,另一种是群的模表示论方法,两种方法都获得了成功。前一种方法由奎伦的一名学生使用,而后一种方法则由奎伦自己使用。正是奎伦使用的这一"群的模表示论"方法,对于他后来关于群的上同调论和代数 K 理论的工作产生了非常大的影响。例如在其有关同调论的工作上,即产生了重要的关于有限群的模 p 上同调环的结构定理,他还运用此结构定理解决了该领域内一系列的公开问题,像著名的塞尔猜想——多项式环上的射影模一定是自由模,其解决即是典型的例子。

奎伦所做的有关亚当斯猜想的工作,属于拓扑 K 理论的范畴。我们在前面介绍1966年菲尔兹奖得主阿蒂亚时,已对拓扑 K 理论有了初步了解。

具体说,拓扑 K 理论是阿蒂亚和希策布鲁赫在格罗滕迪克的代数几何思想影响下,以微分流形中的向量丛为基本对象(或叫论域),找出向量丛的某种等价类的所有分类,从而形成的一个以等价类为元素的特别群。由于它类似于同调群的构造特征,因此也称为广义同调群,一般用 K 来表示,所以也称"K 群"。K 群具有很多重要性质,曾被有效地应用于证明微分流形理论中著名的黎曼–罗赫定理,也被奎伦利用来证明亚当斯猜想。

至于奎伦作出过重大贡献的代数 K 理论,是把拓扑 K 理论的思想引申到代数上来,从而使其考察对象或者说"论域"更为宽广,不再仅限于连续的流形对象。这时它的"领域"被引申为某个范畴(简单说,范畴即一般集合及其元素间的各种关系的整体,记为 A),或一般环上的所谓"函子"(函数的广义,值域为一个加群)序列,记为 K_n,然后在 K_n 上作"广义同调群",即构成代数 K 群。研究代数 K 群及其性质、应用的理论即代数 K 理论。

代数 K 理论是由巴斯于 20 世纪 60 年代初创立的,与拓扑 K 理论一样,其思想来自格罗滕迪克,不过这次是因为格罗滕迪克在利用(拓扑)K 理论来证明黎曼–罗赫定理时,专门构造了一个 K 群,巴斯借此引入了一个 K_1 群:设环 A 上有一个群序列 $\{GL_n(A)\}$,其极限为 $GL(A)$,子群 $E_n(A) \subset CGL_n(A)$,$E_n(A)$ 的极限为 $E(A)$,则类似于同调群的思想,定义商群 $K_1(A)=GL(A)/E(A)$,即为 K_1 群。巴斯同时还发现,这时的所谓 $K_0(A)$ 群(简称 K_0 群)正是格罗滕迪克在拓扑空间意义下证明黎曼–罗赫定理时构造的 K 群的平行推广(它们具有同构关系,亦即具有线性的一一对应关系)。在许多人对 $K_0(A)$ 和 $K_1(A)$ 进行大量研究的基础上,米尔诺又于 1971 年构造成功了一个所谓的 $K_2(A)$ 群,它是经 $E(A)$ 的万有中心扩张(一种广义对合形式)再经处理(赋以舒尔乘子)后形成的,记成 $K_2(A)=H_2[E(A),Z]$,Z 表整数集。由此可见 $K_2(A)$ 得来之不易。

那么,是否还有 $K_3,K_4,\cdots,K_n$ 群及其相应理论呢?从上面的介绍可以看出,这一探索之路肯定会愈走愈艰难。就在代数 K 理论发展的关键时刻,奎伦参加了进来。他知道,前人的经验不可不吸取,但前人的老路是否一定要秉承,则是需要考虑的问题。事实上他又发挥了自己精通拓扑学和代数学的优势,再一次取得了成功。如果说在解决亚当斯猜想时他是把代数思想用于拓扑对象,那么这次他是把拓扑思想(具体说是同伦思想)应用于代数研究,形成高超的技巧,终于解决了仅在代数中考察难以完成的一般的高阶代数 K 群的构造问题,从而得到了困难的高阶代数 K 理论构架,统一了一般的代数 K 理论构架,为系统地研究代数 K 理论起到了开创性作用。因而人们一般认为代数 K 理论的创立系由巴斯开始、奎伦完成的,为后来代数 K 理论的迅速发展和应用起到了开创性作用。奎伦因此获得菲尔兹奖可谓当之无愧。这一工作的重要意义不仅仅在于完成了一个重要的代数学分支的构建,而且在于其思想和技巧十分优美,在于他成功地把几何学、拓扑学方法作为一种工具,大幅度"搬迁"并有效地运用到代数问题,特别是环论和模论问题中,成功解决了一大类问题。这都是十分值得后来者借鉴和学习的。

巴斯对于奎伦创造出这种本质上不同于格罗滕迪克构造思想的构造一般代数 K 群的方法十分欣赏。巴斯曾说过,"他(奎伦)借助同伦技术给出了一个完全新奇的途径","这篇因此可以称作 Q 结构的论文的出现本质上说在数学上还没有先例。第一次读它就好像登上了一个既新颖又熟悉的数学领地,我们碰到的不仅是新的定理、新的方法,而且是新的数学创造和蕴含其中的新思想。"

又如,奎伦在证明塞尔猜想上也是这样的。塞尔于 1955 年提出猜想:多项式环上的射影模,一定是自由模。该问题,看似简单实则很难,大家都认为完全解决它希望渺茫,但奎伦上手后,只用了几页纸的篇幅,很快将该问题完全解决了,令数学界大为震惊。

巴斯还说过:"一个数学天才总是会致力于既在问题的解决上又在理论的建树上去表现自己,像奎伦这样的人是很难见到的,他在解决每个具体问题时,总能把那些得花大量精力和时间才能得到的一般思想与来自各种数学领域的统一方法有机结合起来运用。奎伦深深地撞击了整整一代数学家和拓扑学家的感知和思维习惯,我们学习他的成果不仅为了懂得知识,而且还要接受启发。"[69]

莫纳斯特尔斯基甚至称"奎伦是代数与代数拓扑领域的首席专家"。由此我们也可以看出奎伦所作贡献的重大意义。

著名数学家詹姆斯(I. M. James)评论道:"奎伦的工作,对当代的拓扑工作者和代数工作者的思想和观念,都有极大的影响。他的论文不仅素材丰富,而且很富启发,使人读起来兴味盎然,它们清楚地显示大片富饶美丽的数学境地,很多人曾努力追求以冀达此境地,然皆徒劳无功。"[70]

马尔古利斯

Grigorr Aleksandrovich Margulis

> 在我主持马尔古利斯论文讨论班的一年中,我所学到的数学比我以前学过的所有数学都要多。[71]
>
> ——蒂茨

> 用于解决奥本海姆猜想的不同方法主要有解析数论、李群理论、代数群论、遍历理论、表示论、归纳论、数的几何以及一些其他方法。[72]
>
> ——马尔古利斯

马尔古利斯是俄罗斯数学家，1946年2月24日生于莫斯科。由于他综合利用代数、分析和数论的近代成果，特别是遍历理论，完全解决了关于李群的离散子群的"塞尔贝格猜想"，于1978年荣获菲尔兹奖，时年32岁。

马尔古利斯于1962年考入莫斯科大学数学系，1967年本科毕业获得学士学位后，又留下来继续深造。马尔古利斯在学生期间就已显示出非凡的数学家气质，1968年，他还荣获了莫斯科数学会颁发的年轻数学家称号。在读书期间，他接受过盖尔范德的直接指导。1970年，马尔古利斯以一篇题为"U系统理论中的某些问题"的论文获得了数理科学副博士学位。毕业后，他被分配到苏联科学院莫斯科信息与通信问题研究所工作。1970—1974年，当他还是所里最年轻的科学研究人员时，就已被提拔为骨干研究员。不过至少在1978年他获得菲尔兹奖时，他仍是个副博士，由此可见苏联博士学位的授予标准何等严格。马尔古利斯保持其骨干研究员称号直至1986年，而后被提拔为学科带头人。

不无遗憾的是，1978年，马尔古利斯由于种种原因并未获准去赫尔辛基领取菲尔兹奖。这无疑是赫尔辛基会议的一个损失。对于马尔古利斯在国外的众多同行们来说，这也是个"不幸"事件。因为平时他们只能见文不见人，没有机会与在此之前从未出过国的马尔古利斯晤面。大家本想在这次数学家大会上一睹其风采，聆听其精彩报告，最后才知道落了空。正如在大会上对马尔古利斯的成就作评价并代他领奖的法国著名数学家蒂茨所言："我不能不为马尔古利斯的缺席表示深深的失望。无疑，这也是在座诸位所共有的心情。"

不过，马尔古利斯很快就获得了出国访问的机会。1979年他到波恩大学访问3个月，并在这里与其亲密的"文友"蒂茨见了面，还接受了蒂茨代表国际数学家大会执委会补发给他的菲尔兹奖。

1988—1991年，马尔古利斯先后应邀到马克斯·普朗克研究所、法兰西学院、哈佛大学以及普林斯顿高等研究院等地作访问研究。从1991年起，他一直担任耶鲁大学客座教授。因为马尔古利斯作出的卓著贡献，除了菲尔兹奖外,他还于1990年荣获了法兰西学院勋章,同年受聘为美国艺术与科学学院荣誉院士,1995年获得汉堡奖,1996年受聘为塔塔基础理论研究所荣誉研究员。

为简单介绍马尔古利斯工作的思想,我们首先要谈谈格子群(一类特殊的离散子群)的概念。设 G 为 n 维欧氏空间上的李群,P 为其闭子群(即作为李子群的子流形上的拓扑,与其作为子拓扑空间的拓扑相一致),则记这时的商群(也叫商拓扑空间)为 $M = G/P$。这时 M 上的 G 群作用 $M \times G \to M$ 如果是可微的,则 M 即被称为齐性空间。那么当 $M = G/P$ 是齐性空间,且具有有限不变测度[相当于不变体积,记为 $\mu(M) < +\infty$]时,则将 P 叫作 G 的格子群。

另外,若记 $SL(n, \boldsymbol{R})$ 为 $n \times n$ 矩阵的全体集合,矩阵元素皆独立取实数值,则显然 $SL(n, \boldsymbol{R})$ 是一个 n 维欧氏空间上的群,且是李群。同时我们知道,对于所有元素皆取整数的 $n \times n$ 矩阵集,记为 $SL(n, \boldsymbol{Z})$,$\boldsymbol{Z}$ 表整数,则显然 $SL(n, \boldsymbol{Z})$ 为 $SL(n, \boldsymbol{R})$ 的一类离散子群。具体说是一类阿贝尔群(关于"加"运算的群)。特别是当商 $SL(n, \boldsymbol{R})/SL(n, \boldsymbol{Z}) \triangleq N$ 具有有限不变测度时[记为 $\mu(N) < +\infty$],则将 N 称作 $SL(n, \boldsymbol{R})$ 的算术子群。

这时自然有个进一步的问题,即上述格子群与算术子群间有何关系?据说克莱因和庞加莱也早已注意到了二维空间中的这类问题。对此,人们曾先后得到如下结论:"如果子群 $\rho \subseteq G$ 与子群 $SL(n, \boldsymbol{Z})$ 可公度(即所谓交叉积之差,又叫括号积 $[\rho, \rho \cap SL(n, \boldsymbol{Z})]$ 或 $[SL(n, \boldsymbol{Z}), SL(n, \boldsymbol{Z}) \cap \rho]$ 有界)时,ρ 是 G 的算术子群";"对于半单李群 $G°$[无逆元素,且除了单位元作为正规子群(对 $G°$ 元素左右乘相等的子群)外,没有别的正规子群的李群],若有算术子群 $\rho \subseteq G°$,则必有 $\mu(G°/\rho) < +\infty$",换句话说,"半单李群 $G°$ 的算术子群都是其格子群"。这就使问题更进了一步。这就是1960年在印度孟买召开的函数论国际会议上由塞尔贝格和韦伊提出的著名的"塞尔贝格猜想":除了一些例外,一般的格子群都是算术群。后来在1966年于莫斯科举行的第15届国际数学家大会上,皮亚捷斯基-沙皮罗又将其进一步明确为"对于大多

数半单李群,其格子群都是其算术子群"。这可是很难"啃"得动的问题。正如美国数学家莫斯托所说:这个问题就像一堵光滑的岩壁,让人无从着手攀登。马尔古利斯正是巧妙而综合地运用了微分几何、代数学、动力系统及遍历理论等多种看起来似乎毫无关系的理论,才最终把问题解决了。有趣的是,据马尔古利斯自己说,他之所以想到用遍历理论,还是受到了莫斯托的启示。

马尔古利斯是通过两个阶段来完成这项任务的。首先是在1968年对非紧致情形(直观说即开集情形)做出突破性工作,接着又经过6年的艰辛才终于在1974年完全解决了"塞尔贝格猜想"。他的工作震动了整个数学界,著名数学家、菲尔兹奖得主芒福德曾将其誉为"惊心动魄"的工作。法国数学家、沃尔夫奖得主蒂茨还立即主持了一个专门阅读马尔古利斯论文的讨论班,该讨论班整整持续了一年时间。蒂茨曾说过:"在我主持马尔古利斯论文讨论班的一年中,我所学到的数学比我以前学过的所有数学都要多。"早在1968年,当马尔古利斯在这一课题上刚刚作出突破时,就有数学家在布尔巴基学派的讨论班上及时给予了介绍。而在其总成果出来以后,很快就波及到了相关的数学领域,得到了越来越多的漂亮成果。由此可见该问题的影响力之大、影响面之广、影响度之深了。

此外,马尔古利斯还于1986年完全解决了数的几何学中一个所谓的"奥本海姆猜想",这是由奥本海姆(A. Oppenheim)于1929年提出来的"关于在整点上的无理系数二次型的不确定值问题"。1940年初,达文波特和海尔布伦(H. Heilbronn)证明了该猜想的一些特殊情形为真;1946年沃森(Watson)扩展了这一成果,证明了更进一步的一些特殊情形为真。最后,马尔古利斯以其漂亮的技巧,彻底解决了这一问题,他综合运用了解析数论、李群和代数群论、表示论、遍历理论、归纳论和数论等不同的方法,再一次显示出他善于利用不同方向甚至是不同领域的工具,以集中解决一个艰深难题的"高超功力"。这可不是一般人想用就用得来的,非得有天才加修养不可。而马尔古利斯,则正是两者兼备的天才数学家。

马尔古利斯曾应邀在1990年国际数学家大会上以"齐性空间上子群作用的动态性质与遍历性质及对数论的应用"为题作了一小时的大会报告,他在报告中简要地论述了齐性空间上子群作用的轨道行为的一些其他结果和猜想,以及这些结果、猜想与数论的联系。他还提出了关于一般流形和测度空间上半单群与离散子群的一些新近的结果。他的精彩报告受到了热烈欢迎。

由于马尔古利斯对代数学(特别是半单李群中的格论),以及他对遍历理论、表示理论、数论、组合学和测度论等方面的杰出贡献,2005年他荣获了沃尔夫数学奖。

沃尔夫基金会颁发此奖的公告中写道:"马尔古利斯的工作以其特别的深度,强有力的技巧,数学不同领域中的思想、方法的创新性集成,以及其最终形式结构上的完全协调为其特点。他是以前半个世纪中的数学巨人之一。"[73]

孔涅

Alain Connes

近10年来孔涅关于算子代数及其应用的工作使这个分支的面貌大为改观,并开辟了一些全新的研究领域。[74]

——穆尔(C. C. Moore)

大张旗鼓地面对一个众人皆知的难题,将会冒很大的风险,以后人们记住他的将是他的失败,而不是别的。[75]

——孔涅

孔涅是法国数学家，1947年4月1日生于法国东南部小镇德拉吉尼昂。由于他对算子代数，特别是在由冯·诺伊曼创立的因子理论方面的杰出贡献，于1982年*荣获菲尔兹奖，时年35岁。

孔涅于1966年进入巴黎高等师范学院学习，1970年毕业后，在法国国家科学研究中心从事科研工作，并在著名算子代数专家迪克西米耶(J. Dixmier)的指导下，完成了其博士论文《Ⅲ型因子的分类》，并于1973年6月荣获法国国家博士学位。1974年，他在加拿大安大略女王大学待了一年，1975年被任命为巴黎大学第六分校教授。1978—1979年孔涅出访普林斯顿高等研究院，1980年成为法国高等科学研究院教授，1983年当选法国科学院院士，从而成为当时最年轻的院士（当时法国科学院数学部总共才有13名正式院士，其中有布尔巴基学派的迪厄多内、亨利·嘉当、施瓦兹、塞尔和托姆等人，孔涅是与国际著名数学家韦伊一起当选的）。1984年孔涅被任命为法兰西学院教授。至今他仍同时拥有法国高等科学研究院和法兰西学院的教授职位。孔涅于1980年当选丹麦科学院外籍院士，1990年当选美国艺术与科学学院院士，1993年当选挪威科学院外籍院士，1996年当选加拿大皇家科学院院士，1997年当选美国国家科学院院士，2003年当选俄罗斯科学院外籍院士。

孔涅的研究领域非常广泛，涉及代数、几何、拓扑、数论以及理论物理等。但他最主要的贡献还是在算子代数方面，他也正是因在这一领域的杰出贡献而荣获菲尔兹奖的。近年来他在非交换几何理论中的工作在世界上也引起了广泛关注。

20世纪30年代初，匈牙利数学家冯·诺伊曼为了把由E·诺特(E. Noether，著名女抽象代数学家，创立了E·诺特环和E·诺特定理)和E·阿廷(E. Artin)所发展的非交换环理论推广到希尔伯特空间，并在量子力学系统中构造数学模型，引进了算子环的概念。这一概念的引入开辟了一个新的

---

* 1982年8月，国际数学联合会在华沙举行的执委会全体会议上正式宣布了此届菲尔兹奖的获奖名单，但由于国际数学家大会因故推迟到1983年8月才举行，故颁奖时间是1983年8月。

重要数学领域,所以人们把算子环称为冯·诺伊曼代数,也就是我们常说的算子代数。算子代数实际上是一类由希尔伯特空间上的有界线性算子组成的代数。算子代数理论建立的标志是冯·诺伊曼和默里(F. Murray)合作的"论算子环Ⅰ,Ⅱ,Ⅲ,Ⅳ"系列论文。

算子代数理论中的一个重要领域是因子理论,又称维数理论。它来源于量子力学中的交换关系。对因子代数的研究可以用来研究算子代数的分类,而因子代数是具有一维中心的代数。若 A 是一个作用于希尔伯特空间的算子代数,A' 是 A 的交换子,即与 A 中任何算子可交换的算子的全体。$A \cap A'$ 称为 A 的中心,中心为 $\{aI \mid a \in C\}$ 的算子代数称为因子代数(简称因子),这里 I 是单位算子。在有限维情形下,由舒尔引理可知环 A 同构于作用在空间 $\boldsymbol{R}^n$ 中的矩阵环,维数 n 是因子 A 仅有的不变量。而无穷维情形则包含了复杂得多的状况。冯·诺伊曼和默里引入了相对维数(Δ)的概念,这使得有可能将无穷维空间的因子分类。除了上面提过的因子(称为Ⅰ型)外,还存在另外两类因子分别称为Ⅱ型和Ⅲ型。Ⅰ型因子具有韦德伯恩型结构,希尔伯特空间上的所有有界算子即属其中。Ⅱ型因子分为两个子类 $Ⅱ_1$ 和 $Ⅱ_\infty$。$Ⅱ_1$ 类中量 Δ 可假定为有限区间 $[0,\lambda)$ 中的任一个值,而 $Ⅱ_\infty$ 类中 Δ 可为 $[0,\infty)$ 中任一值,这里 λ 是一个正实数。Ⅲ型因子中 Δ 只能是 0 和 ∞ 两个值。冯·诺伊曼和默里对非Ⅰ型代数进行分类的方法是引进超有限代数的概念。在冯·诺伊曼和默里的文章发表后的 30 年里,因子论方面几乎没有什么进展。到了 20 世纪 60 年代,情况有了很大改变,很多数学家对Ⅱ型和Ⅲ型因子的分类作出了推进,特别是 1962 年鲍尔斯(R. T. Powers)构造了一连续簇的两两互不同构的Ⅲ型因子。

孔涅在他的博士论文中,对Ⅲ型因子的分类问题取得了主要而又惊人的突破。他在鲍尔斯、阿拉基(H. Araki)、伍兹(E. J. Woods)以及克里格(W. Krieger)等人工作的基础上,对因子引入了他的 S 不变量——$[0,\infty)$ 的一个子集。这个 S 不变量把Ⅲ型代数再划分成 $Ⅲ_\lambda$ 型子类($0 \leq \lambda \leq 1$),从而提供了从结构上去观察的卓越思想。在此基础上,他又进一步提出怎样从

Ⅱ型代数及它们的同构来构造出Ⅲ$_\lambda$($\lambda \neq 1$)型代数。孔涅取得的一个结果是,这种一般的分类问题可归结为Ⅱ型代数及其(外)自同构的分类问题,他还进一步认识到,Ⅲ型代数是近似有限的,当且仅当构成它们的Ⅱ型代数是近似有限的。孔涅完成了Ⅲ型因子的分类,并且解决了冯·诺伊曼在其奠基性文章中提出的一系列因子论方面的问题。因此说,孔涅从根本上解决了冯·诺伊曼代数分类问题。另外,他还发现了这个理论的很多意想不到的应用。

孔涅在完成这项工作之后,转向了对算子代数、叶状结构以及指标定理之间关系的富有成果的研究。一个紧的有叶状结构的流形连同其上一个横截测度就自然对应一个冯·诺伊曼代数。孔涅证明了,与叶状结构的叶相切,并且在明显意义下是横切椭圆的微分算子,其核与余核可以看成这个冯·诺伊曼代数的射影。如果进一步假定横截测度是不变的,就可在该代数上造成一个迹,从而使之成为Ⅱ型(或在退化情形成为Ⅰ型)。特别是他用微分算子的向征(symbol)等拓扑不变量给出了一个数值的指标的简洁公式,它完全同阿蒂亚-辛格定理类似。后来,孔涅又去掉了关于不变横截测度的假定,得出了这个定理的更为一般、更为强有力的形式,这个结果用与叶状结构相伴的C^*代数及其K定理来描述。

孔涅还在非交换微分几何领域做了杰出的工作。几何学大致分为两大类:交换的和非交换的。交换的几何也就是建立在笛卡儿坐标系之上的几何,几何性质由定义在空间中的函数的代数性质来刻画,代数中的两个数是可以交换的,如$a \cdot b = b \cdot a$。但在算子代数中通常不具有交换的性质,如矩阵运算就不具有交换的性质。非交换微分几何是用微分形式的运算和流形的德拉姆同调来研究比通常的流形更复杂的空间的学科。这些空间有叶状结构的叶空间和有限生成的离散群(或李群)的对偶空间以及流形在离散群(或李群)作用下的轨道空间等,涉及的重要概念有非交换测度、陈氏特征指标以及横截椭圆算子等。孔涅在这方面的研究成果影响深远,近几年数学和物理学中的许多出色工作都与他的成果有关。例如,他的成果近来与超弦理论产生了关联并在其中得到了应用,威滕(E. Witten)利用他的结果导出了超弦的拉格朗日式。另外,孔涅还研究了非交换几何在物理学中的应用,他十分热衷于发展物理学的时空概念,认为它们不是点的集合而是一个非交换空间。他在非交换几何方面出版了一部700页的专著。

在拓扑学领域,孔涅与沙利文(D. Sullivan)和泰勒曼(N. Teleman)一道证明了用量子积分可以给出拓扑庞特里亚金类的局部公式。

在数论领域,孔涅对黎曼ζ函数的零点给出了谱解释,而对数论中的精确公式,则用几何观点解释为非常自然的非交换空间中的迹公式。关于黎曼ζ函数零点分布的著名的黎曼猜想,是数学中最困难的问题之一,它被菲尔兹奖得主斯梅尔列为21世纪的重大问题中的第一个问题。而另一位菲尔兹奖得主阿蒂亚则在《数学:前沿与前瞻》一文中称:"值得一提的是,孔涅用20世纪数学的整个机器重建黎曼猜想。"[76]由此可见孔涅在这一领域作出了多么重要的贡献。可以预见,孔涅在非交换几何中所发展的思想对黎曼猜想的最终解决将会起到重大的、甚至是决定性的作用。

除了菲尔兹奖以外,孔涅还荣获过许多大奖。1975年他荣获了爱梅·贝尔特奖,1976年获皮科-魏蒙奖,1977年获法国科学研究中心银质奖章,1980年获安培奖,1981年获法兰西电学奖。孔涅还于2001年荣获了瑞典皇家科学院颁发的克雷福德奖。在他之前获过此奖的数学家屈指可数,只有阿诺尔德(1982年)、尼伦伯格(1982年)、德利涅(1988年)、格罗滕迪克(1988年,但格罗滕迪克拒绝了此奖)、唐纳森(S. Donaldson,1994年)和丘成桐(1994年)。

孔涅分别于1974年、1978年和1986年在国际数学家大会上作了三次特邀报告。他的著述甚丰,迄今已发表过130篇有重要影响的学术论文。另外他还担任了《泛函分析杂志》、《数学创作》、《数学物理通讯》和《算子理论杂志》等著名数学刊物的编委。

孔涅爱好广泛,尤其喜爱音乐,更能弹得一手好钢琴。他虽已功成名就,但对数学的追求却从未停止过。他在最近写的文章《非交换几何和黎曼

ζ 函数》的序言中写道:"大张旗鼓地面对一个众人皆知的难题,将会冒很大的风险,以后人们记住他的将是他的失败,而不是别的。随着年龄的增大,我认识到'安全地'到达生命的终点是一种很好的自我保护的选择。"[75]但孔涅并不惧怕失败,更不怕因为失败而毁了一世英名,而是更加努力地去攻克最著名的难题——黎曼猜想。

孔涅对人类的智力活动、特别是数学家的数学思维有非常精辟的见解,他与尚热(J.-P. Changeux)有过一次著名的名为"大脑、物质和数学"的对话。尚热是巴黎巴斯德研究所分子神经生物学实验室主任,一位世界顶级科学家。他认为是"我们的大脑创造了所有的数学",[77]而孔涅则辩驳道,"数学的真实性和刻画它的一致性并不依赖于人类的大脑,它们比地球上的人类出现得更早。"[77]也就是说,根本的是个逻辑的本原性问题*。

在就哥德尔定理对神经生物学研究的意义进行评价时,孔涅说道:"这个定理定义了一种认知的限度……数目越大,认知的范围就越广……相反,人类的认知却是充满活力的:它每增加一次,我们就能回答更多的问题,并且在每一个新的分叉点进行抉择……其结果是认知的范围反而缩小了。我们不应该因为这个缘故而限制我们自己,或者让这个定理把我们搞得没有信心。"[77]

---

* 参考《上帝略影:大自然本原方法论、系统学及其应用》(高隆昌等著,中国国际文化出版社,2016年)第六章"6.4"节。

▲
瑟斯顿

William Thurston

> 瑟斯顿的文章反映了对于流形的代数几何特征、微分几何特征以及拓扑之间精巧联系的日益增长的研究兴趣。[55]
>
> ——莫纳斯特尔斯基

> 数学是一个非常美的领域,这是因为它的主要部分是由人类的心智构成的,你可以自由探索自己心中的数学世界,这不是很美吗?那里有真正的自由,正是这种自由才是数学美的力量所在。[78]
>
> ——瑟斯顿

瑟斯顿是美国数学家，1946年10月30日生于美国首都华盛顿。由于他在几何拓扑学，特别是在三维闭流形的拓扑分类方面的杰出贡献，于1982年荣获菲尔兹奖，时年36岁。

瑟斯顿1967年毕业于佛罗里达州萨拉苏塔新学院，这所学院在美国并不是很出名，但瑟斯顿却在这里得到了很好的发展，大学一年级时就发表了一篇学术论文。大学毕业后瑟斯顿进入加州大学伯克利分校读研究生，师从著名拓扑学家赫希和1966年菲尔兹奖获得者斯梅尔，并于1972年获博士学位。毕业后他先在普林斯顿高等研究院工作了一年，1973年任麻省理工学院助理教授，1974年成为普林斯顿大学教授，此时他才27岁。此后的18年里他一直在普林斯顿大学任教。1992—1997年他出任加州大学伯克利分校数学科学研究所所长（第一任所长是著名美籍华裔数学家陈省身教授）。从1997年起他一直担任加州大学戴维斯分校教授，从事教学和科研工作。2003年以来，他在康奈尔大学担任数学和计算机科学雅可布·古尔德·舒尔曼讲座教授。

瑟斯顿在叶状结构理论、克莱因群、三维流形理论、双曲几何学、复动力系统、组合论和计算机科学等众多领域都进行了极具独创性和先驱性的研究，刺激和推动了其他许多学科的发展。特别是1978年有关哈肯流形双曲结构存在定理的证明，显示了他广博的知识和罕见的才华，好几位大数学家出于赞赏甚至嫉妒，毫无顾忌地称他为"魔鬼"。下面简介瑟斯顿在三维闭流形的拓扑分类方面的工作，正是这些工作使他荣获了菲尔兹奖。

拓扑分类问题是数学中既重要又有趣，同时也非常困难的问题，至今未能完全解决。在众多的闭曲面中，球面显然会首先被想到。实际上，它可以作为构造其他闭曲面的出发点，其方法是在球面上剪去几块，然后再用适当的"补丁"将这些洞补上。当然，为了得到新的闭曲面，不能用刚剪下来的那种小圆片当"补丁"，而应当换用其他类型的曲面，如平环等。二维球面S^2是单连通的闭曲面，而且每个单连通的闭曲面都和S^2同胚。那么，用拓扑的观点来看，n维球面S^n具有什么特征呢？代数拓扑学奠基人、法国数学家庞加莱在1904年提出了一个猜想:单连通的三维闭流形必与S^3同胚。后人又接着猜想:当维数$n \geq 4$时,单连通的闭流形如果与S^n有相同的同调群,亦必与S^n同胚。这就是n维的庞加莱猜想,又称广义庞加莱猜想。这个猜想是拓扑学中最困难的问题之一。对此猜想的证明每前进一步都曾引起过拓扑学的一次跃进。1960年,斯梅尔证明了维数$n \geq 5$的庞加莱猜想;1981年,弗里德曼证明了四维的情形。但庞加莱原来提出的三维的猜想一直到2003年才被俄罗斯数学家佩雷尔曼(G. Perelman)解决。

对二维流形拓扑的研究,很大程度上依赖于能在它上面引进的几何结构,例如可把它作为复流形或常曲率黎曼流形来研究。瑟斯顿思想的独创之处就是把这一点推广到三维。他考虑了8种典型的几何结构,它们可以通过某些李群的齐性空间来引进。这些几何结构大多是具有负常曲率的罗巴切夫斯基几何。瑟斯顿提出任何紧三维流形的内部是一些子流形的并集,其中每个子流形都具有这8种类型的几何结构中的一种。瑟斯顿的这一猜想一旦得到证明,那么也就证明了三维庞加莱猜想。对于许多类流形,瑟斯顿证明了他的猜想,其中就包括所谓的哈肯流形。这种几何结构的存在使得我们拥有了一大批新技术来研究流形。例如,对于双曲流形(负常曲率流形),莫斯托刚性定理指出,基本群的同构型决定流形到流形的等距变换。我们可以应用这种类型的结果,通过把问题化为等距问题来研究几何的三维流形的同胚群。瑟斯顿证明了,对于哈肯流形M^3,如果还满足所谓"同伦无环面"的附加条件,则$\Pi_0(\text{Diff } M^3)$(M^3的微分同胚的和痕类集)是有限的,而且存在群的分裂$\Pi_0(\text{Diff } M^3) \to \text{Diff}(M^3)$,这样就可以有体积的概念,它在三维流形中的作用就像欧拉示性数在二维流形中的作用一样。瑟斯顿在研究过程中的一个突出成就是证明了长期悬而未决的史密斯猜想,设$\varphi: S^3 \to S^3$是保定向的微分同胚,且$\varphi^n = 1$,再假定映射φ有不动点,则φ的不动点集是一个无纽结的圈,且微分同胚φ共轭于某个等距映射。

瑟斯顿研究三维流形的方法与克莱因群和泰希米勒空间理论有紧密联系,他把研究叶状结构理论的方法引入了这个理论的研究当中,使得这个领域的专家们极感兴趣。

瑟斯顿提出的几何化问题对后来的数学家产生了极大影响,他在双曲几何方面的某些思想通过计算机图形学得到了解释,而且他的三维流形的几何化理论与复分析、数论和动力系统密切相关。1998年菲尔兹奖得主麦克马伦(C. T. McMullen)在这方面就得出了很深刻的结果。瑟斯顿几何化猜想,在2003年已由佩雷尔曼证明。

瑟斯顿的早期工作是在叶状结构理论方面。流形上一种最有趣的结构便是叶状结构,因为它既可以看作微分几何的一部分,也可以看作纯拓扑的一部分,还可以看作动力系统的一部分。n维微分流形 M 的一种叶状结构是指它的一个子集族 $F=\{L_t : t \in A\}$,并且具有以下3种性质:(1)如果 $t_1 \neq t_2$,则 $L_1 \bigcap L_2 = \phi$;(2)$M = \bigcup_{t \in A} L_t$;(3)$M$ 的每个点具有可微的局部坐标系。

如果一个流形有一种叶状结构,则可以证明它有许多叶状结构。但是叶状结构却极难构造。例如,如果具有光滑的余维为1的叶状结构,那么它特别有一个切超平面场,这样的一个超平面场存在的充分必要条件是流形的欧拉示性数退化。但是大多数切场与叶状结构是不相切的,它们是不可积系统。瑟斯顿在此领域解决了微分流形叶状结构的存在性问题,并得到了一系列结果,构造出不可数无穷多的叶状结构具有不可数无穷多的戈德比伦-维伊不变量,他利用新的几何技术把黑利夫格尔叶状结构理论推广到闭流形上以及计算分类空间的同调等等。作为一个推论,他得出了一个很漂亮的结果:n 维紧致流形上存在一个光滑的 $n-1$ 维叶状结构的充分必要条件是,这个流形的欧拉示性数等于零。

特别需要指出的是,瑟斯顿对计算机情有独钟,他在对流形进行分类时,就利用了计算机编程,这一工作被认为是继证明四色猜想之后又一次在数学中应用计算机的重要工作。实际上,他在普林斯顿大学读研究生时就开始尝试用计算机帮助解决一些数学问题,例如使用计算机进行为理解辫子及曲面的同胚映射等的结构而做的实验。

瑟斯顿对数学有许多独到的见解,他曾指出:"数学是满足下列几条的最小的学科:

(1) 数学包含自然数、平面几何和立体几何;

(2) 数学是数学家研究的事物;

(3) 数学家是这样一些人,他们推进人类对数学的认识。"[79]

在谈到如何理解数学时,瑟斯顿指出:"这是一个非常困难的问题,理解是一种个体的、内在的活动,难于完全地觉察到,难于弄明白……人们常常用十分不同的方法去理解一件件特殊的数学工作,为了解释这一点,最好是举一个实践中以多种方式来理解数学的例子,而不是看我们的学生是如何做的,为此,函数的导数是最合适的例子,导数可以被看作:

(1) 无穷小的观点:函数值的无穷小改变量与变元的无穷小改变量之比;

(2) 符号的观点:x^n 的导数是 nx^{n-1},$\sin x$ 的导数是 $\cos x$,$f(g(x))$ 的导数是 $f'(g(x))g'(x)$ 等;

(3) 逻辑的观点:$f'(x) = d$,当且仅当对于每个 ε,存在一个 σ,使得当 $0 < \Delta x < \sigma$ 时,$\left|\dfrac{f(x+\Delta x) - f(x)}{\Delta x} - d\right| < \varepsilon$;

(4) 几何的观点:当函数的图像有切线时,导数是切于函数图像直线的斜率;

(5) 速率的观点:当 t 是时间时,导数是 $f(t)$ 的瞬时速度;

(6) 逼近的观点:函数的导数是在一点附近函数的最好的线性逼近;

(7) 微观的观点:函数的导数是从一个倍数越来越高的显微镜下看到的函数的极限。"[79]

在谈及什么东西推动人们去研究数学时,瑟斯顿说:"即使人们狭隘地认为我们正在生产定理,队伍也是重要的。拿踢足球作比喻,一场足球赛可能踢进一两个球,它是由一两个人实现的,但这并不表明其他人的努力是多余的。在足球队里,我们不是只按能不能踢进球来评价球员的,我们是按这个队的表现来评价整个队的。"[79]

在被问及"对最近几何学与物理学的交流有什么样的感觉"时,瑟斯顿回答:"非常之好,根据我的经验,数学远离其他学科并不是好事,它们之间由于大学体制的关系而过于隔离了。大学的数学系(数学教研室)中只有数学家的讨论而不去与其他领域的研究者讨论。实际上与物理学家、化学家、生物学家以及计算机科学工作者谈话时,我从他们那里受益匪浅,我始终认为这是很有意义的交往。通过与物理学的联系,数学始终充满活力,而数学对物理学各方面的贡献也的确令人惊讶,我觉得数学有必要与更多的领域进行交流。"[78]

瑟斯顿在学术上成就卓著,他的代表性著作《三维流形的几何与拓扑》在数学界产生了重大影响。

1976年,瑟斯顿获得了美国数学会5年颁发一次的维布伦几何奖,以表彰他在叶状结构方面的工作。1979年,他又荣获了沃特曼大奖,以奖励他在拓扑学领域的杰出贡献。他是继费弗曼之后第二位荣获这份15万美元奖金的数学家,他于2005年荣获美国数学学会首届图书奖,2012年荣获美国数学学会的斯蒂尔奖。

瑟斯顿于2012年8月21日在美国纽约因癌症逝世,享年65岁。

▲ 丘成桐

Yau Shing-Tung

丘成桐……除了他高超的技巧能力及深厚的功底外,他的工作表现出了不起的勇气。[80]

——尼伦伯格

应用科学需要数学。但同时,数学本身也是一门艺术。[81]

许多猜想的提出是试图知道正确的方向是什么样的。[81]

——丘成桐

丘成桐是美籍华裔数学家,1949年4月4日生于广东汕头。由于他证明了微分几何中的卡拉比猜想,证明了广义相对论中的正质量猜想以及在高维闵可夫斯基问题、弗兰克尔猜想、极小曲面等方面的贡献,于1982年荣获菲尔兹奖,时年33岁。由于他在几何分析方面的贡献对几何和物理的许多领域产生了深远而引人瞩目的影响,于2010年荣获沃尔夫数学奖,时年61岁。

丘成桐出生后不久,他们全家就移居香港。丘成桐早年丧父,家里兄弟姐妹共有7个,生活比较困难。在香港上中学时,他家住郊外,每天上学途中要花费很多时间。丘成桐说:"我真正开始对数学有兴趣是在中学念平面几何的时候。"[173]"我上小学并未显露超乎常人的数学天赋,……在13岁那年,情况发生了变化,平面几何的简洁优雅令我怦然心动,从简单的公理可以导出美好复杂的定理。于是,我兴致勃勃地开始自己推导几何定理。而且尝试着提出一些有趣的结论,试图证明之。"[174]"对几何的狂热,提高了对数学包括代数的鉴赏能力。"[175]上中学时,他就能一边上学,一边替别人补习功课以挣钱贴补家用。1965年,丘成桐考入香港中文大学数学系,他非常勤奋刻苦,仅以两年时间就学完了数学系4年的课程。当他"无课可上"的时候,数学系的一位外籍教师沙拉夫(S. Salaff)给美国加州大学伯克利分校的萨拉松(D. Sarason)教授写信,推荐丘成桐到那里去深造。可是,萨拉松教授在提议录取丘成桐时遇到了困难,因为丘成桐还没有取得大学毕业文凭。陈省身教授大力推荐,不仅使该校破格录取了丘成桐,而且还为他争取了一笔奖学金。之前陈省身教授并未遇到过丘成桐,直到丘成桐收到伯克利录取信两个月之后,他们才初次见面——陈省身教授于1969年6月访问香港并接受香港中文大学名誉博士学位。

丘成桐在陈省身教授的亲自指导下,在数学上取得了长足的进步,仅两年多一点时间,他便于1971年获得了博士学位,当时年仅22岁。1971—1972年丘成桐在普林斯顿高等研究院从事研究工作,1972年任纽约州立大学助理教授,1973—1974年在斯坦福大学任助理教授,1974年成为斯坦福大学副教授，1977年晋升为教授，1979年回到普林斯顿高等研究院任教授，1984年任加州大学圣地亚哥分校教授和系主任，1987年起任哈佛大学教授，2008年起任哈佛大学数学系主任。

丘成桐1982年当选美国艺术与科学研究院院士，1993年当选美国国家科学院院士，1994年当选中国科学院首批外籍院士，2003年当选俄罗斯科学院外籍院士，2005年当选意大利国家科学院外籍院士。丘成桐被众多所著名大学授予名誉博士，被多所著名大学聘为名誉教授。

丘成桐是公认的当代最具影响力的杰出数学家之一。他是一位具有分析学家气质的几何学家（或者说是具有几何学家气质的分析学家）。他具有高超的分析技巧，他用一种根本性的全新方法将偏微分方程、几何和数学物理结合起来，塑造了几何分析领域。在微分几何、偏微分方程、代数几何、代数拓扑等数学分支中都取得了骄人的成就。沃尔夫奖的颁奖指明：丘成桐"几十年来一直非常'高产'"。

下面仅简要介绍他所取得的几个主要成就。

（1）他证明了卡拉比猜想。卡拉比猜想是意大利裔美籍数学家卡拉比（E. Calabi）于1954年提出的，涉及证明紧凯勒（Kähler）流形上具有给定体积形式的凯勒度量的存在性。其分析问题是证明一个高度非线性的椭圆型方程的解的存在性。丘成桐给出的解法从精神实质上看是经典方法，也即通过先验估计。他所做的关于这些估计的推导可以说是一次雄厚数学基础的展示。如今，以他的姓氏命名的"卡拉比-丘流形"已成为数学和理论物理经常用的基本概念，并成为弦理论的基石，旨在理解物理力量在高维空间的作用。特别是丘成桐与连文豪、刘克峰合作证明了弦论学家提出的著名的镜对称猜想，这些公式给出了用对应的镜像流形上的皮卡德-富克斯（Picard-Fuchs）方程表示的一大类卡拉比-丘流形上有理曲线数目的显式表达。

（2）他证明了正质量猜想。正质量猜想来自广义相对论，其物理内容如下：具有非负局部质量密度的孤立引力体系，在空间无穷远处所测得的引力总质量也必非负。该问题涉及大范围黎曼几何学和非线性椭圆型偏微分方程。丘成桐开创了将极小曲面方法应用于几何与拓扑研究的先河。通过对极小曲面在时空中行为的深刻分析与孙理察(R. Schoen)一起,创造了有力的分析工具,应用微分几何方法,运用非线性方程的技巧,圆满解决了这个问题。这一问题的解决涉及构造整体的极小曲面以及对其稳定性和在无穷远处的性质进行研究,并广泛应用在时空全局几何的研究之中。

(3) 丘成桐与郑绍远合作证明了实与复的蒙日-安培(Monge-Ampere)方程解的存在性,并证明高维闵可夫斯基问题,他们还构造出 C^n 中拟凸域里具有给定里奇曲率的爱因斯坦流形,这需要有高超的分析技巧及卓越的估计能力。这一研究对黎曼几何、凯勒代数、几何以及代数拓扑至关重要。

(4) 丘成桐与肖荫堂合作,利用极小曲面对弗兰克尔(Frankel)猜想给出了一个漂亮的证明。这个猜想是说:具有正全纯双截面曲率的完全单连通凯勒流形,双全纯等价于复射影空间。在此之前弗兰克尔猜想曾由森重文(M. Shigefumi)用代数几何学方法证明过。

(5) 丘成桐与米克斯(W. H. Meeks)利用三维流形的拓扑方法解决了极小曲面经典理论中的一些老问题。特别是解决了三维流形极小曲面的一个著名问题,即一条极值若尔当(Jordan)曲线的极小圆盘的普拉托(Plateau)问题的道格拉斯(Douglas)解,当边界曲线是一个凸边界的子集,那么它在三维空间中是嵌入的。他们接着证明这些嵌入极小曲面在有限群作用下是等变的。反过来,他们又利用极小曲面理论得出了三维拓扑学的一些结果,包括德恩引理、等变环圈定理和等变球面定理等。他们的工作与瑟斯顿(W. Thursion)的工作相结合,还可以推出著名的史密斯猜想。

(6) 丘成桐与乌伦贝克(K. Uhlenbeck)合作证明了任意紧致凯勒流形上稳定丛的赫米蒂亚-爱因斯坦(Hermitian-Einstein)度量的存在性,推广了唐纳森(S. Donaldson)关于射影代数曲面以及纳拉辛汉(Narasimhan)和塞沙德里(Seshadri)关于代数曲线的结果。

(7) 丘成桐还证明了塞梵利猜想,发现了宫冈(Miyaoka)-丘不等式。

美国著名数学家尼伦伯格指出:"丘成桐工作……通常涉及一些极端困难的有高度技巧的拓扑问题及分析问题。除了他高超的技巧、能力及深厚的功底外,他的工作表现出了不起的勇气。"[80]

沃尔夫颁奖说明中还谈到,除了学术上的成就,丘成桐"之所以在世界范围的数学研究方面有巨大影响,还因为他培养了为数众多的研究生,建立了好几个活跃的数学研究中心"。[176]迄今,他已培养了40多位博士(其中有多位是华人),他们中不少人已成为国际知名的数学家。

丘成桐除了荣获菲尔兹奖、沃尔夫数学奖以外,还先后在1981年荣获了美国数学会颁发的维布伦几何奖和美国国家科学院奖,1985年荣获麦克阿瑟奖,1994年荣获瑞典皇家科学院颁发的克雷福德奖,1997年荣获美国国家科学奖章,2003年荣获了中华人民共和国国际科学技术合作奖。

丘成桐对数学发表了不少精辟的见解。他说:"数学是系统地、量化地来解释大自然现象的一门科学。……数学是描述大自然的唯一语言。"[173]"数学是一门很有意义、很美丽、同时也很重要的科学。从实用来讲,数学遍及物理、工程、生物、化学和经济,甚至与社会科学有很密切的关系,数学为这些学科的发展提供了必不可少的工具;同时数学对于解释自然界的纷繁现象也具有基本的重要性;可是数学也兼具诗歌与散文的内在气质,所以数学是一门很特殊的学科。它既有文学方面,也有应用方面,也可以对于认识大自然作出贡献。"[177]"数学本身也是一门艺术。"[178]关于当代数学发展的趋势,他指出:"20世纪数学发展中,多元函数或多维流形始终是主流。其研究要联合使用许多数学工具。随着多维流形研究的发展,逐渐地人们认识到无穷维流形是自然的研究对象。"[179]他说:"几何上的非线性分析已汇成大流,它于探讨自然之美的作用不容低估。最近的进展更显示它在物理及其他应用科学中的重要性。"[175]他还指出:"非线性现象是21世纪的研究对象"。[180]"弦理论企图统一重力场和其他所有场。在21世纪基本数学会遇到同样的挑战。……基本数学的大统一,只有在各门分支大统一时,所有分支才会放出灿烂的火花,每一门学科才会得到本质上的理解。"[180]"数学的统一是现代数学的趋势。"[181]"现代计算机也提出了许多有趣的数学问题。可以想象对计算机算法的认识将会导致深刻数学理论的产生。"[179]

丘成桐极为关心祖国数学事业的发展,炎黄子孙的拳拳爱国之心经常体现在他的言谈、文章和行动中。1995年5月,丘成桐在中国数学会60周年年会开幕式上接受中国科学院颁发给他外籍院士证书时说:"今天很荣幸地在这里接受外籍院士证书。首先,我要感谢我的指导老师陈省身先生,他今天和我一起接受了外籍院士证书。感谢他多年来的栽培。……我也期望自己能够多多帮忙,促进国内数学的发展,因为无论在什么情形下,我还是把自己看作中国籍的人士;同时,虽然我是一个美籍人士,但数学是无国籍界限的。"[82]他2004年在"科技奖励国际论坛"上说:"中国文化博大精深,对我有很大的影响。我引以自傲的是,祖国源远流长、迄今犹自欣欣向荣的文明。我虽然毕生研究基础科学,但亦以推广普及科学为己任,对与祖国有关的工作,尤其珍惜。"[37]

1993年,他和陈省身教授一起,向中国国家领导人和中国数学会建议,在20世纪末或21世纪初,争取由我国举办一次国际数学家大会。经过大家的共同努力,国际数学家大会于2002年8月在北京成功举行,这也是在发展中国家首次举行的国际数学家大会。丘成桐于1993年创建香港中文大学数学研究所,1996年帮助创建中国科学院北京晨兴数学中心,2002年创建浙江大学数学科学中心,2009年创建清华大学数学科学中心。他是这四大研究机构的主任或学术委员会主任,定期展开工作视察,作报告,指导学生,组织学术会议与暑期学校等。

为了增进华人数学家的交流与合作,丘成桐发起组织国际华人数学家大会,自1998年第一届大会以来,每三年举行一届。他极为重视培养和发现年轻数学人才。从2007年第四届国际华人数学家大会开始,正式设立面向大学本科生、硕士生、博士生的新世界数学奖。他2008年设立丘成桐中学数学奖,2010年开始主办丘成桐大学生数学竞赛。

丘成桐还对我国数学界的有关问题提出了不少诚恳的意见。例如,他说:"我们评论数学人才的时候,不要单找记者,或者一些领导(我不是有意侮辱我们的领导),我是期望我们能够由内行的人来评审我们的数学人才。这是向前进展的一个主要的、坚决的、很正常的步骤。假如我们能够好好地把我们的评审和资助工作弄好的话,10年,顶多15年,我们就可以将我们国家的数学带到世界的最前面,我觉得是没有问题的。至于我和我的朋友,甚至外国的朋友,都是很愿意帮助我们的数学发展的。"[82]他还说:"大部分中国的高中已经不再教平面几何了。也许他们正在借鉴美国改革者的做法。然而,这会造成对理论科学有兴趣的中国人的人数必然下降,也可能造成逻辑教学的减少。"[182]

丘成桐指出:"在很长一段时间,在中国做研究的教授都认为他们唯一的任务乃是从事研究,对教学不屑一顾。其实教学相长,我觉得大学没有要求每个教授必须教课,是愚不可及的。我认为适当教学乃是研究不可缺少的部分。教学不仅可以支持研究,而且在与年轻人相处的过程中,往往亦能迸发出新的想法。"[183]他还说:"我深信,与伟大科学家相识相知是年轻才俊跻身一流的重要保证。或许也有例外,但多数时候是'大科学家造就大科学家'。就我而言,只要有机会,总是尽可能去听第一流科学家的演讲。"[174]

2004年3月24日,丘成桐在"2003年度中华人民共和国国际科学技术合作奖"的颁奖仪式上说:"人格教育和专业教育必须并重,才能够成就一个伟大的民族,在国家领导下,21世纪将会是中华民族发挥潜力的伟大时代。……愿中华民族自强不息,领导全世界进入天下大同的社会。"[37]

唐纳森

Simon Donaldson

> 这么年少的一个数学家在很短的时间内可以理解与驾驭那样广泛的思想与技巧并出色地使用它们,这真令人惊讶而鼓舞,它象征着数学并没有失去它的统一性与生命力。[83]
>
> ——阿蒂亚

> 微分几何学的新动向是由来自物理学的思想所刺激的。[84]
>
> ——唐纳森

唐纳森是英国数学家,1957年8月20日生于英国剑桥。由于他对低维拓扑学作出了重要贡献,特别是证明了四维流形存在怪异结构,于1986年荣获菲尔兹奖,时年29岁。

唐纳森于1970—1975年就读于肯特郡的塞文欧克斯中学,之后进入剑桥大学彭布罗克学院,1979年获学士学位。他的一位督学谈起他时,说他是一名非常出色的学生。在学校时唐纳森的身上总是背着小提琴匣子,这使他非常引人注目。1980年,唐纳森进入牛津大学伍斯特学院读研究生,起初他的导师是希钦(N. Hitchin),后来他又师从著名数学家阿蒂亚,他在读研究生二年级时已取得重大成果,即发现具有怪异微分结构的四维欧氏空间。唐纳森于1983年获博士学位,1983—1984年在普林斯顿高等研究院访问一年,1985年起任牛津大学教授。1986年他当选英国皇家学会会员。1999年唐纳森到伦敦帝国学院任教授,现在是伦敦帝国学院数学研究所所长。

要描述唐纳森的工作,我们必须先来解释什么是流形的怪异结构。

流形的概念最早是由黎曼在1854年提出的,指的是一类特殊的连通豪斯多夫仿紧的拓扑空间,在此空间每一点的邻近都有一个坐标系,使得任何两个(局部)坐标系间的坐标变换都是连续的。若坐标变换是连续可微的,则称为微分流形。例如标准的n维欧氏空间R^n和n维标准球面S^n等。两流形M和N间的一个同胚映射是指一个一对一的映射$f:M \to N$,使得f和f^{-1}均为连续。如果存在这样一个映射,就说M和N同胚。如果再要求f及f^{-1}为C^∞可微,则有微分同胚映射,这时则说M与N微分同胚。显然,微分同胚的流形一定同胚,但反过来又怎样呢?对于一微分流形M,如果有一流形N与它同胚,但不微分同胚,我们就说M有一个怪异微分结构。

不难证明,任一一维流形都只有唯一的微分结构(它总是由圆和直线联合构成)。二维流形的描绘也比较简单,因此如果说它也只有唯一的微分结构,这也不难想象。而三维流形的分类是一个尚未解决的难题,尽管如此,人们还是知道它只有一个唯一的微分结构,这个结果来自关于三维流形的主猜想(每一个三维流形只有唯一的组合结构)以及每一个三维的组合结构只有一个唯一的微分结构。在这一历史背景下,1956年米尔诺发现了七维怪球,即给出了与七维标准球面同胚但不微分同胚的流形,这一令人惊讶的结果为他赢得了1962年的菲尔兹奖,也开创了一个全新的拓扑学分支——微分拓扑学。而1966年的菲尔兹奖得主斯梅尔则证明了高维庞加莱猜想,即当$n \geq 5$时,与n维球面S^n有相同同调群的单连通光滑闭流形与S^n是同胚的。至此,就只剩下三、四维的情形了。由于在三维流形上的出色工作,瑟斯顿于1983年获得了菲尔兹奖。这里必须指出,低维拓扑(三、四维)比高维拓扑的研究要困难得多,因为低维拓扑结构更为微妙与复杂。

唐纳森证明了如果一个光滑紧致单连通四维流形的相交型正定,则可以在环Z对角化。这个结果与弗里德曼的工作结合在一起,便可得出四维空间存在怪异结构,即存在与标准欧氏空间$\boldsymbol{R}^4$拓扑同胚但不微分同胚的微分流形。怪异的四维空间的出现对量子场论有重要意义。这个结果令人特别惊讶的原因是,$n = 4$是唯一使得那样的怪异结构存在的维数。那么唐纳森又是如何发现四维流形上存在怪异结构的呢?

唐纳森所采用的是全新的方法,这些方法来自理论物理学,是以杨-米尔斯方程的形式出现的,这些方程基本上是电磁理论中的麦克斯韦方程的非线性推广,并且是一个自然的几何泛函的相伴变分方程。微分几何学者们研究纤维丛上的联络与曲率,而杨-米尔斯泛函正是曲率的L^2范数。若纤维丛的群是圆,则得到线性的麦克斯韦理论,但对非交换李群,则得到非线性理论。物理学家们感兴趣的这些方程,在闵可夫斯基时空上是双曲的,在四维欧氏空间上是椭圆的。在欧氏空间的情形中,给出的极小值的解称为瞬子。唐纳森的高明之处在于用瞬子作为一般四维流形上的一种新的几何工具。他发现了全新的现象并证明了杨-米尔斯方程可以完美地用来研究与探索四维拓扑的结构。

几何学研究中使用微分方程不是新鲜事,经典的例子有测地线与极小曲面的研究,这时微分方程的解是作为几何现象来使用的,它依赖于有限个连续参数。唐纳森用这些瞬子参数构成的非线性空间作为几何工具。瞬子是调和形式的一个自然的非线性推广。对于线性的情形,参数空间是线性的且由其维数确定;而对于非线性的情形,参数空间包含更多的信息,从拓扑学的角度来看,它是一个有趣的流形。唐纳森的成功取决于他对杨-米尔斯方程的分析学有透彻的了解。相关的存在性、正规性和连续性定理都是很细致的结果,涉及局部与整体两方面。而陶布斯(C. H. Taubes)与乌伦贝克(K. Uhlenbeck)为这方面提供了分析的基础,于是就可以把瞬子作为一个有效的几何工具来使用。唐纳森发现,一个瞬子序列其极限可为狄拉克 δ 函数,于是 δ 函数不再被认为是讨厌的奇点,它是联系四维流形与瞬子参数空间的关键。当唐纳森证明他的这个结果时,他还不清楚瞬子是否可用于更一般的用途。后来他用卓越的见识和深刻的技巧发展与发掘了瞬子理论并取得了巨大成功。他将其结果推广到非定相交矩阵的情形,从而对四维流形的拓扑加上了更多的限制。在另一方向上他也发现了四维流形新的不变量。这些不变量可以用来区别拓扑等价的光滑流形。

设 M 是可定的、单连通的可微四维流形。b_2^+ 和 b_2^- 是 $H_2(M)$ 上的二次(相交)型对角化后"+"和"−"项的个数。对于一个复代数曲面,根据霍奇定理,$b_2^+ = 1 + 2p_g$,其中 p_g 是几何亏格(独立的全纯 2 形式的个数),因此当 $p_g \neq 0$ 时,可以假定 b_2^+ 是奇数且 $b_2^+ \geq 1$。

唐纳森不变量是 $H_2(M)$ 上的一系列整多项式 ϕ_k,其中 $k > k_0$,ϕ_k 的次数为

$$d(k) = 4k - \frac{3(b_2^+ + 1)}{2}。$$

唐纳森提出的下面两个定理指出了以上不变量的效用。

定理 1:如果 $M = M_1 \# M_2$ 是连通和,满足 $b_2^+(M_i) = 0, i = 1, 2$,则对所有 $k, \phi_k(M) = 0$。

定理 2:如果 M 是代数流形,则对于 $k_1 > k_2, \phi_k(M) \neq 0$。

这两个定理表明,作为光滑流形的代数曲面基本上是不可分解的。唐

纳森不变量是利用瞬子来定义的,一般说来不可能直接计算出来,然而对代数曲面是可以用代数方法计算出来的。对于非代数的不可分解的四维流形,计算唐纳森不变量是非常重要的问题,它与三维同调球的弗洛尔同调群紧密相联。唐纳森正是利用这些不变量找出了两个同胚但不微分同胚的代数曲面,其中之一是有理曲面。

在唐纳森之前,数学家和物理学家们都被一个重要的问题所困扰,即四维欧氏空间的所有瞬子是什么?唐纳森将此与复射影平面上的代数向量丛挂钩,从而解决了这一问题。他还用类似的思想解决了一个相关但更困难的物理问题,即磁单极子问题,证明了磁荷 K 的单极子构成的参量空间可与 k 次单复变量的有理函数组成的空间等同。

唐纳森在拓扑四维流形上的关于微分结构的不变量后来被威滕利用磁单极子模空间重新证明并大加推广。菲尔兹奖得主阿蒂亚 1986 年在国际数学家大会上介绍唐纳森的工作时说道:"唐纳森开辟了一个全新的领域,并发现了四维几何中难以预料与神秘的现象。还有,方法是新的而且非常微妙,它要用到困难的非线性偏微分方程。在另一方面,这理论坚定地处于数学的主流,与过去有联系,结合理论物理的思想,并美妙地与代数几何联系。"[83]他指出:"当唐纳森发现他在四维流形方面取得的最初几个结果时,对几何学家与拓扑学家们来说,他的思想是那样的新颖与陌生,以至于他们在迷惑似的敬佩中注视着,渐渐地信息传播开了。而现在唐纳森的思想开始被其他人用不同的方式使用了。"[83]

除了菲尔兹奖外,唐纳森还获得过许多大奖。1985 年他获得了伦敦数学会颁发的怀特海奖,1991 年获得了剑桥哲学会颁发的霍普金斯奖,1992 年获得了英国皇家学会颁发的皇家金奖,1994 年获得了瑞典皇家科学院颁发的克雷福德奖,2006 年荣获费萨尔国王国际科学奖,2009 年荣获邵逸夫奖。

现在大家已经知道三维、四维及高维流形的拓扑结构非常不同,但究竟为什么会这样呢?唐纳森认为:"拓扑学家们知道如何对高维流形讨论比相交结构更深刻的性质,一方面使用比同调更细致的不变量,另一方面找比庞加莱猜想更强的约束。可是高维的理论在四维都化为泡影。更精确些说,弗里德曼的著名工作从纯拓扑学者的眼光来看,四维流形还像高维流形,因为它们的思想是建立在连续、收敛和开集等概念之上的,但用微分拓扑学者的眼光来看,它们的手段是建立在微分运算和光滑函数上的,因而四维流形就过于刚硬而无法施展高维的技巧,谁也不知道四维流形的微分拓扑应具有何种形式。"[84]

唐纳森先后于1986年和2018年应邀在国际数学家大会上作了长达一小时的大会报告,这说明20多年来他的研究工作一直处于数学研究的前沿。

法尔廷斯

Gerd Faltings

> 最近数学领域的一个伟大时刻就是法尔廷斯揭示了一套思想而导致他得出莫德尔猜想的证明。[85]
>
> ——马祖尔(B. Mazur)

> 近年来,算术代数几何的一些最高成就是:高斯-扎吉尔定理,塔特、沙法列维奇和莫德尔猜想的证明,p 进表示,算术簇在无穷远点的结构。[86]
>
> ——法尔廷斯

法尔廷斯是德国数学家，1954年7月25日生于德国盖尔森基兴-布尔市。他由于对代数几何学作出的贡献，特别是揭示了一套思想而导致他得出莫德尔猜想的证明，于1986年荣获菲尔兹奖，时年32岁。

法尔廷斯在家乡读完中学之后，就进入明斯特大学学习数学和物理，1978年获得博士学位，然后去美国哈佛大学做了一年访问研究员，1979—1982年回国在伍珀塔尔大学任教授，1983年参加了波恩马克斯·普朗克数学研究所组织的数学讨论班，1985—1991年任普林斯顿大学教授，1995年回德国波恩任马克思·普朗克数学研究所研究员和所长。

法尔廷斯对代数几何学作出了杰出贡献，特别是他于1983年证明了莫德尔猜想。

代数几何学的起源是从关于平面中的代数曲线的研究开始的。对于一条平面曲线，人们首先注意到的一个数值不变量是它的次数，即定义这条曲线的方程的次数。由于次数为1或2的曲线都是有理曲线（即在代数几何意义下同构于直线的曲线），我们一般认为，代数几何学研究是从19世纪上半叶关于三次或更高次的平面曲线的研究开始的。例如，阿贝尔在1827—1829年关于椭圆积分的研究中，发现了椭圆函数的双周期性，从而奠定了椭圆曲线的理论基础。另一方面，雅可比（C. G. J. Jacobi）研究了椭圆积分反函数问题，他的工作是代数几何学中许多重要概念的基础（如曲线的雅可比簇、θ函数等）。

1857年，黎曼引入并发展了代数函数论，从而使代数曲线的研究获得了一个关键性的突破。黎曼把他的函数定义在复平面的某种多层复迭平面上，从而引入了所谓黎曼曲面的概念。用现代的数学术语讲，紧黎曼曲面就一一对应于抽象的射影代数曲线。运用这个概念，黎曼定义了代数曲线的一个最重要的数值不变量：亏格。这也是代数几何学历史上出现的第一个绝对不变量（即不依赖于代数簇在空间中嵌入的不变量）。

莫德尔猜想是由英国著名数学家莫德尔于1922年提出的。莫德尔猜想断言：数域上亏格大于1的曲线仅有有限多个有理点。该猜想也可以表述为:如果 K 是任何数域,X 是 K 上定义的亏格大于 1 的任何曲线,则 X 只有有限多个 K 有理点。

这个猜想的表述是如此简明,半个多世纪以来,它一直"诱惑"和刺激着不少数学家。早在 20 世纪 20 年代,韦伊和西格尔就打算攻克这一猜想。1928 年,韦伊在他的博士论文中推广了莫德尔 1922 年提出的一个定理,把它由一条椭圆曲线上的有理点群的有限生成性推广到任意维数的阿贝尔簇上。当时,韦伊希望运用这个对于一条曲线雅可比簇上的有理点有限生成的结果,进一步证明:当一条亏格大于 1 的曲线嵌入它的雅可比簇之中时,只有有限多雅可比簇上的有理点能够位于此曲线上;但是他并没有找到证明这点的方法。在韦伊的博士论文的影响下,西格尔用丢番图逼近方法证明了如果 f 在 K 上定义一条亏格大于 0 的曲线或者亏格为 0,多项式方程 $f(x,y)=0$ 整数解(即在数域 K 的整数环中的解)的数目是有限的,但至少有 3 个无穷远点的曲线。

虽然韦伊和西格尔当时未能证明莫德尔猜想,但是他们为此留下的"足迹"是不可磨灭的。

在韦伊和西格尔完成上述工作之后的 30 年间,对莫德尔猜想的证明几乎没有什么大的进展。20 世纪 60 年代和 70 年代,代数学、代数几何学和数论领域出现了不少新的成就,这些成就培育并激励着法尔廷斯,他运用了一大批数学家的思想、方法和成果(其中包括格罗滕迪克、塞尔、芒福德等人的思想),通过细致、严谨的论证,于 1983 年成功地证明了莫德尔猜想,时年还不到 30 岁。他的论证来回穿梭于关于阿贝尔簇的沙法列维奇猜想和塔特猜想之间,其中有两个理论是论证的关键:一个是"高度理论",该理论于 1928 年由韦伊创立,作为"计数"阿贝尔簇的有理点的技术在他的莫德尔-韦伊定理证明中的关键之处用到,这个理论后来由诺罗(A. Noron)和泰特(J. Tate)进一步发展,不久前在阿拉克洛夫(S. Yu. Arakelov)的工作中结出了一个新的"花样";另一个理论是"P 可除群理论"(更一般地讲,是指标为 P 的群概型),该理论由塞尔和泰特合作完成,巴尔索蒂(Barsotti)于 20 世纪 60

年代中期也独立提出了这一理论,它提供了一种技术来分析阿贝尔簇上 P 幂挠点当特定化到特征 P 时是如何退化的。

法尔廷斯所揭示的一套思想不但导致了他得出莫德尔猜想的证明,同时还使他证明了另外两个重要猜想,即沙法列维奇猜想(在数域上只有有限多个具有给定维数的阿贝尔簇,使得其不好的约化只在规定的轨迹中出现)和数域上阿贝尔簇的自同态的泰特猜想[如果 A 是定义于域 K 上的只有有限多个具有给定维数的阿贝尔簇,π 是 K 的绝对伽罗瓦群,则相应的 π 的 Q_l 进表示 $V_l(A)$ 是半单的,且 $\text{End}_k(A) \otimes_z Q_l \cong \text{End}_\pi(V_l(A))$]。

法尔廷斯所使用的方法和获得的成果,不仅对代数几何学有极大的贡献,而且也翻开了数论的新篇章。他对莫德尔猜想的证明的一个直接推论是费马方程 $x^n + y^n = 1$ 在 $n \geq 4$ 时最多只有有限多个非零有理解,从而使费马猜想的研究获得了一个重大突破。当英国数学家怀尔斯撰写的论文《模椭圆曲线和费马大定理》以及怀尔斯和泰勒(R. Taylor)合写的论文《某些赫克代数的环论性质》于 1995 年 5 月在《数学年刊》上正式发表之前,其预印本是在 1994 年就送请法尔廷斯审查并认可后才公之于世的。

法尔廷斯在数学上的建树,无论是涉及阿贝尔簇的参模空间,还是算术曲面的黎曼-罗赫定理,或者 p 进霍奇理论,都说明他是一位极富创造力的数学精英。他的成就得到了国际数学界的高度评价。美国哈佛大学数学教授马祖尔 1986 年说:"最近数学领域的一个伟大时刻就是法尔廷斯揭示了一套思想而导致他得出莫德尔猜想的证明。"[85]数学家斯潘塞(B. Spencer)指出:"法尔廷斯证明了莫德尔猜想,从而翻开了数论的新篇章,事实上,他的文章还同时解决了另外两个重要的猜想,即塔特猜想和沙法列维奇猜想,这具有同等重大意义的成就……"[87]著名法国数学家、菲尔兹奖得主塞尔 1995 年指出:"一个证明中所采用的方法有许多应用:我确信法尔廷斯的证明属于这种情况。"[88]戴维(H. David)指出:"法尔廷斯关于阿贝尔簇的高度理论性的工作也可能是更重要的。"[89]

1986 年在美国伯克利举行的国际数学家大会上,法尔廷斯应邀作了大会报告,其报告的题目是"算术代数几何的最近进展"。他言简意赅地指出了近年来算术代数几何的一些最高成就是:高斯-扎吉尔定理,塔特、沙法列维奇和莫德尔猜想的证明,p 进表示,算术簇在无穷远点的结构。他的报告对数学界同行有很大启发。

2015年法尔廷斯荣获了邵逸夫数学科学奖。

▲ 弗里德曼

Michael Freedman

> 弗里德曼1982年给出的四维庞加莱猜想的证明真是一项非凡的杰作。[90]
>
> ——米尔诺

> 今天我认为我们都能够感受到来自不同分支的思想汇聚在一起所产生的数学的强大力量。数学作为一种思维已不再是不同科目的组合，它可应用到任何知识领域。[91]
>
> ——弗里德曼

弗里德曼是美国数学家，1951年4月21日生于美国洛杉矶。由于他对拓扑学的杰出贡献，特别是证明了四维流形拓扑的庞加莱猜想，于1986年荣获菲尔兹奖，时年35岁。

弗里德曼1968年进入加州大学伯克利分校学习，1969年转入普林斯顿大学，并于1973年获普林斯顿大学博士学位，其论文题目是"二余维割补术"，导师是布劳德(W. Browder)。1973—1975年，弗里德曼在伯克利担任讲师，之后到普林斯顿高等研究院从事研究工作一年，1976年被任命为加州大学圣迭戈分校数学系助理教授，1979年晋升为副教授。1980—1981年他再度到普林斯顿高等研究院从事研究工作，一年后回到圣迭戈分校，并于1982年任教授。目前他在微软Q站(在美国加州大学圣巴巴拉分校内)工作，在那里他的团队正在研发量子计算机。

庞加莱猜想是20世纪最著名的数学问题之一。除了弗里德曼以外，许多顶尖数学家的工作都与它有关。例如，1958年菲尔兹奖得主托姆创立的配边理论；1962年菲尔兹奖得主米尔诺证明微分拓扑中七维球面上存在不同的微分结构，从而否定了庞加莱主猜想；1966年菲尔兹奖得主斯梅尔解决了$n\geq5$的广义庞加莱猜想；1970年菲尔兹奖得主诺维科夫在配边理论、叶状结构中的贡献；1982年菲尔兹奖得主瑟斯顿对三维闭流形的拓扑分类的工作；1986年菲尔兹奖得主唐纳森发现的四维怪异结构。可以说历届由于对拓扑学作出杰出贡献而荣获了菲尔兹奖的数学家，其中绝大多数人的工作都直接或间接地与庞加莱猜想有关。

著名数学家格里菲思(P. A. Griffiths)在《千年之交话数学》一文中把庞加莱猜想列为21世纪最具挑战性的问题之一。斯梅尔在"下个世纪的数学问题"的演讲中，也把庞加莱猜想列入21世纪的重大问题，为紧随黎曼猜想之后的第二个问题。克莱数学促进会于2000年5月24日公布的"新千年七个悬赏数学问题"，每个问题的奖金都是100万美元，庞加莱猜想就属于这七个问题之一。

那么庞加莱猜想到底是什么呢？

要谈庞加莱猜想,就有必要先说一说拓扑学。粗略地讲,拓扑学是关于结构和空间的基本性质的学科。例如,一个球面可以任意拉伸、压缩,只要不粘在一起,只要不撕破它,它仍然是一个球。在拓扑学家看来,一个炸面饼圈和一个咖啡杯是一样的,因为它们都可以揉成同一个基本形状,即有一个孔的环状体或一个实心轮胎。拓扑学大致分为点集拓扑、代数拓扑和微分拓扑。代数拓扑学的奠基人是法国数学家庞加莱,他在1904年提出:单连通的三维闭流形必与三维球面 S^3 同胚。后人又在此基础上提出:当 $n \geq 4$ 时,如果 n 维单连通的闭流形 M 与 S^n 有相同的同调群,则 M 必与 S^n 同胚。这就是人们常说的庞加莱猜想。

1960年,斯梅尔证明了 $n \geq 5$ 时庞加莱猜想是正确的。事实上,庞加莱曾确信更强的结论,即 n 维单连通的闭流形微分同胚于 S^n,但根据米尔诺的七维怪球,这个结论是不成立的。

1982年,弗里德曼在《微分几何》杂志上发表了一篇文章《四维流形的拓扑》,从而解决了四维庞加莱猜想。1986年,著名数学家、菲尔兹奖得主米尔诺在国际数学家大会上评介弗里德曼的工作时指出:"弗里德曼在1982年给出的四维庞加莱猜想的证明真是一项非凡的杰作。他的方法是如此地锋利,以致实际上给出紧单连通拓扑四维流形的完全分类。"[90]自此得到了许多前所未知的例子,以及已知流形之间前所未知的同胚映射。弗里德曼证明了在同胚下,一个紧单连通四维流形 M 由两个简单的不变量所刻画,第一个不变量是二维同调群

$$H_2 = H_2(M, Z) \cong Z \otimes \cdots \otimes Z,$$

以及对称的双线相交配对

$$\omega : H_2 \otimes H_2 \to Z;$$

第二个不变量是柯比-西本曼障碍类,它是 $H^4(M, Z/2) \cong Z/2$ 中的一个元素,它为零当且仅当积 $M \times R$ 有微分结构,或等价地有一个逐段线性结构。

若相交形式 $\omega \neq 0$ 是非定的或秩至多为11,则从二次型已知的结果得

知 M(非唯一地)表示为四块简单的组成部分的连通和,每块给定标准或反向的定向。弗里德曼在1952年罗林(V. I. Rohlin)工作的基础上,构造了两个怪异流形,其中之一是类似复射影平面的不可微流形,而另一个是相交为正定的、秩为8的偶形式的唯一流形。这时的 ω 可与李群 E_8 的根向量所生成的格同等。罗林在1952年指出,具有这种相交形式的四维流形不可能是微分流形。弗里德曼的方法也可推广到非紧四维流形。他证明了积 $S^3 \times R$ 上有怪异微分结构,它包含了一个光滑嵌入的庞加莱同调三维球面,因此不能光滑地嵌入四维欧氏空间中。他的方法也可应用于许多非单连通的流形。例如,四维空间中的一个"平坦"二维球面没有打结的充要条件是,它的余集的基本群是自由循环的。而 S^3 中的一个平坦一维球有平凡的亚历山大多项式的充要条件是,它是单位四维圆盘中一个平坦二维圆盘的边界,而它的余集有自由循环的基本群。这些结果的证明非常困难,其基本思想在低维曾被默比乌斯(A. F. Möbius)和庞加莱采用过,而在高维曾被斯梅尔与华莱士(W. Wallace)用过,也就是从四维圆盘开始,逐次添加环柄,归纳地构建给定的四维流形。主要的困难(高维时不存在)发生在当插入二维环柄时如何去控制基本群,因为浸入四维流形中的二维圆盘一般有自交。这一问题首先由卡森(A. Casson)开始着手研究,他发现了在给定四维流形中如何去构造一个预定边界的一种广义二维环柄。弗里德曼采用的主要技术工具归结于一个定理,是说每个卡森环柄事实上同胚于标准的开环柄。

在证明了四维庞加莱猜想之后,弗里德曼的兴趣转向了物理学。但与唐纳森不同的是,唐纳森在拓扑学领域的工作是由物理学中的规范场理论引起的,而弗里德曼要做的是寻求拓扑学在等离子体物理学和磁流体力学中的应用。他利用磁力线环绕的非平凡性,成功地给出了磁场能量扩散的估计。

近年来,弗里德曼又着力于研究如何把拓扑学方法应用到理论计算机科学的一些中心问题上。他现在在微软公司下属的微软研究院工作。在

1998年的国际数学家大会上,弗里德曼在拓扑组作了45分钟的特邀报告,涉及的就是计算机科学中的量子计算问题。在报告开始时,他提出了一个类似于光速极限的"速度极限"问题:根据自然界的法则,花费适当的时间去求解非常困难的问题是否存在天生的障碍?这里的适当是指花费的时间随问题难度的增加呈多项式增加。在讨论了量子计算思想后,弗里德曼提出了名为"量子保形场计算"的一个新模型,希望寻求纽结理论中的琼斯多项式与保形场理论的联系,以解决传统算法无效的艰深的算法问题。

弗里德曼曾经指出:"我在几何学中的主要兴趣是照耀在流形上的拓扑学光芒,它对从形式到具体启开几何学的整个谱是非常重要的。通过这个谱我们能够获得对数学的结构进行思考的各种途径。在谱的一端,对问题的直觉几乎完全来自心智境界;在另一端,几何的负担转移到符号和代数思考,当然这一端从代数观点来看只是走到了一半,它将会沿形式运算方向走得更远,同时也取消了几何直觉。"[91]

弗里德曼在谈到数学对世界的影响和数学家们应该如何表达他们的思想时说道:"19世纪有一场运动,其代表人物是斯坦纳(J. Steiner),目的是保持几何学的纯洁,使其免受代数的玷污。今天我认为我们都能够感受到来自不同分支的思想汇聚在一起所产生的数学的强大力量。数学作为一种思维已不再是不同科目的组合,它可应用到任何知识领域。我要对数学家们的努力击掌欢呼,他们正在教育、能源、经济、国防以及世界和平等问题上阐明自己的观点。从数学内部得到的经验表明,贡献并不是必须由经验丰富的数学家作出的。数学之外的情况不那么明朗,但我禁不住还是认为,把重要的问题都留给专家去解决肯定是错误的。"[91]

他在发表其荣获菲尔兹奖的感想时说道:"浇灌数学之树使之常青成了我义不容辞的责任……最根本的是要努力改变社会导向,使孩子们从上小学起就能喜欢数学而不是视数学为畏途。"

除了获得菲尔兹奖外,弗里德曼还于1984年荣获"加利福尼亚州科学家"称号,同年当选美国国家科学院院士,1985年又当选美国艺术与科学学院院士。1986年他获得了美国数学会授予的维布伦几何奖,1987年,当时的美国总统里根(R. Reagan)在白宫亲自授予他国家科学奖章。在1998年召开的国际数学家大会上,他为菲尔兹奖评选委员会委员。

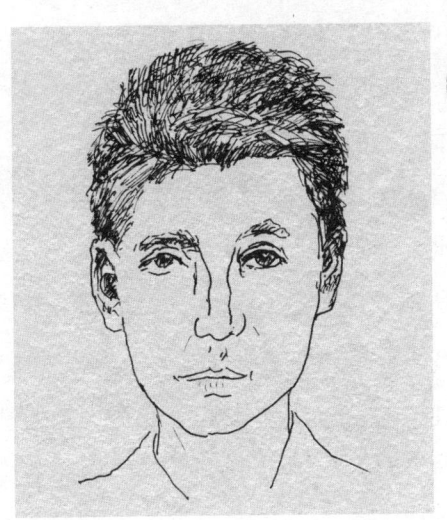

▲ 德里费尔德

Vladimir Gershonovich Drinfeld

> 我希望我已让你们对德里费尔德工作的广度、概念的丰度、技巧的力度以及工作的优美有所了解……对我来说,在近旁观察到这样一位教给我许多东西的卓越人才的迅速成长,真是一种快乐和荣幸。[93]
>
> ——马宁(Yuri Manin)

> 我们看到的许多例子表明,按纯粹数学脉络发展过来的与按数学物理发展过来的,两者之间有很深的关系。[94]
>
> ——德里费尔德

德里费尔德是乌克兰数学家,1954年2月14日生于苏联哈尔科夫*。由于他在朗兰兹纲领和量子群这两个领域取得了决定性的突破并促进了一大批研究的进展,于1990年荣获菲尔兹奖,时年36岁。

德里费尔德11岁进入哈尔科夫专门传授数学、物理的学校学习,15岁考入莫斯科大学数学系,1974年毕业后读研究生,师从著名数学家马宁教授,获副博士学位。之后,他先到一所地方性大学工作,后来又回到哈尔科夫,1981年起在低温物理技术研究所的数学物理学研究室从事数学研究。1992年他当选乌克兰国家科学院院士。1999年1月赴美国,在美国芝加哥大学担任哈里·普拉特·贾德森杰出服务教授。2016年,他当选美国国家科学院院士。2018年,他获得了沃尔夫数学奖。

德里费尔德的父亲是哈尔科夫当地一所大学的数学教授,他回忆父亲时说:"我很幸运,我的父亲是数学家。因此小时候父亲就教我许多数学知识,并使我对数学抱有兴趣。"[94]从某种意义上讲,7岁时,德里费尔德就决定要一生从事数学研究了。虽然当时这还是朦胧而非深刻的决心,但他却一直没有改变这一决心。

从德里费尔德的少年时代起,他的父亲就开始教他古典分析。德里费尔德认为:"可以说这是运气。现代教育的危险点之一就是,在对19世纪谁都知道的非常古典的事实没有任何经验的情况下,便开始学习同调代数这样的知识。父亲是属于旧时代的数学家,不知道同调代数是什么,只是教教古典分析而已。现在Γ函数的重要性谁都知道了,但在1970年却并非人人都明白。刚入大学时,我并不觉得父亲教我的古老的谱序列是重要的,现在想想父亲是非常英明的。"[94]

他还认为:"年轻人刚进入大学时,一般都不知道干些什么才好,也不知道怎样学习数学为好。在这一点上我是非常幸运的。我的朋友中就有人教我学习数学中的什么领域……并希望我参加马宁的讨论班。"[94]

---

* 1991年苏联解体,乌克兰宣布独立,哈尔科夫脱离苏联并入乌克兰。

德里费尔德在大学第二学年便开始听马宁的代数几何课。众所周知，学习代数几何需要大量的预备知识，这是非常困难的。而马宁的课是讲解芒福德的《曲线与曲面论讲义》的前12章。马宁的讲义类似于注释，其引导性的初衷是非常好的，但却没有证明，需要学生自己去理解体会。德里费尔德也就是这样学习代数几何的，当然这一领域在当时也很"时髦"。

除了马宁的课外，德里费尔德还经常去听皮亚捷斯基-沙皮罗的课。在最初没有导师的两年里，他也考虑过是否做皮亚捷斯基-沙皮罗的学生。虽然他最终跟了马宁，但他总觉得自己是他们两位共同的学生。这是因为即便成了马宁的学生后，他仍然继续听皮亚捷斯基-沙皮罗的课，而且学习非常努力。

德里费尔德曾回忆说："在莫斯科大学的教授中，对我影响最大的是马宁和皮亚捷斯基-沙皮罗，此外还有盖尔范德的讨论班和沙法列维奇(И. Р. Щафалевич)优美的讲课。"[94]"我非常幸运地在盖尔范德讨论班上听了克里切韦尔(I. M. Krichever)的报告。他说明微分算子构成的交换子环可以用代数曲线上向量丛的语言来描述。"[94]"将以孤子理论为目的的克里切韦尔的工作稍稍改变附加结构……就能够证明一般的朗兰兹猜想。"[94]

德里费尔德的兴趣可以用"广泛"一词来描述。当他还是一个中学生时，就发表了他的第一篇论文，由此开始了他一系列的数学研究工作。这些工作包括：

（1）证明了模曲线上尖点的零次闭链生成一个雅可比的挠子群；

（2）完成了瞬子的分类（ADHM构造，与阿蒂亚、希钦和马宁合作）；

（3）提出了KdV类型完全可积系统的约化理论[与索科洛夫(V. V. Sokollov)合作]；

（4）定义在P^{2n}阶有限域曲线上点的个数的一个精确渐近上界[与瓦尔杜特(S. G. Vladut)合作]；

（5）证明了S^n上$SO(n+1)$——不变的有限可加测度当$n=2$和3时是勒贝格测度[$n=1$和$n\geqslant 4$的情形早先由巴拿赫(S. Banach)、马尔古利斯和沙利文讨论过]。

由于篇幅限制,我们不可能对德里费尔德的贡献一一详述。实际上,德里费尔德仅凭他所取得的巨大成就中的一项就可以享有崇高的数学家声望。他的兴趣不仅横跨代数几何和数论两大领域,而且还有一个引人注目的新方向:他一直在做由物理学引发的数学问题中的有意义的工作,包括量子群理论。下面介绍一下他的两个主攻方向:朗兰兹纲领和量子群。

朗兰兹纲领是由一系列猜想、定理和见解构成的,其目的在于了解一维局部和整体域的伽罗瓦群,以及它们的扩张和完备化。

人们可以有说服力地说:这些伽罗瓦群构成了数论中比整数本身更基本的主要对象。不管怎样,数论中的大多数经典论题,如素数、L 函数和模形式揭示了许多从伽罗瓦理论的角度来看是隐藏着的结构。

德里费尔德解决了朗兰兹纲领中一个极其特殊但颇为重要的情形:GL_2 上的函数域。在研究这个问题时,他阐述了一个椭圆模的概念。

设 X 是一个 F_q 有理点在有限域 F_q 上的一条完全光滑的代数曲线。设 K 是 X 的分数组成的域。朗兰兹纲领断言存在(1)和(2)间的一个自然的一一对应:

(1) $\mathrm{Gal}(\overline{K}/K)$ 的不可约 l 进 N 维表示的相容族。这里的相容族是指对每个不能整除 q 的素数 l 给出一个不可约 l 进 N 维表示,并且对于不同的素数 l 的这些表示需要具有在适当的意义下任何弗罗贝尼乌斯元素的迹必不依赖于 l 的性质。

(2) 在 K 上的 GL_N 的尖点自同构表示。

在假定对(1)和对(2)的 L 函数和"ε 因子"相对应的理论的意义下,(1)和(2)间的"一一对应"被希望是自然的。在德里费尔德的工作之前,我们已经有了对于 $N = 2$ 时的从(1)到(2)的一种方法[这应归功于格罗滕迪克、朗兰兹(R. Langlands)和德利涅]。至于怎么从(2)到(1)还是一个谜。然而,利用德里费尔德的理论,我们现在可以在函数域情形下从(2)到(1)。

借助于完全不同而又绝对巧妙的论证(他的消没闭链定理),德里费尔

德可以在 $N=2$ 的情形下从(1)走到(2)，即使他仅被给予 $\text{Gal}(\bar{K}/K)$ 的不可约 l 进(二维)表示中的一个而不是一族"相容族"。这完全解决了当 $N=2$ 时的朗兰兹纲领，而且非常彻底！作为这一工作直接的副产品，德里费尔德发现，在被作为一个相容表示族元素的特征所扭转后，$\text{Gal}(\bar{K}/K)$ 的任何单一的不可约 l 进二维表示便产生了，而且也产生在函数域上的关于 GL_2 的尖点自同构表示的拉马努金猜想。

在工作过程中，作为椭圆模的参模空间，德里费尔德构造了所谓在 X 上的德里费尔德模曲线(及其变形)。通过研究这些模曲线(尤其是它们的 p 进解析均匀化)的解析性质，德里费尔德发现了所谓的"上半平面"，并且促使他发展了关于 p 进均匀化和被称为"德里费尔德开关"的奇怪现象的深刻思想，在其中人们可以通过理解在另一个素数 q 上一个完全不同的希莫拉变形的坏纤维去理解在一个素数 p 上希莫拉变形的"坏纤维"。这被里贝特(K. Ribet)从本质上应用到了他有关塞尔猜想的工作中去。

德里费尔德全力以赴进行研究的另一个令人着迷的问题是量子群。从形式上来说，量子群组成了霍普夫代数的一个定义不明确的子类。量子群的第一批例子是由列宁格勒学派法捷耶夫(Л. Фаддеев)的学生和同事等这些研究数学的物理学家们发现的。德里费尔德首先概括了这一理论的基本定义和结果，其中大部分是他本人的工作。在1986年伯克利国际数学家大会上所作的报告中，他已经将该理论构思好并加以系统化。这篇报告以及杰博(M. Jimbo)的几篇文章在使这一新领域明确定型的过程中起着决定性的作用，因而吸引了许多数学家的注意。

提纲挈领地讲，我们可以将此理论以下面的方式表述为几个主题：

(1) 几十年来，人们一直有一种共识，认为单李群和李代数是不变的对象。而德里费尔德和杰博发现：如果在非交换和余交换的霍普夫代数中考虑形变(deformation)，此共识将不再正确。不仅如此，整个结构和表示理论，也会以这种方式形变并带有许多令人预想不到的、不平常的变化。

(2) 量子群的性质与某些定义杨–巴克斯特算子的引人注意的非线性

代数方程紧密相关。德里费尔德引入了万有杨-巴克斯特算子概念,这个算子是一个霍普夫代数的(完全)张量平方中的可逆元。他证明了此可逆元在 $U_q(g)^{\otimes 2}$ 中的存在性,并给出了一个一般的"双重"构造,从而使得我们在不同的霍普夫代数的表示范畴中能生成杨-巴克斯特算子。

(3) 德里费尔德提出并证明了量子群理论中缺乏的一个分类定理。这个定理精确描述了我们所要考虑的是怎样一类对象以及这个类的结构是怎样的。它可以与李(M. S. Lie)建立的李代数和局部李群的关系的首批定理相提并论,虽然就它的性质来说是局部的,甚至是形式的。

(4) 我们还应该提及德里费尔德在有关杨-巴克斯特方程的工作的早期阶段引入了泊松-李群和泊松-李作用的概念。它们组成了一个与哈密顿力学有关的最基本的微分几何结构,而且其作用还会加强。

德里费尔德是一位卓越的青年数学家,正如马宁所说:"我希望我已让你们对德里费尔德工作的广度、概念的丰度、技巧的力度以及工作的优美有所了解,现在我们就要因此而授予他菲尔兹奖了,对我来说,在近旁观察到这样一位教给我许多东西的卓越人才的迅速成长,真是一种快乐和荣幸。"[93]

琼斯

Vaughan F. R. Jones

琼斯证明自己是一个具有宽阔视野和创造性的数学家。他的工作已产生了许多影响,而且我们期待着他将来的贡献。[95]

——赫尔曼(R. H. Herman)

在一个领域研究过来的人,不是要去通晓所有其他领域,而是首先应该尝试从他自己的观点出发去加以理解。那样才能使每个人都对整体的理解作出贡献。[96]

——琼斯

琼斯是新西兰—美国数学家,1952年12月31日生于新西兰的吉斯伯恩。由于他在纽结理论中引入了他在算子代数的工作中产生的某些新的多项式不变量,揭示了几何拓扑学与算子代数理论之间崭新的深刻关系,于1990年荣获菲尔兹奖,时年37岁。

琼斯于1970年进入奥克兰大学学习,1972年12月获理学学士学位,1973年12月获理学硕士学位。作为助理讲师在奥克兰大学从事了一段教学工作以后,他于1974年进入日内瓦大学,在黑弗林格(A. Haefliger)指导下从事研究工作,同时,他还作为一名助教承担一定的教学任务。1976年下半年,琼斯幸运地借助瑞士政府为助教参加学术会议提供的资助,赴斯特拉斯堡参加了每年召开两次的数学物理学会会议。孔涅在学会上所作的报告引起了琼斯的强烈兴趣,并对他的治学精神与治学方法产生了重大影响。

1979年,琼斯获得了日内瓦大学博士学位。1980年,他来到美国,先在加州大学洛杉矶分校任赫德里克助理教授;1981年他又转到宾夕法尼亚大学任客座讲师,1984年升为副教授;1985年任加州大学伯克利分校教授,现为该校荣誉退休教授。自2011年起,琼斯任美国凡德比特大学的斯蒂芬森杰出教授。

1983年,琼斯在证明关于 II_1 型冯·诺伊曼代数的指标定理时,得到了一个全新的纽结不变量多项式。这一结果不仅打开了冯·诺伊曼代数全新的发展方向,而且对纽结理论有着深远的影响。除此之外,琼斯多项式还与赫克代数、量子统计力学、量力群以及单子代数表示理论这些看似相互独立的研究领域建立起了强有力的联系。

纽结理论是拓扑学中研究绳结、链环等几何现象的一个分支。从根本上说该理论起源于人们都很熟悉的绳结。我们说两个结是不一样的,就是说没法把一个结变形成另一个结,除非把绳头重穿。由于不许绳头重穿这条规则不易精确描述,人们索性就规定绳的两端要捻合起来。这样就得到了纽结在数学上的定义:纽结是三维空间中不与自己相交的封闭曲线,或者说三维空间中与圆周同胚的图形。两个纽结等价是指存在三维空间本身的一个变形,把一个变成另一个。纽结理论的一个基本问题是如何区分不等价的纽结(或链环)。要证明两个纽结等价,只需各做一个模型,然后把一个纽结变形成另一个纽结即可。但若你无法做到这一点,这并不足以证明两个纽结不等价。要证明两个纽结不等价,必须用不变量,即纽结在变形下不改变的性质。

1833年,高斯在研究电动力学时引进了闭曲线之间的环绕数,这是纽结理论的基本工具之一。在1880年前后还出现了最早的纽结表。后来,纽结理论又随着代数拓扑学的发展而前进。1910年德恩引进纽结的群的概念,1928年亚历山大(J. W. Alexander)引进了纽结的多项式这个更易处理的不变量。

琼斯工作的最初动机,是给出II_1型因子的子因子的分析。II_1型因子是由默里和冯·诺伊曼发现的。它们是弱闭的,中心由标量构成,且支持一个有限的正迹泛函在一个希尔伯特空间上的算子的星代数。这样的一个因子提供了一种尺度,以度量它所作用的希尔伯特空间H上的相对维数。我们记此维数为$\dim_N(H)$。在这种情形下对此维数没有限制,其实它可以连续地从0变到∞。而琼斯却改变了这一思想,并着眼于一对因子M和$N(N \subset M)$,考虑M相对于它的子因子N的维数。琼斯将其定义为$[M:N] = \dim_N(H) / \dim_M(H)$,并证明了它与希尔伯特空间无关。这一思想的重要性在从指标上发现的限制中变得非常明显。允许的指标集精确地说是$\{4\cos^2(\pi/n), n \geq 3\}$和区间$[4,\infty)$。而且,这些情形当中的每一种情形都被证明是因为超有限因子(一个该理论中的基本对象)而发生。由此许多问题也随即出现。在琼斯的这一工作之前,一个给定因子的子因子的分类问题似乎很难企及,可是现在这个问题已获得了很大进展。通过与交叉乘积的理论相类比,人们自然要问,如果我们要求$N' \cap M = CI$(如果M是通过有限群作用的N的交叉乘积,这就是要求作用是自由的),虽然这一条件在上述给定的离散范围内是自动的,但在连续范围内却并非如此。于是它又成为需要大量研究的一个对象。

为了理解它与纽结理论的联结,我们可以考虑"基本构造",考虑作用于由应用迹 tr(·) 形成的 M 的希尔伯特空间 $L^2(N)$ 上的 N 和 M。在那里我们可以找到向希尔伯特空间 $L^2(M)$ 上的投影 e_N。本质上讲这是仅有的已知信息。这样就形成了通过 M 和 e_N 生成的因子 $M_1 = \langle M, e_N \rangle$。只要指标是有限的,即可得到 $[M_1:M] = [M:N]$ 和 $\mathrm{tr}(e_N) = 1/[M:N]$。现在的想法是继续这个构造,得到一个代数塔和一系列投影 $\{e_j\}$,并具有如下性质:

$$e_i e_{i\pm 1} e_i = \tau e_i, \text{这里 } \tau = [M:N]^{-1}$$

$$\text{且 } e_i e_j = e_j e_i, \text{若 } |i-j| \geq 2。$$

在塔中的代数 M_n 具有在 M_{n-1} 上扩展的并满足马尔可夫条件

$$\mathrm{tr}(e_n x) = \tau \mathrm{tr}(x), x \in M_{n-1}$$

的一个迹。下一个要点是定义 $g_i = q e_i - (1 - e_i)$,这里 $2 + q + q^{-1} = [M:N]$。我们有

(1) $g_i g_j = g_j g_i$,若 $|i-j| \geq 2$,

(2) $g_i g_{i+1} g_i = g_{i+1} g_i g_{i+1}$,

(3) $g_i^2 = (q-1) g_i + q$,

(4) $g_i g_{i+1} g_i + g_i g_{i+1} + g_{i+1} g_i + g_i + g_{i+1} + 1 = 0$。

于是,在 $\{e_i\}$ - 代数,$\{1, e_1, e_2, \cdots\}$ 中,我们看到存在一个赫克代数的商 $H(q, n)$ [由关系式 (1),(2) 和 (3) 所定义,其中 $i = 1, 2, \cdots, n-1$]。有了 $H(q, n)$,我们也就有了 n - 串辫群的一个表示。现在每一个纽结或链环是作为一个辫子的闭包产生的。此外,在辫上马尔可夫移动的这一设定中,在迹的定义性质和它的马尔可夫性质之间存在相似性。因为后者给出了链环等价性,琼斯被引导着应用在 $\{e_i\}$ - 代数上的马尔可夫迹去寻找一个链环不变量。他能够构造"琼斯多项式"$V_L(t)$,同每个有向链环相联系的一个洛朗多项式。于是,这似乎是把从理解代数状况中收集到的资料转化成关于纽结的信息,例如表示一个纽结所需的串的数目。

通过这一途径,其他的代数能够产生其他的不变量,包括双变量多项式,它区别于亚历山大多项式和琼斯多项式。有趣的是,后者分别由纽结理

论和算子代数领域的专家得到。

琼斯在一篇论文中详细讨论了从 A 型赫克代数产生的辫群的表示。同时他也给出了双变量多项式和琼斯多项式的透彻分析，包括连通和、反转定向与镜像的讨论。另外他还指出琼斯多项式与统计力学，特别是波茨模型的联系。

考夫曼（L. Kauffman）通过构造琼斯多项式的"状态"模型，从统计力学引入了进一步的思想。而琼斯对这一思想进行了推广，并打开了一个全新的方向去认识在某些条件下杨–巴克斯特方程的解会被用于构造链环的不变量。特别是这些方程通过精确可解模型的转换矩阵产生于巴克斯特处理。在那里它们依赖于一个参数，即谱参数，我们用一个上标包含它。方程是：

$$R_i R'_{i+1} R''_i = R''_{i+1} R'_i R_{i+1},$$

$$R_i R'_j = R'_j R_i, \quad |i-j| \geq 2。$$

人们立即注意到了该方程同辫群关系式的相似之处。这里要用到另一个方向，即量子群。量子群理论、不可交换和不可上交换霍普夫代数，是由杰博和德里费尔德为了产生杨–巴克斯特方程的解而发明的。这样，一个简单李代数的每个不可约表示，通过这一方法，导出了一个链环不变量。

琼斯的工作风格是自由和开放的。在过去许多年里，他曾给各式各样的人写信，描述他那还处于早期研究阶段的重要发现，因为他乐于与别人共享他的发现。所以他的许多信件都被广泛传阅，并产生了很好的效果。实际上，他的开放和友善便是最好的数学传统和数学精神。

琼斯曾对数学领域的有关问题发表过不少独到的见解。在谈到数学与数学物理学的关联时，他指出："参与这一领域的任何人都明白，数学物理学是数学的一个庞大领域，涉及数学与物理学的许多分支。所有这一切构成为一个伟大的领域。"[96]他还认为："新的庞大领域的存在并不意味着最好去忘记真正训练有素的领域，重要的是表示有各种各样的观点。因而大家都能分别作出贡献。"[96]他还说："在一个领域研究过来的人，不是要去通晓所有其他领域,而是首先应该尝试从他自己的观点出发去加以理解。那样才能使每个人都对整体的理解作出贡献。"[96]

在谈到各国数学教育的情形时,琼斯认为:"对法国印象深刻的是数学如何地受重视,并且把大量的资金投入到数学中。我感到日本也有类似的情况,数学家的确很受尊敬。"[96]

对于美国的数学,琼斯认为:"伯克利的情况呀,嗯,很微妙,还纠缠着政治。"[96]他又说:"伯克利的问题是太大了些。研究生很多,大概300名。环境并不怎么平静。教师拥有太多的学生,因此很难有时间与一个学生一起思考,或者自己去思考。另一方面,因为学生多,其中也有特别优秀的人才,那是非常好的。……我自己如果到美国的研究生院恐怕就埋没了。"[96]

琼斯除了获得菲尔兹奖外,还获得了许多荣誉:他是奥克兰大学的杰出校友教授,1990年当选英国皇家学会会员,1991年被授予新西兰政府科学奖,1992年被授予奥克兰大学荣誉博士学位,1992年被选为国际纽结协会名誉副会长,1993年当选美国艺术与科学学院院士,2001年当选挪威皇家学会文学和科学外籍院士,2002年被授予新西兰功绩勋章,2004年被选为美国数学会副理事长。

森重文

Mori Shigefumi

> 在森重文的先驱性工作之前，人们一般认为三维代数簇的研究是无望的复杂，而且是无法理解的。[97]
>
> ——克莱门斯（C. H. Clemens）

> 该保留的保留，该发展的发展。以后会怎样，如果任其自然，那是再好不过的了。[98]
>
> ——森重文

森重文是日本数学家，1951年2月23日生于名古屋。由于他解决了代数几何领域三维代数簇的分类问题，于1990年荣获菲尔兹奖，时年39岁。

森重文上初中时并不特别爱好数学，进入高中以后，也许是因为数学成绩好的关系，逐渐就喜爱上数学了。课余时间他常会读些有关数学的书籍，解些难题，还多次参加数学竞赛。

森重文进入大学时选择了理学部。他认为这是因为他完全想象不出到其他学部能学些什么，也不清楚理学部与工学部的严格区别是什么。可他正赶上学生运动高涨的时代，入学仅半年就没课可上了。为了不使学生虚度光阴，负责他们班的岩井齐良先生组织了自愿参加的自由讨论班。在此期间，森重文认真研读了范·德·瓦尔登写的《近世代数学》一书。这使他很自然地进入了代数学习阶段。

进入大学二年级以后，森重文正式开始学习代数课程。一年级参加自由讨论班时打下的基础，使他觉得自己在代数方面似乎已经入门了。在听取了老师和同学们的建议之后，森重文开始阅读整数论领域的一本名著，即韦伊的《代数几何学基础》。后来他又读了一些有关阿贝尔流形及曲线方面的专著。在此基础上，森重文经过反复考虑，认为自己应该向代数几何方向努力。他曾说过："虽然表面上《代数几何学基础》是整数论的基础，实际上却是代数几何的基础。因为韦伊的书是代数几何与整数论两方面的基础。"[98]

另一位菲尔兹奖得主广中平祐说："森重文是个天才……当我作为京都大学的客座教授时，森重文是一个学生。我在该校作讲座时森重文在记笔记，它后来发表在一本书中。他真令我感到吃惊。我的讲座讲得很乱，但我看到他的笔记时，发现所有的东西都记下来了！森重文是个发现者：他发现了人们怎么也想不出的东西。"[54]

森重文于1973年在日本京都大学获得学士学位，1975年获得硕士学位。同年，他成为京都大学助理教授，并在永田正好指导下攻读博士学位。1978年，森重文获得博士学位，其博士论文的题目是"某些阿贝尔簇的自同态环"。之后,他继续在京都大学任教。

森重文于1980年到名古屋大学任讲师,1982年任助理教授,1988年升为教授。1990年,他又回到京都大学任教。尽管森重文一直在日本的大学担任教职,但从1977年开始,他先后在哈佛大学(1977—1980年)、普林斯顿高等研究院(1981—1982年)、马克斯·普朗克数学研究所、哥伦比亚大学(1985—1987年)以及犹他州立大学(1987—1989年,1991—1992年)作访问研究,在国外度过了很多时间。

森重文的研究工作属于代数几何领域。对于这一领域,他认为:"大家都觉得很难说清什么是代数几何,但是因为只使用四则运算,所以如果对于看不到'图形'这一点不介意的话,那就不会难以回答了。所谓的代数几何就是'用联立方程式表示的图形',所以最好抓住这样的感觉,就是描绘一些图形。啊!这就是代数几何!……虽然只描绘抽象画那样的图形,但只要遵循逻辑能力与想象力那种柔性思维,也就不会觉得有多么难了。"[98]

森重文在谈到极小模型的存在性证明与哈茨霍姆猜想的解决之间的关系时说:"所谓极小模型,总之就是处处扭曲的图形。其反面的极端是处处鼓起的图形,哈茨霍姆猜想说的就是这样的图形在各维数中是唯一的。确实是唯一的这一问题已经证明了。如何处理处处无扭曲,也就是在某处鼓起的图形,这一分类问题的核心便是所谓的哈茨霍姆猜想。"[98]"我并不是一开始就把哈茨霍姆猜想放在首要位置上考虑的。在解决了某些问题以后,我想将哈茨霍姆猜想中使用的手法与思想再精密化,看看是否能解决其周边的问题(也就是在某处稍扭的图形),这就朝极小模型的方向发展了。"[98]

森重文的主要兴趣是对高维代数簇的研究。代数曲线,亦即紧黎曼曲面,是19世纪的数学家已经熟知的概念。在二维和更高维情形下,理解簇的经典方法已经变为通过尝试寻找一个簇Y去研究一个簇X,其中Y是通过某种可以理解的"外科手术"由X得到,并且使得Y比X"更简单"。然后,通过研究"更简单"的簇Y去理解X,最后再分析"外科手术"。

这一过程所必需的"外科手术"发生在所谓"双亚纯等价"的内容中。两个代数簇(或紧复流形)X和Y被称为双亚纯的,条件是存在一个(部分定义的)映射$f:X \to Y$,使得f和f^{-1}都是亚纯的。

对于二维的情况,人们可以用拓扑术语定义"更简单";如果X和Y是双亚纯的,那么,若第二个贝蒂数满足不等式$b_2(Y) < b_2(X)$,则Y比X"更简单"。但这不是一般意义上正确的定义。

两个复二维几何的基本结果如下:

(1) 任何在二维紧复流形间的双亚纯映射是一个单一的基本步[称为吹开(blowing up)]和吹开的逆[称为吹下(blowing down)]复合而成的。

(2) 对于任何曲面X,可分为两种情况:(a)存在唯一的关于X双亚纯的Y,它是那些关于X双亚纯者中"最简单的";(b)可以给出对于X的一个完全的结构理论。这些结果被代数几何的意大利学派在19世纪末20世纪初证明。

"在森重文的先驱性工作之前,人们一般认为三维代数簇的研究是无望的复杂,而且是无法理解的。"[97] 1978年,森重文发现了一种全新的方法以产生代数簇的复射影直线的非平凡映射,并且认识到这个技巧是对任意维簇关于曲线和曲面的分类理论进行推广的核心。在更高维,应该有上面提到的两个复二维几何的基本结果(1)中的几个系列的基本双亚纯映射。同样,"最简单"簇Y[如结果2(a)]是轻微奇异且是不完全唯一的。在许多应用中,这些奇异性只导致了很小的技术困难。

我们知道,正如在数学的许多领域中分类是一个根本目的一样,将代数簇进行分类也是代数几何中的基本问题,甚至是代数几何学家的终极梦想。

经过10年的艰苦工作,森重文于1989年完全解决了三维代数簇的分类(更高维的情形目前仍然是很难的开问题)。正是由于这一杰出成就得到了国际数学联合会的承认,他在1990年荣获了菲尔兹奖。

森重文认为:"三维代数簇的研究还刚刚开始,不知道的东西还很多。因此,今后打算在其中至今仍然感兴趣的方向进行研究。"[98] "因为数学根据不同的问题都有不同的特征,也就有与某人的感受是否相投的好坏问题。

因此我就想在其中感兴趣的方向上进行研究。"[98]

森重文曾寄语从事数学研究的年轻人:"重要的是既要有兴趣,又要能提出问题。许多情况也许能够得出简单解答的东西,但是,要谋求更好的回答,我想自觉意识到尚未解决的问题也是重要的。"[98]他还说:"因此,在选择研究课题并要去解决的时候,考虑到这一点很重要,或者似乎能够解决等等,结果最后留存的恐怕只是自己的直观。这里的直观归根结底就是喜欢不喜欢。如果是由于自己喜欢而走的路,那么到最后阶段挺一挺也就过来了。"[98]

由于森重文作出的重大贡献,除了菲尔兹奖外,他还获得过日本数学会颁发的矢永奖(1983年)、中日文化奖(1984年)、日本数学会奖(1988年)以及井上奖(1989年)等。1990年,39岁的森重文"三喜临门",除菲尔兹奖这项数学大奖外,他还获得了日本学士院奖和美国数学会颁发的科尔代数奖。2004年他荣获藤原科学基金奖,以表彰他对高维几何理论的贡献。2014年,63岁的他当选国际数学联合会主席,成为该国际组织第一位来自亚洲的主席。2018年,他在巴西举行的第28届国际数学家大会上致辞,并宣布和颁发本届各大奖项。

威滕

Edward Witten

> 威滕一次又一次地以其光辉的物理洞察能力,得出一个又一个新的更为深刻的数学理论,使数学界为之惊异。[99]
>
> ——阿蒂亚

> 弦论已经有了许多有趣的数学副产品,这是因为有很多数学发现近年来重新由物理学家作出……它们是弦论中产生的各种数学结构的应用。[100]
>
> ——威滕

威滕是犹太裔美籍物理学家、数学家，1951年8月26日生于美国马里兰州的巴尔的摩市。由于他对"超弦理论"所作出的杰出贡献（这一理论完全可能在相对论、量子力学和粒子的相互作用之间作出统一的数学处理），于1990年荣获菲尔兹奖，时年38岁。

他父亲路易斯·威滕（L. Witten）是研究广义相对论的理论物理学家。儿时的威滕与其他孩子一样在家乡度过了金色的童年。他在按部就班地念完了中学之后，于1967年进入布兰代斯大学学习历史和经济学，1971年获学士学位后，在父亲的影响下进入普林斯顿大学学习物理学，先后于1974年和1976年获得硕士学位和博士学位。然后，他进入哈佛大学做博士后，研究量子力学。1977—1980年他在哈佛任教。1980年9月，威滕回到普林斯顿大学任物理学教授，1982年任麦克阿瑟研究员，1987年起任普林斯顿高等研究院物理学教授。

威滕最主要的工作是把理论物理学与数学密切联系起来，其建树是对弦论（也叫超弦理论）作出了杰出贡献。他是超弦理论的先驱和领军人物，该理论是迄今为止唯一能统一自然界4种相互作用的理论物理框架。他也被认为是世界上最伟大的物理学家之一。1986年他在伯克利举行的国际数学家大会上作一小时大会报告时指出："近些年来，用以协调量子力学与引力论的一个有希望的方法出现了，而且是以一种未曾料到的方式，即通过弦论的复兴而出现的。15年前，弦论的提出原本是作为一个强作用的理论。后来，实验与理论的发展表明，弦论不适用于这个应用。不过弦论原来竟绝妙地适合于作为一个量子引力的理论。弦论包含了一个相当丰富而至今尚不大理解的数学结构。一些关键的因素是黎曼曲面、模形式、无穷维李代数以及黎曼几何的一个依然非常神秘的推广，甚至在经典的水准上它可以取代广义相对论（假定弦论正确的话）。"[100]

威滕对弦论的贡献可以简述为如下两点：

（1）物理学家发现，在"弦"观念下对粒子运动的描述式十分复杂，讨论起来非常困难，为此，威滕提出了对偶概念（又叫共轭概念）来处理模型，从而使问题变得更为简单,为以后系列成果的获得找到了一个合适的方法。要知道,"对偶性"正是波粒"二象性"的本质特征之一,所以说这一创造性突破正是威滕对粒子的"二象性"深刻认识的结果。

(2) 威滕与塞伯格(N. Seiberg)合作,提出了"超对称"的概念,以进一步描述微观粒子"夸克"的特征,从而得到更多、更重要的成果,同时开创出一个新学科、新方向,显示出最终完成"大统一"的新希望。至今,在此方向上还有许多科学家在不懈地探索着。

这里要提出一个问题。尽管人们对"超对称"的概念如此推崇,给予了充分的信任,但它至今还只是个猜测,没有获得实验上的支持,不过另一方面,在此概念下的确不断得出新的成果,这是为什么呢? 因为威滕等人看出了微观粒子存在高层次空间的实质。由于这种空间相对于物理学的物质性空间来说,已失去了典型性,所以要从物理实验中去证实它的确是非常困难的。但这不等于说它不存在,不等于说它不起作用,一旦承认了它,并在此基础上进行深入研究,就会得出系列成果,开辟出新的天地。

下面简要地列出在威滕的上述两大贡献的基础上,统一场论取得的一些重要成果:

(1) 在威滕和塞伯格"超对称"思想的影响下,形成了一门四维数学,叫作量子几何;

(2) 在超对称思想下,有 5 种可能的宇宙,威滕证明了它们是等价的;

(3) 威滕以其深刻的几何直觉引入了威滕不变量,以琼斯不变量、弗罗尔不变量和唐纳森不变量为其特殊情形,而且在 1994 年同塞伯格合作又引入了塞伯格-威滕不变量,它可以通过解线性方程来计算,极大地简化了过去计算需要解非线性方程的困难;

(4) 威滕用费恩曼路径积分方法证明并推广了"阿蒂亚-辛格指标定理";

(5) 运用超弦理论,物理学家重新证明了莫尔斯不等式;

(6) 运用超弦理论重新证明了正能量定理;

（7）超弦理论与黎曼流形或广义黎曼流形结合,产生系列能有力解释自然现象的数学课题;

（8）威滕证明了"陈-西蒙斯理论"在所有情况下的状态空间是二维的;

（9）"超弦理论"最为振奋人心的结果是它预示了引力场与量子场的"大统一"前景;

（10）"超弦理论"还能预言"原子是不稳定的"、"质子会发生衰变",这也是至今尚未得到实验证实却又振奋人心的信号。

总之,威滕的"超弦理论"能以不同的形式出现在黎曼流形上的琼斯多项式、"编辫论"、唐纳森的四维数学中等等。这并不是偶然的。可以说,只要是探讨客观世界深刻问题的理论都将与"超弦理论"有着内在联系。[101]

威滕对弦论发表了许多见解。例如,他在1986年指出:"弦论的变迁表示着即将来临的时期似乎是在某一阶段上寻求数学与物理之间的相互影响。这一阶段在一些年之前似乎是不可想象的。弦论已经有了许多有趣的数学副产品,这是因为有很多数学发现近年来重新由物理学家作出(包括莫尔斯不等式的一个解析证明,用费恩曼路径积分证明阿蒂亚-辛格指数定理,用狄拉克算子证明正能量定理以及关于超凯勒流形的各种新结果),它们是弦论中产生的各种数学结构的应用。"[100]1996年他曾指出:"不像传统的量子理论排斥引力,弦论应当含有引力,我视此点为在科学中所作出的最大和最有意义的洞察,20世纪70年代对弦论的这种理解引导我深入进行这一领域的研究工作。"[152]另外他还指出:"对于我们这些工作在弦论领域中的人来说,这是一个使人惊异的时期,我们看到,弦论方面的论文至少每月一次就会更新这一理论的基本框架,有时甚至更频繁一些。……如果你是个物理学家,从1986年到1993年一直外出度假,当你返回时,你尚能跟上很多变化,只要你在外出前也在同样的问题上工作,然而,如果你在1994年外出度假,现在才返回,你会发现,对于你原来所研究的问题,你已经很陌生了。"[152]

严格说来,威滕并非典型的数学界人士,虽然他拿了两个博士学位,其中一个哲学博士也算是数学方面的,但他的教授席位始终是物理学方面的,这也曾引起不少数学家对他数学工作的疑虑。但阿蒂亚认为威滕有很高的数学水平,特别是他在应用数学上作出了卓越成绩,而且威滕一次又一次地以其光辉的物理洞察能力,导致一个又一个新的和深刻的数学理论,使数学界为之惊异。[99]因此,他荣获数学界的最高奖之一——菲尔兹奖,确也当之无愧。这表明数学界对应用数学的重视程度比起过去(特别是第二次世界大战以前)已经有了很大进步,这对应用数学界也是一大鼓舞。值得指出的是,1990年度4位菲尔兹奖得主中的3位——威滕、琼斯、德里费尔德,他们的工作都与物理学有深刻的联系。这一现象并不出人意料,但它却不能不引起人们对数学的地位和作用的反思。物理学和数学间的密切联系和这两门科学一样古老,对此,人们只要想到阿基米德或伽利略(Galileo Galilei),想起他们所说的"自然是用数学的语言描绘的",或者想到牛顿或更晚一些的庞加莱就行了。

威滕应邀参加了2002年8月在北京举行的国际数学家大会,作为大会最后一位讲演者,他以"弦理论中的奇异性"为题作了一小时大会报告。他指出:"弦理论是在长距离上能给出广义相对论,而在短距离下与此完全不同的量子理论。从数学上而言,弦理论是基于一个很新的、较少理解的几何框架,当曲率趋于很小时,它归于通常的微分几何。"[102]他的报告讲述了一些物理和数学之间令人激动的联系,它们在近几十年里已促进了许多的研究工作。他在讲演中用了一种粗线条的概念图,从而使针对专家的非常技术性的报告,到会的大多数听众也能够理解。他还论述了弦论中的奇性分析。

2014年2月23日晚,威滕等诺贝尔奖、菲尔兹奖得主近十位,在清华大学围绕"希格斯粒子发现以后,基础物理向何处发展"展开对话。会议由丘成桐主持,威滕说道:"量子力学和相对论是物理学研究的伟大革命,但仍有许多问题亟需解答,如宇宙的起源、粒子质量的起源。在目前对撞机的能量上再提高一个数量级,将会在揭示自然界的奥秘上推前一大步。现在也正是中国成为这一领域领袖的最好时机。"[184]

威滕于2003年荣获美国国家科学奖,2006年荣获国际数学物理学会颁发的庞加莱奖,2008年荣获瑞典皇家科学院颁发的克雷福德奖,2010年荣获美国物理学会颁发的牛顿奖章,以表彰他在基本粒子理论、量子场论、广义相对论等领域的卓著贡献。

威滕1988年当选美国国家科学院院士,1998年当选英国皇家学会外籍会员,2000年当选法国科学院外籍院士。

▲
布尔甘

Jean Bourgain

> 布尔甘的工作涉及数学分析的若干核心课题:巴拿赫空间的几何学、高维中的凸性、调和分析、遍历理论以及来自数学物理学的非线性偏微分方程。[103]
>
> ——卡法雷利(L. Caffarelli)

> 关于周期情形中的初值问题的文献远远少于线上的,并且理论上发展较少。结果导致周期情形的极大不同,且需要新思想。一些新思想甚至引出线上相应问题的进展。[104]
>
> ——布尔甘

布尔甘是比利时数学家,1954年2月28日生于比利时的奥斯坦德。由于布尔甘在分析学的各个领域,包括巴拿赫空间理论、交换调和分析、复分析、遍历理论、有限维凸性、几何度量理论、解析数论,以及近期的非线性偏微分方程和数学物理学等,作出了本质性贡献,特别是把偏微分方程理论中的许多方法和结果从有限维系统发展到无限维情形,于1994年荣获菲尔兹奖,时年40岁。

布尔甘于1975年获得了一项比利时研究奖学金,在布鲁塞尔自由大学攻读博士学位。1977年,他在顺利通过博士论文答辩后继续在布鲁塞尔自由大学深造,并于1979年获得了比利时自然科学基金的毕业生奖。

1981年,当布尔甘的研究奖学金结束后,他被聘为布鲁塞尔自由大学教授,任职到1985年。在此期间,他的研究工作为他赢得了巨大荣誉。1983年,他被比利时自然科学基金会授予昂潘奖,同年他还获得塞勒姆奖。1985年,布尔甘荣获了比利时的最高科学荣誉——当里-德利欧-布尔拉特奖。同年,他离开比利时,接受了两个聘约,同时担任美国伊利诺伊大学数学教授和法国高等科学研究院教授。法国科学院于1985年授予他朗之万奖,并于1990年将法国科学院的最高奖——嘉当奖——授予了他。1994年起,布尔甘担任普林斯顿高等研究院教授,2000年当选法国科学院和波兰科学院外籍院士,2009年当选瑞典皇家科学院外籍院士,2010年获邵逸夫奖,2012年他和陶哲轩获得瑞典皇家科学院颁发的格拉夫奖,2016年获得2017数学突破奖。

布尔甘以极强的分析能力著称,他在分析学的几乎全部课题范围内均作出了杰出贡献。1994年在苏黎世召开的国际数学家大会上,他荣膺菲尔兹奖。卡法雷利向大会致词介绍布尔甘的获奖工作时说:"布尔甘的工作涉及数学分析的若干核心课题:巴拿赫空间的几何学、高维中的凸性、调和分析、遍历理论以及来自数学物理学的非线性偏微分方程。"[103]

杰克逊(A. Jackson)也为布尔甘的获奖工作做了"素描"。杰克逊指出:"例如,他证明了在奇异边界条件下的非线性薛定谔方程和KdV方程的适定性。布尔甘以出人意料的方式应用分析学以外的思想处理分析学的问题。他在非线性偏微分方程上的工作结合了来自调和分析和数论的概念。布尔甘也为傅里叶分析作出了重要贡献,他在工作中应用了几何学的思想。"[105]

林登施特劳斯(J. Lindenstrauss)则用更为生动的语言对布尔甘的工作作了简要介绍。他写道:"布尔甘的研究领域涵盖了分析学的几乎全部方面。他有一种极其强大的分析能力,他常将这种能力同'软'分析的思想和方法相结合,用以解决来自许多不同领域的一长串著名难题。在他的工作中,人们也发现了许多原本似乎很不相关的领域之间存在着令人吃惊的联系。"[106]

要想把布尔甘的成就的实质性部分都列举出来简直是不可能的,我们在这里也仅能提到他所得到的几个重要结果(主要是那些不需要用准确的定义阐述的结果)。

(1) 利用来自解析数论和调和分析的工具,布尔甘证明了如下结果。设 T 是在一个概率空间 Ω 上保持变换的一个遍历测度,并设 $P(k),k=1,2,\cdots$ 是一个"好的"算子序列[例如,值 $P(k)$ 由带正整数系数的一个多项式 P 在正整数或第 k 个素数上取得],则对于每一个 $f\in L_p(\Omega), p>1$,序列

$$n^{-1}\sum_{k=1}^{n}f(T^{P(k)}x), \quad n=1, 2, \cdots$$

在 Ω 上几乎处处收敛。

(2) 在巴拿赫空间理论和调和分析中的一个著名问题是,是否存在并非 $\Lambda(4)$ 集的 $\Lambda(3)$ 集。通过利用牢固的分析和论证,布尔甘证明了对于每个 $p>q>2$,存在不是 $\Lambda(p)$ 集的 $\Lambda(q)$ 集。这一证明确定了对于 $L_2(\Omega)$ 中的标准正交序列的一个更一般的假设是成立的,并且导致了在标准正交系统上更难问题的解答。

(3) 设 f 是平面上的连续函数,并设 $F(x)$ 是在圆心为 x 的圆周上 f 的平均值的最大值(相对于半径的最大值)。那么,有没有一种通过 f 的"大小"去

估计F的"大小"的方法呢？当$n \geq 3$时通过利用L_2估计对这种类型的估计是已知的。已知L_2估计在平面内失效。布尔甘通过应用精致的几何论证证明了当$p > 2$时的L_p估计，从而解决了这一问题。这个结果也解决了一个长期存在的关于平面内某些分形集合存在性的开问题。

（4）复分析中一个广为人知的问题是，设$f(z)$是平面内开单位圆盘上的一个有界解析函数，是否存在方向$\theta, 0 \leq \theta < 2\pi$，使得在方向为$\theta$的半径向量上的$f$的限制具有有界变差？已知这些"好的"$\theta$一般是并非正测度的或第二范畴的。布尔甘证明了这样的θ总是存在的，甚至构成了豪斯多夫维数为1的一个集合。

（5）在R^n内调和分析（同时也是偏微分方程）的中心问题是关于博赫纳-里斯乘子的有界性（在适当的L_p模中），到某些子流形（如球面）傅里叶变换的限制的有界性，以及通常关于振荡积分的估计问题。这一领域仍有许多很难的悬而未决的问题。布尔甘在这一方向上的主要突破是，他首次得到了在$n \geq 3$维中某些问题的结果（包括某些决定性的结果），它们超乎由插值从已知的L_2估计推出的结果。他的工作包含了关于在$R^n, n \geq 3$中卡克亚类型集合的某些新的构造性的结果。

（6）布尔甘还做了假如在空间变量上数据是周期的情形下，诸如薛定谔方程或KdV方程这样的方程的初值问题，在数据的空间度量是周期的情形下，在L_2内关于适定性的一些开创性工作。在非周期情形下，这种类型的结果是已知的。而周期情形的处理需要若干新工具，包括关于在R^2中特征的某些算术子集的$\Lambda(p)$常数的估计。布尔甘的结果也给出了关于给定数据所需光滑性的最小量的精确信息。而且，他也得到了在非周期情形下对于非光滑初始数据的新的适定性结果。在证明中布尔甘应用了主要来源于周期情形考察的新的空间时间模。作为这种方法的一个应用，布尔甘能够对非线性薛定谔方程构造在吉布斯度量的支集上的一个流动，并证明这一流动的不变性。

林登施特劳斯在其介绍布尔甘工作的文章中最后写道："布尔甘的许多

方法和结果已经对其他数学家的研究工作产生了显著的影响。他所打开的许多扇大门也自然会导致对他自己的结果的更好理解(包括他原有证明的简化)。另一方面,他的解析方法的许多方面还未被数学界完全理解。他的工作一定会强烈地影响未来几十年的分析学研究。"[106]

布尔甘在非线性偏微分方程领域不仅作出了匠心独具的研究,而且还有非常精辟的见解。他应邀在1994年国际数学家大会上介绍了非线性方程领域的一些最新研究。他说:"话题的选择主要受报告人自己兴趣的影响,在任何意义上都不是这个领域的纵览。"

布尔甘还曾指出:"事实上,关于周期情形中的初值问题的文献远远少于线上的,并且理论上发展较少。结果导致周期情形的分析的极大不同,且需要新思想。一些新思想甚至引出线上相应问题的进展。"[104]

布尔甘长期活跃在数学学术最前沿的研究领域,2000年他用极巧妙的方法将挂谷问题(Kakeya Problem)与算术组合学建立起关系。年逾六十仍不断发表高水平的论文。

布尔甘于2018年12月22日在比利时邦海登逝世,享年64岁。

▲
利翁

Pierre-Louis Lions

利翁在过去 15 年里为数学作出了独特的贡献。他的贡献覆盖了众多领域,从概率论到偏微分方程。在偏微分方程领域,他在非线性方程上做出了若干漂亮的工作。[105]

——瓦拉德汉(S. R. S. Varadhan)

众所周知,非线性偏微分方程已经成为一门颇为庞大的学科,它与其他许多数学领域和诸如物理学、力学、化学、工程学等学科,拥有一段长期的带有深刻而丰富联系的历史。[107]

——利翁

利翁是法国数学家,1956年8月11日生于法国阿尔卑斯滨海省的格拉斯。由于他发展了非线性偏微分方程理论中的粘性方法和变分方法,在解玻耳兹曼方程方面有特殊贡献,并将其应用于物理和化学等诸多领域,于1994年荣获菲尔兹奖,时年38岁。

利翁从1975年到1979年就读于巴黎高等师范学院,博士论文由布雷切斯(H. Brézis)指导,1979年获皮埃尔和玛丽·居里大学(巴黎第六大学)博士学位。1979—1981年进入位于巴黎的国家科学研究中心从事研究工作。1981年,他被任命为巴黎-多菲内大学教授。在担任这个职务的同时,他还从1995年开始兼任国家科学研究中心的研究主任。自2002年以来,他作为法兰西学院教授,担任"偏微分方程及其应用"主席,他是法国科学院院士和欧洲科学院院士。

在利翁获得菲尔兹奖之后,杰克逊为他的获奖工作作了一个简短的概括性介绍。杰克逊写道:"利翁由于在过去15年里对偏微分方程的若干领域所作的贡献荣获菲尔兹奖。利翁的工作是非常重要的,因为他发展的方法的变形已经应用于众多类型的方程。这在很大程度上要归功于利翁的所谓'粘性方法',该方法已经成为对产生于不同应用的许多方程都非常有用的优美而又综合的理论。对于理解产生于动力学理论和物理学的其他领域的玻耳兹曼方程和其他迁移方程,利翁也作出了重要贡献。在利翁的工作之前,理解这些方程的一般理论是不存在的。另外,他还发展了变分问题的'集中紧性'的概念。"[105]杰克逊另外写道:"此外,选择利翁为菲尔兹奖得主,可以把人们关注的中心聚集到应用数学这样一个许多人认为在以前的大会上已被忽略的领域。"[105]

在1994年苏黎世国际数学家大会上,利翁除了获奖,还被邀请作了一小时大会报告。同时,纽约大学库朗数学科学研究所的瓦拉德汉为利翁的获奖工作作了介绍。他在一开始就说:"利翁在过去15年里为数学作出了独特的贡献。他的贡献覆盖了众多领域,从概率论到偏微分方程。在偏微分方程领域,他在非线性方程上做出了若干漂亮的工作。他的选题动机总是由应用引起的。在物理、工程和经济领域中的许多问题如果要用数学术语描述时,就会用到非线性偏微分方程。这些问题通常都是很困难的。非线性使得每个方程各不相同。利翁的工作之所以重要,是因为他发展了这样的技巧,通过变形,可以应用到各类求解非线性方程的问题中。"[108]然后,他又着重于利翁在非线性偏微分方程中的三个主要研究领域(即粘性方法、玻耳兹曼方程和变分问题)进行了介绍。

利翁作为一位应用数学家,在《关于玻耳兹曼方程及其应用》一文中指出:"此方程被玻耳兹曼(L. Boltzmann)和麦克斯韦(J. C. Maxwell)引入已超过一个世纪(1872年),但似乎可以公正地说仍有许多与此有关的数学问题还未明了。"[109]"从物理学观点看,这是一个重要模型,因为它是试图描述不处在热力学平衡而趋于平衡的物理状态的少数模型之一。"[109]

"实际上,可以说关于玻耳兹曼方程的近期的数学进展是由工业和工程应用引发的……同时,重新燃起的对此问题的兴趣,与计算机水平和计算速度的提高有很大关系……最后,我们也要看到,有关此模型的日益增多的科学活动也许是复杂系统的物理建模,即中视觉模型逐渐得到应用的一个趋势。中视觉模型适于中视觉尺度,即可以是介于宏观尺度和像原子尺度那样的'纯微观尺度'之间的尺度。"[109]

"我们在数学上要讨论的模型,即经典的玻耳兹曼方程,只是基本的。……可是从数学的观点看,经典模型集中了所有本质上的数学难题。"[109]

埃文斯(L. C. Evans)曾应《美国数学会通告》杂志的邀请为利翁的获奖工作撰文。他写道:"利翁是在非线性偏微分方程和相关课题方面的世界上最伟大的研究者之一。他已经作出了横贯许多学科的纯粹的和应用的发现,同时也是真正的基本发现,而且他发表的论文、出版的著作是那么的数量众多、品种各异,以至于难以进行简单分类。"[106]

"事实上,非线性偏微分方程并没有所谓的核心理论,也不可能有。偏微分方程的来源是如此众多——物理的、概率的、几何的等等,以至于使这一领域成为不同子领域的联合,每个子领域通过根本不同的方法用不同的非线性偏微分方程研究不同的现象。利翁在他那贯穿这一领域、穿越这些界限以及解决紧迫问题方面表现出来的令人难以相信的能力是唯一的。"[106]

下面我们就简单浏览一下利翁工作中的一些精彩部分。

在非线性一阶偏微分方程的研究中,一个真正的重大突破是 1983 年利翁与克兰德尔(M. G. Crandall)提出的哈密顿-雅可比方程"粘性解"的理论。这一工作解决了这个课题中的一个基本困难,即这样的非线性偏微分方程完全不具有短时间后的光滑甚至 C^1 的解。经典的特征线(即可以沿着它计算偏微分方程解的曲线)互碰是典型的,而由此产生的聚集作用破坏了正则性,已使得偏微分方程本身不再有意义。

因此,仅有的选择是寻找某种合适的"弱"解。这个任务的实际作用是弄清如何容纳某些"物理上正确"的奇异性和如何排除其他的情形。但这似乎无法入手,尤其是对于非凸的哈密顿方程。利翁和克兰德尔最后通过把注意力放在粘性解上解决了这个问题。粘性解是依据在解的图形被一个光滑检验函数接触到一侧或另一侧的任何位置上成立的某些不等式定义的。换句话说,这一思想按定义是要求一个粘性解相应于光滑的次解或超解满足一个比较准则。利翁和克兰德尔的过人之处在于领悟到这样的粘性解实际上相对于其他的粘性解满足比较准则。唯一性和诸如存在性、收敛性、稳定性,以及数值方法也随之而得。整个理论可以被看成是深奥的、非同寻常的最大值原理在强非线性情形下的应用。

粘性解方法,以及随后由詹森(R. Jensen)完成的向完全非线性二阶椭圆方程的扩张,已经完全使偏微分方程产生了革命性的突破,解决了由哈密顿(W. R. Hamilton)、雅可比、卡拉吉奥多利(C. Carathéodory)和其他许多人留下的开的基本问题。另外,利翁还作出了决定性的发现,即在微分控制和对策问题中最优条件蕴涵关于合适的贝尔曼或伊萨克斯偏微分方程粘性解的定义不等式。

利翁进行的动力学方程研究的核心还有完全不同的思想。1989年,他同迪佩尔纳(R. J. DiPerna)合作,严格证明了带有一般初值数据的对碰撞硬球面密度的玻耳兹曼方程解的存在性。为了构造"重正化的"解,利翁和迪佩尔纳引进了通过简化碰撞算子得到的较简单的近似问题的一个解序列,方法就是证明这些近似事实上收敛,并且证明把此极限看作玻耳兹曼方程的解这一结论是正确的。因为只有某些物理上自然的但解析上颇弱的矩和熵的估计是可用的,这是个似乎不可能的期望。但是,利翁和迪佩尔纳正是要设法实现这一点,而这主要是通过利用利翁等人早先发现的速度空间平均使得光滑性进而紧性有微小增加的结论实现的。利翁和迪佩尔纳在证明过程中也引进了其他几个改进,其中值得注意的是沿粒子路径的重正化和广义积分。

近几年,利翁还与珀塞姆(B. Perthame)和塔德莫尔(E. Tadmor)合作,利用动力学公式的思想,对其他类型的非线性偏微分方程揭示了对双曲守恒律和纳维-斯托克斯方程的新的紧性现象。这一工作是对有关微观模型和相应的宏观行为研究中的重大理论问题的一个具有深远意义的贡献。

目前,利翁正在进行另一项庞大的研究计划,其主题涉及"集中的紧性"技巧,即研究能量集中作用。在已完成的一系列论文中,他详细刻画了在数学物理中对各种泛函的极小化序列的紧性的失效,并且发明了利用泛函的群不变量储存紧性的方式。他所采用的基本工具是记录着集中的某些度量。对于集中的结构,他则通过次加性不等式和特殊问题的非线性特征来加以限制。另外,他还同夸夫曼(R. Coifman)、迈耶(Y. Meyer)和塞姆斯(Semmes)一起,发现了将从偏微分方程理论而来的各种各样的自然表达放入哈代空间中的一个简单准则。这一发现已经导致贝蒂埃尔(Bethuel)在调和映射上的重要发现。

最后,我们还应提及利翁在应用数学领域的广泛工作。他早期在随机控制理论上的研究目前已经导致关于噪声干扰的动态规划偏微分方程的控制的一个颇完整的理解。有意义的技术成就,如在克雷洛夫(N. V. Krylov)

的相关发现中,是处理在噪声项的系数中出现控制的情形;在这一设定中微分方程是完全非线性的。另外,利翁还广泛进行了关于偏微分方程的各种数值算法的严格分析。特别是他也在利用偏微分方程的技巧,提出和研究图像处理中各种各样的"从遮挡中产生的形状"并改进的曲率运动算法。

  利翁的工作可谓硕果累累,我们只能略述上述几项。正如利翁1994年在菲尔兹奖颁奖典礼上所说的:"众所周知,非线性偏微分方程已经成为一门颇为庞大的学科,它与其他许多数学领域和诸如物理学、力学、化学、工程学等学科,拥有一段长期的带有深刻而丰富联系的历史。我们不应该有要纵览这个领域中一切活动的企图。"[107]

▲ 约科

Jean-Christophe Yoccoz

> 约科可以被认为是动力系统理论领域最卓越的专家。[106]
>
> ——杜阿迪（A. Douady）

> 概括地说，动力系统理论的目标，正如它应该是的那样，是理解大部分系统的大部分动力学。[110]
>
> ——约科

约科是法国数学家，1957年5月29日生于法国巴黎。由于他将复动力系统的拟周期情形和双曲情形加以复合，从而对更一般的复动力系统的性状和分类得出了深刻的结果，对动力系统的发展作出了重大贡献，于1994年荣获菲尔兹奖，时年37岁。

约科在学生时代就出类拔萃。1975年他在巴黎高等师范学院的入学考试中拿了第一名；1977年又以并列第一名的成绩，通过了数学教师资格考试。

1979年，约科进入法国国家科学研究中心，做数学家M·赫曼(M. Herman)的助手。1981—1983年在巴西服完兵役之后，在赫曼的指导下，他于1985年完成了博士论文。作为动力系统的先导性专家赫曼的学生，约科能在动力系统领域作出一些成绩并不会令人惊奇。可是，他那么快就确立了自己在这一领域中最卓越研究者的地位，却是不同寻常的。在他的博士论文中，约科通过在较弱的假设下给出并得到同样结论的较简单证明方式，改进了他导师赫曼的定理。

因为约科的出色工作，1987年他很快就被任命为巴黎南大学(巴黎第十一大学)教授。同时，他还是法国大学研究所的成员，法国国家科学研究中心拓扑和动力学联合研究会的成员。自1997年以来，他担任法兰西学院教授直至去世，他是布尔巴基学派成员，1994年当选法国科学院院士和巴西科学院院士。

约科被认为是动力系统领域最杰出的专家。在一般人的观念里，动力系统应属力学范畴，人们对它与经典数学理论的联系知之甚少。我们知道，自然界中常出现一些随时间而演变的体系，如行星系、流体运动、物种延续等等。这样的一些体系，如果都有数学模型的话，则它们的一个共同的最基本的数学模型是：有一个由所有可能发生的各种状态构成的集合 X 并有与时间 t 有关的动态规律 $\varphi_t: X \to X$。这样，一个状态 $x \in X$ 随时间 t 变动而成为状态 $\varphi_t(x)$。如果 X 是欧几里得空间或一个一般的拓扑空间，时间 t 占满区域 $(-\infty, \infty)$，动态规律 φ_t 还满足其他简单且自然的条件，则得一动力系统。这时,过每一点 $x \in X$ 有一条轨线,即集合 $\{\varphi_t(x) \mid t \in (-\infty, \infty)\}$。

如果 X 是一欧氏空间,或较广地是一光滑流形,且动力系统 $\varphi_t: X \to X$ 在每一 $x \in X$ 处对 t 可微: $\left(\dfrac{\mathrm{d}\varphi_t(x)}{\mathrm{d}t}\right)_{t=0} = S(X)$,则称该系统为常微分方程组 $\dfrac{\mathrm{d}x}{\mathrm{d}t} = S(x)$ 或常微系统 S 所产生。其逆,若 X 是紧致光滑流形,其上先给有一 C^1 常微系统 S,则根据基本的常微分方程理论,S 恒产生一动力系统。这里,S 是 C^1 的,即 S 对 x 连续地可微。

综上所述,动力系统理论与常微分方程定性理论中所探讨的内容似无多大区别,然而也有不同的侧重面。动力系统着重在抽象系统而非具体方程的定性研究,其研究办法着眼于一族轨线间的相互关系,换言之,是整体性的。这种整体性有些是拓扑式的,也有些是统计式的,后者主要是遍历性的。动力系统理论是经典常微分方程理论的一种发展。

动力系统理论的研究始于 19 世纪末庞加莱对太阳系稳定性的研究。早在 1881 年,庞加莱便开始对常微分方程定性理论进行探讨,他所讨论的课题,如周期性、周期轨道的存在及回归性等,即成为后来所说的动力系统这一数学分支最早的研究方向。

从庞加莱开始,许多数学家陆续发展了描述在非常一般的情形下有关长期性质的理论。他们也已对许多既"简单"又典型的实例进行了细致研究,在哪里会出现一般的现象,而在哪里可能离明确的描述尚远。这就是复多项式迭代的情形,它能产生分形对象,如茹利亚集和芒德布罗集,利用计算机可以生成各种各样的美丽图形。法图(P. Fatou)、茹利亚(G. Julia)、柯尔莫哥洛夫、西格尔、阿诺尔德、斯梅尔、赫曼、帕利(J. Palis)和约科等一大批数学家都对此作出了贡献。人们总是在产生显著的结果之前花费大量的时间寻求最终的答案。在动力系统领域也是如此。他们经过不懈努力,已经证明了稳定的性质,包括动态的稳定(正如对太阳系寻求的那种)或结构上的稳定(意味着系统的整体性质在参数变化下的持续性)。

约科对于圆周两个解析自同胚解析自共轭给出了最终条件。他对西格尔定理、布(尔)琼诺定理给出了简单证明,并证其逆定理。他与帕利合作给出了莫尔斯-斯梅尔系统的无穷可微共轭的不变量的完全组。他还与人合作证明:不存在二维球面 S 的同胚,使两极点不动而使所有其他点具有一个稠密轨道。

约科凭借敏锐的几何直觉、深厚的分析功底并借助于电子计算机,成功地确定了一些稳定性定理的精确有效范围。他的工作得到了同行的高度评价。杜阿迪在评述他的菲尔兹奖获奖工作时说:"约科很快确立了自己在这一领域的领袖地位,他在其他结果当中确立了关于某些稳定性定理成立范围的精确界限。他结合极其敏锐的几何直觉,运用令人印象深刻的分析技巧,再加上透彻的组合感觉,去进行他擅长的'棋赛'。他有时会花半天时间用手或计算机做数学'实验'。'当我做这样的一个实验时,'他说,'令我感兴趣的不只是结果,而且是实验借以展开的方式,它阐明了真正进行的是什么。'约科已经发展了一种茹利亚集和芒德布罗集的组合研究方法——'约科拼图游戏',它容许深刻的洞察。"[106]

约科对动力系统的有关问题发表过不少深刻见解。他在 1994 年荣获菲尔兹奖后所作的报告中说:"概括地说,动力系统理论的目标,正如它应该是的那样,是理解大部分系统的大部分动力学。"[110]

约科还指出:"理论的最终目标应该是把动力系统分类直至共轭性。这对于某些简单系统可以达到;但是,即使对于(比如)二维环的光滑微分同胚,这个目标也是完全不现实的。于是,我们不得不安于更有限地但仍可怕地,去理解大部分系统的大部分动力学任务。"[110]

他接着指出:"后一句中的'大部分'一词可以被认为既是拓扑又是度量的意思。从拓扑的观点看,它意味着开且稠……从度量的观点看,我们会对系统的几乎每一点去理解勒贝格轨道。当考虑光滑的参数化的映射或微分同胚族时,我们也会对几乎所有参数值去理解动力学。"[110]

他还认为:"我们能理解的动力学现象分成两类,双曲动力学和拟周期动力学；常常还会发生的是，特别是在保守情形中，一个系统表现出既有双曲又有拟周期的现象。……我们要发展这些概念，保持对动力学的一个合理的理解，以尽可能多地解释各种系统。于是，就出现一个大问题：这些概念对理解大部分系统是否足够？"[110]

约科将复动力系统的拟周期情形和双曲情形加以复合，从而对更一般的复动力系统的性状和分类得出了深刻的结果，对动力系统的发展予以极大的推动。

1994年，约科应邀在瑞士苏黎世举行的国际数学家大会上作过一小时大会报告。

2016年9月3日，约科在法国巴黎因病逝世，享年59岁。

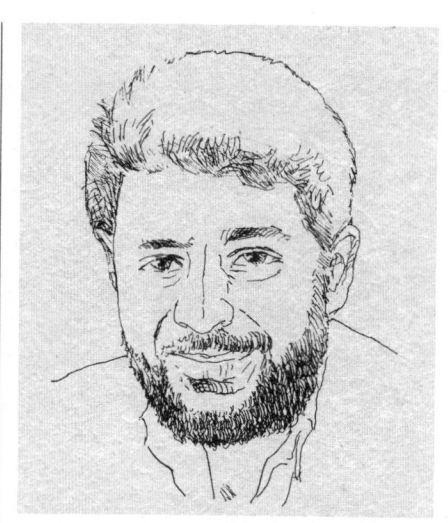

▲
泽尔曼诺夫

Efim Isaakovich

Zelmanov

泽尔曼诺夫在弱伯恩赛德问题上的工作对环论和群论都有深远的影响；在群论本身中，它对紧（投射有限）群、prop-p群、p进李群的理论、各种群恒等式的研究等等，都有应用。[106]

——沙列夫（A. Shalev）

伯恩赛德问题对于具有无论奇或偶的充分大的指数 n 的群存在否定解。……弱伯恩赛德问题逐渐显现：对于给定的 $m \geqslant 1, n \geqslant 1$，是否仅存在指数 n 的有限多的有限 m 生成群？[111]

——泽尔曼诺夫

泽尔曼诺夫是俄裔美籍数学家，1955年9月7日生于苏联哈巴罗夫斯克市的一个犹太家庭，由于他完全解决了群论中的一个著名难题——弱伯恩赛德问题，于1994年荣获菲尔兹奖，时年39岁。

泽尔曼诺夫1972年（17岁时）就读于新西伯利亚州立大学，并于1977年获硕士学位。随后，他成为该大学的教师，一边教学，一边从事研究工作。在希尔绍夫（A. I. Shirshov）和博库特（L. A. Bokut）指导下，他于1980年获得副博士学位。1985年，泽尔曼诺夫在列宁格勒大学获博士学位，他撰写的关于非结合代数的博士论文，通过把有限维若尔当代数经典理论的结果推广到无限维，完全改变了整个若尔当代数学科。泽尔曼诺夫在1983年举行的华沙国际数学家大会上专门报告了他的这项工作。

1980年，泽尔曼诺夫成为新西伯利亚苏联科学院数学研究所的初级研究员，1985年升为高级研究员。1986年，他又被提升为苏联科学院数学研究所首席研究员。1987年，泽尔曼诺夫移居美国，1990—1994年在美国威斯康星大学麦迪逊分校数学系执教。1994—1995年，他任芝加哥大学教授，之后又到耶鲁大学任教。2011年，他成为加利福尼亚大学圣地亚哥分校教授。

泽尔曼诺夫的主要成就是解决了弱伯恩赛德问题，这是属于群论的范畴。关于群论我们知道：对于一个群G中的一个元素g，如果存在$n \geq 1$使得$g^n = 1$，则称该元素g为周期的。具有此性质的最小数n称为g的阶。如果一个群G中的每个元素都是周期的，则称该群是周期的。如果一个群G中所有元素的阶是一致有上界的，该群则被称作有界指数的周期群。具有此性质的最小数n被称为G的指数。在此基础上就产生了伯恩赛德问题：具有有界指数的一个有限生成群是不是有限的？

但是，正如沙列夫指出的那样：很奇妙的是，泽尔曼诺夫不是一位经过专门训练的群论理论家。他绝大多数的数学工作属于非结合代数范畴。在他的博士论文和早期的论文当中，他已经变革了若尔当代数的理论。他可以把在有限维若尔当代数中的经典结果推广到无限维的情形，在那里结构定理明显更为困难。这成为他的若干工作的一个主题。1987年,泽尔曼诺夫又解决了李代数理论中的一个重大问题。我们知道,有限维李代数中的一个基本结果是恩格尔恒等式 $ad(y)^n = 0$ 意味着幂零性。可是,对于无限维李代数中的类似问题,很多年来却一直没有得到解答。泽尔曼诺夫对恩格尔恒等式的证明意味着在特征为零的任何李代数中的幂零性。他的优美证明应用了关于对称群的李超代数和表示理论。对李代数中恩格尔恒等式的分析,构成了泽尔曼诺夫等人构建的关于非结合代数的PI(多项式恒等式)理论的一个部分。

或许是泽尔曼诺夫在恩格尔恒等式上的兴趣激发了他从1991年开始着手研究弱伯恩赛德问题。所谓伯恩赛德问题是群论中的一个著名难题。早在1902年,英国数学家伯恩赛德曾在一篇论文中写道:"不连续群理论中的一个尚未确定之处为:当一个群所包含的每个运算的阶是有限的,它的阶是否可以不是有限的?"这导致了数学家们考察下列根本问题:

(1) 强伯恩赛德问题:每个有限生成挠群是不是有限的?
(2) 伯恩赛德问题:每个有限指数的有限生成群是不是有限的?
(3) 弱伯恩赛德问题:指数为 n 的 d 生成有限群的阶是否有界?

其中,挠群是指群 G 中的每一个元素都有有限阶的群,而群 G 的指数是使得 $x^n = 1$ 对一切 $x \in G$ 均成立的最小的 n。

对于指数为2的群,其有关问题(2)的回答是肯定的,这是一般大学生都能解决的简单问题。对于指数为3的情形也较为简单,已由伯恩赛德本人解决了。鉴于问题本身似乎很基本以及对于小指数的肯定回答,在20世纪初人们希望对问题(1)和问题(2)会有肯定的解答。但情况并非如此。到了20世纪30年代后期,在多年的尝试均告失败之后,人们便开始对问题(3)进行研究;马格努斯(W. Magnus)将问题(3)命名为它现在的名字。

为了明确问题(2)和问题(3)之间的关系,令 F_d 是在 d 生成元上的自由群,并令 F_d^n 是在 F_d 中由一切 n 次幂生成的子群,于是 $F_d^n \vartriangleleft F_d$ 而且我们能够形成商群 $B(d,n) = F_d / F_d^n$。$B(d,n)$ 是不是有限的,这一问题就是伯恩赛德问题的核心内容。弱伯恩赛德问题是问(可能无限的)群 $B(d,n)$ 是否有一个最大的有限商。现在(对于给定的 d 和 n)这一点已很清楚,即对问题(2)的肯定解答意味着对问题(3)的肯定解答。事实上,弱伯恩赛德问题可以被看成是对于剩余有限群(亦即那些有限指标子群在恒同处相交的群)的伯恩赛德问题。

伯恩赛德问题在整个 20 世纪引起了数学家们的广泛关注。由萨诺夫(I. N. Sanov)和霍尔(M. Hall)所做的早期工作分别提供了对问题(2)的关于指数为 4 和 6 的情形的肯定解答。1964 年,戈洛德(E. C. Golod)通过构造一个无限的有限生成 p-群,对强伯恩赛德问题提供了一个否定的回答。4 年后,诺维科夫和埃迪恩(S. I. Adian)证明了,如果 $n \geq 4381$ 是一个奇数,那么存在指数为 n 的无限的 2-生成群,对 n 的限制随后被减弱了。对于(大)偶指数的结果则由伊万诺夫(S. Ivanov)所完成。由奥利尚斯基(A. Yu. Ol'shanski)和里普斯(E. Rips)发展的几何方法产生了新的构造,并且显示出有限指数的群可以如何地广泛。但是,伯恩赛德问题对于小指数的情形仍未获解决,其中最引人注目的是 $n = 5$。

弱伯恩赛德问题则是沿着一条完全不同的途径发展的。由霍尔(P. Hall)和希格曼(G. Higman)在 1956 年证明的一个约化定理表明,假定任意指数的有限简单群仅存在有限多个,而且关于有限简单群的外自同构群可解性的施赖亚猜想成立,就足以对问题(3)给出对于素幂指数 $n = p^k$ 的肯定回答。在这种情形下,问题中的群 G 是有限的 p-群,而且它们的下中心序列产生具有 p 元素的在域 F_p 上的李代数 L,马格努斯证明了,如果 $n = p$,那么这些李代数满足恩格尔恒等式 $ad(y)^{p-1} = 0$。

因此,对于素指数 p 的弱伯恩赛德问题可以转化为如下的李理论问题:在 F_p 上的满足 $(p-1)$ 恩格尔恒等式的李代数是否局部幂零?科斯特里基(A. Kostrikin)在他证明的一个定理当中对这个问题给出了肯定的回答,于是素指数情形下的弱伯恩赛德问题便得到了解决。

将科斯特里基方法向素幂指数 $n = p^k$ 推广的困难之一是,在这种情形下

无法确定相伴李环 L 是否满足任何固定的恩格尔恒等式。结果是尚不存在向自然的李理论问题的约化。在泽尔曼诺夫所做的关于弱伯恩赛德问题的工作中,第一个有意义的步骤是建立这样一个约化。他在论文中证明了,为了给出一个肯定的解答,只需证明在满足一个恩格尔恒等式特征 p 的一个无穷域上的李代数是局部幂零的。

完成此约化后,泽尔曼诺夫又开始着手证明特征 p 的恩格尔李代数的局部幂零性。他对于 $p>2$ 以及 $p=2$ 的出色证明,将一种令人吃惊的技术能力与来自各学科的高度新颖的思想相结合。这一证明运用了由麦克里芒(K. McCrimmon)和泽尔曼诺夫早先发展的对(二次)若尔当代数的一个深刻的结构理论,以及均幂和其他工具;它也依赖于科斯特里基和泽尔曼诺夫所合作建立的所谓三明治代数的局部幂零性。由于李代数很久以来一直被认为是弱伯恩赛德问题领域的一个自然的"运动场",因此在这个领域内出现若尔当代数是没有先例且又令人惊奇的。对于 $p=2$,若尔当代数是很关键的,但是也被用于奇素数。或许弱伯恩赛德问题被技巧和兴趣如此广泛的数学家所解决并不是凑巧:一群深陷其中的理论家(或李理论家)是不会发现这样一个证明的。

泽尔曼诺夫证明的更基本表述可以在沃恩–李(M.R.Vaughan-Lee)的专著《弱伯恩赛德问题》中找到。

泽尔曼诺夫在弱伯恩赛德问题上的工作对环论和群论都有深远的影响。在群论中,它对紧(投射有限)群、prop-p 群、p 进李群的理论和各种群恒等式的研究等等,都有应用。这里只提及其中的一个。霍尔和库拉蒂拉克(C. R. Kulatilaka)的一个经典结果证明,每个无限局部有限群有一个无限阿贝尔子群。在相当长一段时间内,对于紧群的相似问题一直是开问题。通过对以前所用的技巧略作调整,泽尔曼诺夫于 1992 年解决了这个问题。他所得到的主要结果断言挠紧群是局部有限的。这个结果可以被认为是对强伯恩赛德问题的关于紧群的肯定解答。它已经蕴含了每个无限紧群有一个无限阿贝尔子群。

泽尔曼诺夫认为,与弱伯恩赛德问题有关的某些尚未解决的问题包括本原元、有限表示的投射有限群和幂积。关于本原元问题,他认为:"一些与弱伯恩赛德问题有关的开问题可以描述如下:如果我们把周期性只加在一个群的某些元素而不是所有元素上,将会发生什么呢?"[111]这些问题仍在等待数学家们作出回答。

1994年,泽尔曼诺夫应邀在瑞士苏黎世举行的国际数学家大会上作过一小时大会报告。2001年,他当选美国国家科学院院士,时年47岁,是当时最年轻的数学部院士。他还是美国艺术和科学院院士,韩国科学和工程院和西班牙皇家科学院的外籍院士。

▲
博彻兹

Richard E. Borcherds

博彻兹对数学作出了杰出贡献,他荣获菲尔兹奖是对其成就的最好肯定。[112]

——穆尔

在试图证明一个结论时,我认为首先用几个例子去验证是非常有必要的。[113]

——博彻兹

博彻兹是英国数学家,1959年11月29日生于南非开普顿。由于他在代数学和几何学中的杰出贡献,特别是证明了所谓的"魔群月光猜想"(monstrous moonshine conjecture),并发现它与李代数和量子场论等一系列主流问题密切相关,于1998年荣获菲尔兹奖,时年39岁。

博彻兹于1960年移居美国,1981年在英国剑桥大学完成大学学业,1983年又在该校获得博士学位,导师是康韦(J. H. Conway)。他于1983—1987年任剑桥大学三一学院研究员,1988—1992年任剑桥大学皇家学会研究员,1993—1996年任加州大学伯克利分校教授,1996年起任剑桥大学理论数学和数理统计系的皇家学会研究教授。他目前是加州大学伯克利分校数学系教授,其中2000—2001年担任米勒研究所教授。博彻兹2000年当选美国艺术与科学学院院士,2014年当选美国国家科学院院士,现为英国皇家学会会员。

博彻兹的许多出色工作都与"魔群月光"相关,而他是从有限单群理论研究开始其学术生涯的。

群是描述对称性的数学分支,是满足一定算术规则的集合。代数学中一个重要定理是说所有的群,不管多大和多么复杂,都是由一些同样的元素所组成,就像物质世界都是由原子组成的一样。所谓的有限单群是指除了单位元群以外没有其他正规子群的有限群。有限单群是有限群结构的基石,并一直是群论研究的中心问题。有限单群分为四大类:

(1) 素数阶的循环群,包括所有的交换群;

(2) 所有偶置换构成的交错群;

(3) 李型单群;

(4) 零散单群,即不属于以上三类的有限单群,共有26个。

与博彻兹的研究工作紧密相关的所谓"魔群"是零散单群中最大的一个,它的阶数为:

808017424794512875886459904961710757005754368000000000 = $2^{46} \cdot 3^{20} \cdot 5^9 \cdot 7^6 \cdot 11^2 \cdot 13^3 \cdot 17 \cdot 19 \cdot 23 \cdot 29 \cdot 31 \cdot 41 \cdot 47 \cdot 59 \cdot 71$,

即存在 15 个素数 p，使得同余子群 $\Gamma_0(p)$ 在 $SL(2,R)$ 中的正规化子具有"零亏格性质"，即模去这个正规化子的上半平面的紧化是亏格为零的黎曼曲面，于是在这个离散群之下模函数不变量的域仅由一个函数所生成。令人惊奇的是这 15 个素数整除有限单"魔群"(monster)的阶。这个魔群是由费歇尔(B. Fischer)和格里斯(R. Griess)"发现"的，其存在性后来被格里斯证明，他的做法是把这一魔群构造为一个维数为 196 884 的全新的代数自同构群。"魔群"是代数中最奇异的研究对象，它比宇宙中的基本粒子数（约 10^{80}）更大，因此被人们取名为"魔"。

对有限单群的分类和具体地构造单群是代数中的重要问题。而发掘有限单群与其他数学分支甚至与物理学的联系，一直是群论学家们所梦寐以求的。20 世纪 70 年代，当奥格(A. Ogg)注意到两个表面上互不相干的数学领域——模函数理论和有限单群理论有着惊人的联系时，"魔群月光"便静悄悄地诞生了。

这里的"月光"不是诗人们所惯指的月亮那柔和而又浪漫的光线，它是空谈和妄想的意思。但数学家们为什么会说魔群月光呢？这还得从麦凯的工作谈起。

我们知道，模函数是定义在单位圆或上半平面内部且以其周界为自然边界的某种特殊解析函数。借助模函数理论，许多经典理论如整函数理论中的皮卡尔定理、正规族理论中的判定定理都可以得到证明。而椭圆模函数既可用来构造物理学中的两维线路，也可用来描述化学中的分子结构。椭圆模函数 $j(\tau)$ 有幂级数展开式：

$$j(\tau) = q^{-1} + 744 + 196\,884 q + 21\,493\,760 q^2 + \cdots$$

其中 $q = e^{2\pi i \tau}$。麦凯注意到椭圆模函数的系数和魔群的表示之间存在着神秘的联系：

$$1 = 1,$$
$$196\,884 = 196\,883 + 1,$$
$$21\,493\,760 = 21\,296\,876 + 196\,883 + 1,$$

等式左边的数字是椭圆模函数 $j(\tau)$ 的系数,而右边的数字则是魔群的不可约表示的维数。尽管麦凯已经发现了以上关系,但一些数学家仍然不相信椭圆模函数和魔群之间有任何联系。他们友好地告诉麦凯,说他是在胡思乱想。而"魔群月光"这一名字便是由康韦命名的,实际上是指麦凯发现的各种推广,特别是模函数和魔群之间的关系。

1978—1979 年,麦凯、汤普森、康韦和诺顿(S. Norton)都在这一领域作出了重大贡献。康韦和诺顿进一步猜测魔群 M 存在一个自然的无穷维 Z 分次表示(记为 $V^{\#} = \otimes_{n \geq -1} V_n^{\#}$),并具有如下性质:对 M 中的 194 个共轭类中的任何一个,都可选取一个表示 $g \in M$,考虑"分次迹",$J_g(q) = \sum_{n \geq -1} (\mathrm{tr}\, g \mid v_n^{\#}) q^n$,其中 $q = e^{2\pi i \tau}$,位于上半平面。J_g 称为麦凯-汤普森级数。特别是 $J_1(1 \in M)$ 应该是一个模函数 $J(q) = q^{-1} + 196\,884 q + \cdots$。这就是著名的康韦-诺顿猜想。

康韦-诺顿猜想的存在性很快就被汤普森、阿特金(A. O. L. Atkin)、方(P. Fong)和史密斯(S. Smith)所证明,但在魔群的具体构造上却没有进展。I·弗伦克尔(I. Frenkel)、列波斯基(J. Lepowsky)和米尔曼(A. Meurman)把格里斯代数的顶点算子和 M 的"月光模"$V^{\#}$ 结合起来研究。对魔群 M,其麦凯-汤普森级数对 $1 \in M$ 就是 $J(q)$。而对具有这种结构的 $V^{\#}$ 的麦凯-汤普森级数来说,还远非全部,仅有一些是可以直接计算出来的。20世纪 80 年代中期,当弦论再次成为热门研究对象时,这种结构被物理学家重新解释为 26 维玻色弦的一种"玩具模型"物理理论,这种弦是与利奇格相伴的 24 维环面堆积的紧化。这样魔群就是理想化的物理理论的对称群。"顶点算子"这一术语就来源于早期的弦论理论。那时这种形式的算子被用来描述"顶点"处的作用。仿射李代数也通过物理上顶点算子的某些变体被构造出来了。

博彻兹就是利用了有限单群理论以外的技巧和思想,特别是利用弦论中的思想来研究康韦-诺顿猜想的。1989 年博彻兹对"月光"给出了数学描述并且证明了这一猜想,他的工作也对其他领域有着重要影响。博彻兹的工作是理论物理学在数学理论中极富成果的应用。尽管弦论在物理学家中还有争论，但它为宇宙起源的许多奇异现象提供了解释，它是在人们试图为宇宙学中的各种理论寻求统一的理论时提出的。弦有长度，但没有维数，它可以是开弦，也可以是闭弦。

博彻兹有着敏锐的洞察力，他引进了公理化概念"顶点代数"，并且注意到了月光模也可赋予 M 不变的顶点代数结构。在弦论的物理基础和二维统计力学中，有比拉文（A. Belavin）、波利亚科夫（A. Polyakov）和扎莫列切柯夫（A. Zamolidchikov）所建立的二维保形量子场论中的"齐拉尔代数"，在数学上就是顶点代数。这个重要概念深刻揭示了传统的交换结合代数和李代数的某些特征。$V^\#$ 上可以有一种顶点算子代数结构（顶点代数结构的一种变体），并且在一个尚未证明的猜想的基础之上，有可能把 $V^\#$ 作为满足一系列自然条件的唯一的顶点算子代数加以刻画。那么费歇尔-格里斯魔群就是一种全新的数学对象的自同构群。数学中顶点代数理论的非经典情形就对应于物理学中弦论的非经典情形。

博彻兹以前一直在建立广义的卡茨-穆迪代数理论，现在人们称之为"博彻兹代数"。卡茨-穆迪代数是一类非常重要的李代数，它推广了有限维半单李代数，在仿射李代数的基本类之外，要想具体地构造出无穷维卡茨-穆迪代数是非常困难的。博彻兹注意到可对"虚单根"现象进行系统研究，结果得到的代数包括大量惊人的例子，博彻兹能够完全地确定它们根的重数，事实上可从适当的顶点代数直接构造出来。对这些代数，他建立了现在称为"外尔-卡茨-博彻兹特征"和"分母公式"的理论。其中最为重要的是他发现了一簇例子，根的重数恰为某些自守形式的系数。

博彻兹最杰出的贡献在于月光猜想。他极富创造性地证明了 $V^\#$ 的所有麦凯-汤普森级数完全与康韦和诺顿写下的194个级数一致，特别是满足零亏格性质，即康韦和诺顿对 $V^\#$ 的猜想成立。他的方法是用 $V^\#$ 与一个秩为2的顶点代数作张量得到一个秩为26的顶点代数，M 可典型地作用其上。在研究过程中，博彻兹广泛吸收了各种思想，其中包括顶点代数理论、博彻兹代数理论（特别是他的奇怪而有趣的"魔李代数"）、弦论（特别是临界的

26维弦论),以及布劳沃(R. C. Brower)、戈达德(P. Goddard)和索恩(C. Thorn)的"非魔一定理"以及模函数理论。他利用适当的子代数的同调对魔李代数给出了"扭转分母公式",并且证明了$V^\#$的级数满足康韦-诺顿"复制公式",这样在初始条件下完全与康韦和诺顿级数一致。

魔李代数的根的重数是$J(q)$的系数以及与分母公式有紧密联系,这样的事实只是掀开了冰山的一角,当博彻兹把这种思想用到大量博彻兹代数上时,发现在经典的模函数和与$SO(n,2)$的算术子群有关的亚纯模形式之间有着令人意想不到的深刻联系,得到的无穷乘积展开在一些簇的模空间上可以推出惊人的新结果。博彻兹和其他一些数学家在建立魔李代数与镜面对称和弦论偶之间的关系方面作出了非常卓越的贡献。

博彻兹的思想影响广泛,例如他建立的顶点(算子)代数就有巨大的价值,用它可以提出新问题和解决新问题。下面是几个例子:用顶点算子代数开创(几何的)保形场理论,模特征的模变换性质的一个顶点-算子-代数的理论证明以及顶点(算子)代数和它们的模自然而然的构造方法。

以上介绍的只是博彻兹最重要的一部分工作,我们从他的论文中可以了解到他更多的工作和思想。特别是最近,他又对月光理论提出了10个问题,毫无疑问这将对该领域的研究起到巨大的推动作用。

对于博彻兹的工作,加州大学伯克利分校数学系主任穆尔教授评价道:"月光猜想最初提出时似乎极为奇怪,取了那样一个不同寻常的名字,但是博彻兹却在模函数和魔群之间建立起了联系,并用所谓的卡茨-穆迪代数工具证明了这一猜想,他对数学作出了杰出贡献,他荣获菲尔兹奖是对其成就的最好肯定。"[112]

对于博彻兹建立的顶点代数,许多数学家都不明白究竟,他们希望博彻兹能用几个例子来说明。博彻兹曾用非常直观的语言解释道:"写出顶点代数的例子是很容易的,群作用其上的任何交换环都是例子,但是要找出非交换的例子却不容易,其原因在于非平凡的顶点代数都是无限维的。"

还值得一提的是,博彻兹上学时的数学成绩特别优异,曾两次代表英国参加国际数学奥林匹克竞赛,1977年获得银牌,1978年获得金牌。除了菲尔兹奖以外,他还于1992年在巴黎召开的第一届欧洲数学家大会上获得欧洲数学会奖,他也获得了伦敦数学会颁发的怀特海奖。另外,他还是1994年苏黎世国际数学家大会的特邀发言人。

高尔斯

William Timothy Gowers

> 高尔斯公布了他的证明后，立即引起组合分析领域数学家的高度重视，因为他采用了全新的方法和与众不同的思路，这项杰作的完成需要对整个数学都有极为深刻的理解。[114]
>
> ——杰克逊

> 我认为21世纪计算机在证明定理的过程中将会起到巨大的作用，理论数学研究的模式将会彻底改观，计算机的作用有可能超出我们现在的想象。[115]
>
> ——高尔斯

高尔斯是英国数学家，1963年11月20日生于英格兰的莫尔伯勒。由于他在泛函分析和组合学领域的突出贡献，解决了由著名数学家巴拿赫提出的一系列著名难题，特别是子空间的无条件基问题，于1998年荣获菲尔兹奖，时年35岁。

高尔斯出生于书香门第，他的父亲是作曲家，祖父是作家，曾祖父是研究帕金森氏症的先驱神经学家。高尔斯1982—1990年一直在剑桥大学学习，先后获得剑桥大学学士、硕士和博士学位。1991—1995年任伦敦大学学院讲师，1995年到剑桥大学理论数学和数理统计系任讲师，同时在三一学院担任研究员，1998年起任数学教授。1999年当选英国皇家学会会员，2012年被英国君主封为爵士。

高尔斯在泛函分析和组合学领域作出了杰出贡献。他在研究工作中利用了大量来自组合理论的方法，将泛函分析和组合理论这两个看似全然不同的领域神奇地联系了起来。泛函分析和组合学有一个共同特点，即它们中的许多问题表述起来非常简单，但解决起来却极为困难。高尔斯利用复杂的数学构造证明了波兰数学家巴拿赫提出的一系列猜想，其中就包括著名的"无条件基"问题。

为了说明高尔斯工作的重要意义，我们有必要先简单了解一下巴拿赫。巴拿赫是波兰数学家，1892年3月30日生于波兰克拉科夫，1945年8月31日卒于利沃夫。他曾在克拉科夫的贾洛尼亚大学和利沃夫工业大学短暂进修过，但主要是靠自学成才，并于1920年获得利沃夫大学博士学位。

巴拿赫是一位性情有些特别的数学家，他的数学灵感多半来自咖啡屋，而不是在办公室里。他喜欢边喝咖啡边与同事讨论数学问题。在咖啡屋里他写了一整本泛函分析问题，其中有些问题由他和他的同事很快解决，但有些问题直到现在却还没有被解决。巴拿赫是20世纪最伟大的数学家之一，他于1929年创办了世界上第一本泛函分析杂志《数学研究》。他是泛函分析的奠基人，曾在1936年的国际数学家大会上作了一小时大会报告。而高尔斯正是由于解决了巴拿赫提出的许多著名难题而荣获菲尔兹奖的。

巴拿赫的主要工作是引进线性赋范空间概念,建立其上的线性算子理论。对于实(或复)数域 K 上的线性空间 X,若有从 X 到 R 的函数 $\|x\|$ 使得:

(1) $\|x\| \geq 0$, $\|x\| = 0$ 当且仅当 $x = 0$;

(2) 对 $a \in K$, 有 $\|ax\| = |a| \|x\|$;

(3) $\|x+y\| \leq \|x\| + \|y\|$。

则称 X 为线性赋范空间,而称 $\|x\|$ 为范数。显然,范数这个概念是 R^n 中向量长度概念的推广。如同有理数系可完备化为实数系一样,任何线性赋范空间也可按照距离 $d(x,y) = \|x-y\|$ 作为度量空间而完备化。所谓的巴拿赫空间就是完备的线性赋范空间,它是数学中最重要的概念之一。巴拿赫空间是一种集合,其元素不是数,而是诸如函数和算子之类的复杂数学对象。但是在巴拿赫空间中,又有可能像对数那样对其元素进行运算。尽管巴拿赫空间高度抽象,但却在许多实际领域都有应用,例如在量子物理学领域。数学家和物理学家关注的一个重要问题是这些空间有什么样的内在结构以及这些空间有什么样的对称性。而高尔斯却构造了一个出乎人们想象的巴拿赫空间,它几乎没有对称性。这样一个极为特殊的构造为泛函分析中的许多猜想提供了反例,其中包括有关巴拿赫空间的著名的超平面问题和施罗德-伯恩斯坦问题。高尔斯的工作也打开了通往彻底解决泛函空间中最著名问题"齐性空间问题"的道路。下面对他的主要工作作一简介。

近几十年来,一方面人们已经知道维数较高的巴拿赫空间理论有丰富的结构,这可以由德沃列茨基(A. Dvoretzky)的一个有关几何欧氏截面的存在性定理看出来。但另一方面人们对无穷维巴拿赫空间结构的认识却进展缓慢,许多由巴拿赫提出的重要问题都没有得到解决。这个僵局最终就是被高尔斯打破的。

一个向量列 $\{x_i\}_{i=1}^{\infty}$ 是巴拿赫空间 X 的绍德尔基,是指对 X 中的任何元素 x 都有唯一的表示:$x = \sum_{i=1}^{\infty} a_i x_i$,其中 x_i 是数。说这个基是无条件的,是指对任何符号选择 $\theta = \{\theta_i\}_{i=1}^{\infty}$,级数 $\sum_{i=1}^{\infty} \theta_i a_i x_i$ 都收敛,而不管 $\sum_{i=1}^{\infty} a_i x_i$ 是

什么样子。在通常的可分巴拿赫空间中,很容易找到基,也很容易证明每个无穷维巴拿赫空间都有一个具有基的无穷维巴拿赫子空间。1973年恩福尔德(P. Enflod)得到的一个著名结果是说,并不是每个可分巴拿赫空间都有基(甚至不具备所谓的逼近性质)。而对无条件基,不难证明几个通常的空间[像$L_1(0,1)$和$C(0,1)$]都不具有无条件基。是不是每个无穷维巴拿赫空间都有一个具有无条件基的无穷维巴拿赫子空间?这成了泛函分析中极具挑战性的难题。长期以来人们猜想每个无穷维巴拿赫空间有一个性质,即它包含一个与C_0或$L_p(1\leqslant p<\infty)$同构的子空间。但是这一猜想被兹纳尔松(B. S. Tsirelson)予以否定。他给出了一个反射空间不包含与任何L_p $(1<p<\infty)$空间同构的子空间。这一构造非常特别,以前的巴拿赫空间的所有例子都是以显式方程给出的,而这一空间却是用隐式方程定义的。后来施伦姆普雷希特(T. Schlumprecht)改进了兹纳尔松的工作,他构造了"任意可缩"的空间。在此基础上,高尔斯于1993年给出了一个可分的巴拿赫空间,它的任何无穷维子空间都不具有无条件基。事实上这一空间还有更好的性质:从这一空间到它的任何子空间的投影都是平凡的。如果一个空间有无条件基,那么存在多个到其子空间的非平凡有界投影。高尔斯将具有这种性质的空间称为世袭不可分空间(hereditarily indecomposable space,简称HI空间)。HI空间具有许多意想不到的性质,例如高尔斯证明了如果Y是一个HI空间,T是一个从Y到Y的有界线性算子,那么$T=\lambda I_y+S$,其中λ是一个数,S是严格奇异的,即它到任何无穷维子空间上的限制都不是同构的。这样一来,每个这样的T要么是指标为$0(\lambda\neq 0)$的弗雷德霍姆算子,要么是严格奇异的,即非弗雷德霍姆算子$(\lambda=0)$。结果Y与它的任何真子空间都不同构。这就解决了经典的"超平面问题":任何无穷维巴拿赫空间是否都同构于它的超平面?

巴拿赫空间理论中有一个问题是:假如X和Y都是巴拿赫空间,而且都与对方的一个补子空间同构,那么X与Y是否同构?如果再加上一些条件,那么答案是肯定的。然而高尔斯却证明了在一般条件下,答案是否定的。

他构造了一个巴拿赫空间 X,X 同构于 $X \oplus X \oplus X$,然而与 $X \oplus X$ 不同构。

1994 年,高尔斯证明了一般的二分定理:每个无穷维巴拿赫空间都有一个子空间,这个子空间要么是 HI 空间,要么具有无条件基。他在证明中用到了组合理论中的无穷拉姆齐理论。有限维巴拿赫空间理论中的研究方法主要是基于测度理论和概率理论。这些方法对无穷维的情形是失效的。无穷拉姆齐理论此时却非常有效。二分结果表明了 HI 空间在一般的巴拿赫空间结构理论中是非常重要的,同时也导致了"齐性空间问题"的彻底解决。一个巴拿赫空间称为是齐性的,是指它与它的所有无穷维子空间同构,而所谓的齐性空间问题是问一个齐性空间是不是巴拿赫空间。

另外,高尔斯还对塞迈雷迪(E. Szemeredi)提出的一个定理给出了相当简洁漂亮的证明。

塞迈雷迪定理是说,对给定的 $\delta > 0$ 和整数 k,存在 $N(k,\delta)$,对任何 $n \geq N(k,\delta)$,集合 $\{1,2,\cdots,n\}$ 中任何包含 δn 个元素的子集合必定包含长度为 k 的算术级数。对于 $k = 3$ 的情形,罗斯用解析数论的工具给出了证明。对于 $k > 3$ 的情形,塞迈雷迪用非常复杂的组合方法给出了证明。几年以后,弗斯滕伯格(H. Furstenberg)又用保测度的遍历结构理论进行了证明。而高尔斯则对所有 k 的情形给出了证明。他所用的主要工具来自弗里曼(G. A. Frieman)有关数的集合的深刻结果。另外,高尔斯的证明还给出了 $N(k,\delta)$ 的估计。"高尔斯公布了他的证明后,立即引起组合分析领域数学家的高度重视,因为他采用了全新的方法和与众不同的思路。这项杰作的完成需要对整个数学都有极为深刻的理解。"[114]

高尔斯对计算机在数学研究中的作用有相当深刻的理解。他说:"我认为 21 世纪计算机在证明定理的过程中将会起到巨大的作用,理论数学研究的模式将会彻底改观,计算机的作用有可能超出我们现在的想象。"[115]

高尔斯在谈到何为好的数学证明时,列举了好证明应该具有的几个特点:

(1) 如果证明中包含几个层次,则证明应该是清晰的。例如,假如一个定理由三个引理支撑,那么应该把证明过程分作几个相互独立的部分,每一部分写得都很清楚。

(2) 许多好的证明都建立在一些已有的大家普遍认同的结果之上。这使得证明容易被理解,因为别人需要关心的只是那些新的内容。

(3) 那些根据几个简单事实推导出来的证明是容易理解的(当然,从简单事实推导出新东西并非易事)。

(4) 证明中最好辅以适当的例子或反例,用以说明哪些方法行得通,哪些方法行不通。

(5) 一个好的定义可以大大改善证明,在多数情形下,选择正确的定义能够把一个复杂的问题简单化。

(6) 许多好的证明,至少是已写出来的证明都指明了它是如何得来的。

高尔斯特别强调了以上的第六个特点,他说数学证明的获得并不是"正当我在澡堂洗澡时,大脑里突然产生了一个神奇的想法,而是因为有一个受过很好数学训练的大脑,这不是靠运气,而是孜孜以求的结果"。[115]

高尔斯还组织了133位杰出数学家编写一部长达1000页的巨著——《普林斯顿数学指南》。该书就数学在21世纪初所面临的重要问题展开讨论,每位作者就其所长以摘要或提纲的形式撰写了288个长短各异的条目,其中高尔斯本人撰写了68条。该书已于2008年正式出版,并于2011年荣获美国数学学会的欧拉图书奖。

▲ 孔采维奇

Maxim Kontsevich

> 孔采维奇的数学成就得到了全世界的认可,他的研究工作对数学物理、拓扑学和代数几何都产生了重要影响。[116]
>
> ——马宁

> 对我来讲,数学是令我非常快乐的一片独立的天地。[117]
>
> ——孔采维奇

孔采维奇是俄裔法籍数学家，1964年8月25日生于莫斯科。由于他对数学物理、拓扑学和代数几何的突出贡献，特别是他证明了几个重要猜想，于1998年荣获菲尔兹奖，时年34岁。

孔采维奇于1980—1985年在莫斯科大学数学系学习，毕业后进入莫斯科信息传输问题研究所从事研究工作。在研究所里，他把一半的时间花在了文艺复兴时期的艺术和17、18世纪欧洲巴洛克风格的音乐上，另一半时间用来研究数学。他还参加了一个法语强化班，正是在这个班上，他与后来的妻子罗沙诺娃(K. Rosanova)相遇了。

孔采维奇在研究所尽管过着一种"非常自由的生活"，但他还是设法写些文章，以期引起德国波恩的马克斯·普朗克数学研究所的兴趣并去那里访问。果然，1990年他被邀请去那里访问3个月。在那里，他发觉文化差异太大，以至于几乎无法集中精力去进行创造性的数学研究。在他返回莫斯科之前，又参加了一个为期5天的国际学术交流会。这个交流会云集了大批一流的数学家。阿蒂亚首先在会上作了报告，他讲的是量子引力问题。阿蒂亚在报告中提到了威滕的一个重要猜想。这个猜想立即引起了孔采维奇的好奇心，他放弃了大会当天举行的晚宴，一个人躲在屋子里思考如何证明这个猜想。在大会结束之前，他把证明提要交给了组委会。马克斯·普朗克数学研究所所长极为欣赏孔采维奇的才华，邀请他在该研究所再待3年。孔采维奇接受了邀请并在一年之内完成了威滕猜想的证明，并研究了数学物理中的各种问题。1992年，他在扎盖尔(D. B. Zagier)教授指导下在德国波恩大学获得了博士学位。

孔采维奇曾访问过许多世界著名大学，如哈佛大学、普林斯顿大学、加州大学伯克利分校、波恩大学等。1992年他在巴黎举行的第一届欧洲数学家大会上荣获青年数学家奖，1993—1995年任美国加州大学伯克利分校教授，1994年在苏黎世的国际数学家大会上作了大会报告，1995年起任法国高等科学院终身教授，2008年荣获克雷福德奖，2012年荣获邵逸夫数学科学奖。

孔采维奇的数学成就在世界上得到了广泛认可。他的研究工作涉及数学物理、拓扑和代数几何等领域,他在数学和理论物理学界都有很高的声誉。他最先引起世人注意的是他的博士学位论文,在论文中他证明了1990年菲尔兹奖得主威滕提出的一个猜想。这个猜想是说代数曲线上的模空间的相交数的生成函数满足 KdV 方程。利用威滕的思想,孔采维奇对关于纽结的高斯环绕数作了极大的推广,并利用这个推广和一个新的概念"图上同调"(graph cohomology)产生了瓦西列夫纽结不变量,这个不变量是三维流形的不变量。

孔采维奇最著名的文章可能是《曲线的模空间上的相交理论和矩阵艾里函数》。这篇文章包含了威滕猜想的完整证明。威滕猜想是关于一簇示性数的生成函数的。这些示性数定义在具有标点(marked points)的曲线的模空间上。这种生成函数出现在拓扑量子场论中,威滕的等式实际上是猜想量子化的不同方法可以导致相同的结果。

为了叙述孔采维奇的部分结果,我们需要一些记号。记亏格为 g 的稳定 n 点曲线的模空间为 $\overline{M_{g,n}}$。这些空间的相交理论可以根据堆积来理解。令

$$\Psi_{n,i} := \zeta_i^*(c_1(W_{C/M})) \in H^2(\overline{M_{g,n}}, Q)$$

其中,$\zeta_i : \overline{M_{g,n}} \to C_n$ 是万有曲线的结构截面。

根据威滕的记号,$\Psi_{n,i}$ 中最高阶单项式的积分记为

$$\langle \tau_{a_1} \cdots \tau_{a_n} \rangle = \int_{\overline{M_{g,n}}} \Psi_{n,1}^{a_1} \cdots \Psi_{n,n}^{a_n}$$

孔采维奇的主引理给出了一个无穷簇等式,使得我们可以利用算术方法计算这些数,而且用级数去表示一个合适的生成函数。这些等式有如下结构:固定 (g,n),令 $d = 3g - 3 + n$,选取不依赖变量 $l_1, \cdots, l_n$ 的 n,则

$$\sum_{d=d_1+\cdots+d_n} \langle \tau d_1 \cdots \tau d_n \rangle \prod_{i=1}^{n} \frac{(2d_i-1)!!}{l_i^{2d_i+1}}$$

$$= \sum_{\Gamma \in G_{g,n}} \frac{2^{-|V_\tau|}}{\mathrm{Aut}\tau} \prod_{C \in E_\tau} \frac{2}{l'(e) + l''(e)}$$

其中，$G_{g,n}$是三元组$\Gamma=(\tau,c,f)$的同构类之集：

（1）τ是一个连通图；

（2）c是所有$F_\tau(V)$的一簇循环次序，其中$F_\tau(V)$是连接V的标志(flags)的集合；

（3）f是$\{1,\cdots,n\}$与τ的所有循环之集的双射，一个循环是边的一个循环有序列$(e_1,e_2,\cdots,e_k)$，使得对每个i，e和e_{i+1}有共同的顶点v_i，并且像C指定的那样标志(e_i,v_i)在(e_i+1,v_i)之后；

（4）对任何边$e\in E_\tau$，$\{l'(e),l''(e)\}=\{I_a,I_b\}$其中$\{a,b\}\subset\{1,\cdots,n\}$是$e$所在的两个循环的$f$-标号。

如果τ嵌入到一个与C匹配的定向的闭黎曼曲面X中，τ的循环成为$X\setminus(\tau)$(2型胞腔)的定向连通分支的边界，那么f对这些胞腔进行标号，并且$\{a,b\}$就成为连接e的胞腔的标号。

为了证明这一点，孔采维奇仔细分析了模空间的胞腔复表示，并且从组合角度对复解析积分加以重新阐释。他得出一个等式，其右手边与顶点无关，这是非常惊人的结果，因为即使对于最简单的情形，这一点也不容易看出。

包含在孔采维奇这篇文章中的思想来自许多物理学家的工作。为了对生成函数求和，他引进的矩阵艾里函数是现在我们所称的孔采维奇模型的重要部分。

另一方面，孔采维奇在研究模空间的几何方面获得的经验又使得他在非常活跃的量子上同调和镜面猜想领域引进了一些至关重要的思想。

孔采维奇发表在《数学进展》上的论文《通过环面作用对有理曲线的枚举》由两部分组成。第一部分包括现在所称的孔采维奇稳定映射的定义和研究。这便是系统$(C,x_1,\cdots,x_n;f)$，其中C是尖点奇点的映射曲线，x_i是曲线上互不相同的光滑点，$f:C\to C$是对光滑映射流形V没有无穷小自同构的映射。这样的具有不动点的像$\beta=f_*(C)\in H_2(V)$的映射是一个德利涅–芒福德堆积。孔采维奇发现，这样的堆积带有一个周类(Chow class)，他称之为虚拟的基本类。把这个类的像作为 V^n 和 $\overline{M_{g,n}}$ 联系的桥梁,他定义了格罗莫夫-威滕不变量的极富原创性的情形。有些不变量是非常重要的数,包含了五次三重上各种阶数的有理曲线的数目。其合适的生成函数表示对偶五次的霍奇结构的一种变体,这样一个猜想就是镜面猜想的第一种情形。

孔采维奇论文的第二部分对映射空间,特别是五次中完全相交的格罗莫夫-威滕不变量数目,给出了精确公式,公式的结构与上面的相似,但来源却极不同。利用有理曲线稳定映射的退化可以得到格罗莫夫-威滕不变量数的递推公式。然而像五次那样,有理曲线是刚性的,所以无退化可言。孔采维奇的思想是退化五次本身,用五个超平面的并集来代替。相应于环绕射影空间上标准的环面作用,计算复形的单个稳定映射的权的问题由博特的关于稳定映射堆积的剩余公式创造性应用所解决。所以碰巧只有退化很厉害的曲线映射到1-骨架复形上,它们的组合型是有标号的树。

于是孔采维奇对(计算曲线的)镜面猜想的等式的左边给出了精确公式。值得强调指出的是他提供了对这种函数的第一个代数几何定义:有关镜面猜想的所有以前的工作都是针对模糊的"物理"概念的。孔采维奇虽然得到了一个精确的等式,但他在这种情形的镜面猜想的证明前停了下来。后来吉文塔(A. Givental)通过引进一些新思想,特别是利用等变上同调的技巧完成了证明。

在《瓦西列夫纽结不变量》一文中,孔采维奇对环绕数的高斯积分公式进行了推广,同时给出了所有瓦西列夫纽结不变量。一个参数化的纽结是一个映射 $K: S^1 \to R^3$,空间 R^3 表示为 $C_z \times R_t$,令

$$Z(K) = 1 + \sum_{m=1}^{\infty} (2\pi i)^{-m} \times \int_{t_1 < \cdots t_m} \sum_{p} \pm D_p \bigwedge_{i=1}^{m} \frac{\mathrm{d}z_i - \mathrm{d}z'_i}{z_i - z'_i},$$

这里 p 取遍"好配对"(good pairing)之集(z_i 与 z'_i 配对);这里我们略去"好"和符号的定义,D_p 是 K 和 p 自然相连的弦图,于是整个级数是弦图的形式线性组合。用 ∞ 表示嵌入该图形的平凡纽结(没有自相交),令

$$\tilde{Z}(K) = \frac{Z(K)}{Z(\infty)^{c/2}},$$

其中 c 是 K 的临界点的数目（分母的可逆性很容易验证）。这就是 K 的孔采维奇不变量，它在 K 的任意情形下都不改变，并且包含所有有限阶的不变量。

在泊松流形的量子化研究工作中，孔采维奇解决了一个长期悬而未决的难题，证明了任何泊松流形都允许一个形式量子化。在平坦情形，通过引进一类新的非常优美的积分，他给出了精确的量子化公式。这项工作具有重大的潜在意义。

孔采维奇出生于一个知识分子家庭。他的哥哥是一名计算机视觉专家，在美国工作。他的父亲是韩国历史和语言专家，在韩国教授俄语，而他的母亲是一名机械工程师，已经退休。

孔采维奇特别爱好古典艺术和古典音乐。对此，他并不认为浪费了时间，相反他认为艺术和音乐对他的数学研究非常有益，能启发他的思维、激发他的创造力。

孔采维奇认为伯克利的数学系属世界一流，与哈佛大学、普林斯顿大学和麻省理工学院的数学系一起位居美国最好的数学系之列。但在他眼里，这些学校却没法与莫斯科大学相比。莫斯科大学是俄罗斯最大、最好的两所大学之一，仅数学系每年就有 400 名左右的学生入学。数学系每学期开设 100 多个数学讨论班，这足以满足各种爱好和兴趣。他曾说过，"这真是一个神奇的地方，云集了这么多数学家。"[117]

2014 年孔采维奇荣获第一届"数学突破奖"，此奖是由俄罗斯富豪尤里·米尔纳（Yuri Milner）与脸书创始人马克·扎克伯格（Mark Zukerberg）共同设立的，旨在表彰将科学作为一生事业并取得重大突破的科学家，每位获奖者将获得 300 万美元。

麦克马伦

Curtis T. McMullen

> 麦克马伦在克莱因群、双曲三维流形和复动力系统等领域都作出了杰出贡献。[118]
>
> ——米尔诺

> 我不想错过与我研究领域内的真正专家合作的任何机会。[119]
>
> ——麦克马伦

麦克马伦是美国数学家,1958年5月21日生于美国加利福尼亚州的伯克利。由于他对双曲几何和复动力系统的杰出贡献,于1998年荣获菲尔兹奖,时年40岁。

麦克马伦1980年毕业于马萨诸塞州的威廉斯学院,然后在剑桥大学进修了一年。1985年在哈佛大学获博士学位,导师是沙利文。1985—1986年任麻省理工学院讲师,1987—1990年任普林斯顿大学助理教授,1990—1998年任加州大学伯克利分校教授,1998年起任哈佛大学数学系教授。1991年他获得了分析学领域著名的塞勒姆奖,而菲尔兹奖是他获得的第十个奖项。1998年他当选美国艺术与科学学院院士,2007年当选美国国家科学院院士。从2017年开始,麦克马伦担任哈佛大学数学系主任。

麦克马伦在许多数学领域都作出了重要贡献。他解决了五次多项式求根的迭代算法问题。在瑟斯顿的几何化问题和重正化问题中,麦克马伦也作出了杰出贡献。他证明了克拉猜想和贝尔斯猜想,另外,他还解决了测度大于零的茹利亚集的存在性问题。

麦克马伦在他的博士论文中,在数值算法理论方面得出了很重要的成果。我们知道,如何计算任意代数方程解的个数,是历代数学家都在苦苦思索的基本问题。对于较简单的方程,可以通过重排获得其解。而对大多数方程则必须采用逼近的方法。例如众所周知的牛顿方法。这种方法对二次多项式是相当好的,却不适用于高次方程,那么对高次方程是否有类似的方法呢?麦克马伦利用动力系统的技巧,完全解决了关于寻找次数大于等于3的多项式的零点是否一般地存在收敛算法的问题。牛顿的方法对几乎所有的二次多项式和几乎所有的初始点是收敛的,但对三次多项式则不适用。不过他给出了类似的算法,也证明了对四次或更高次的多项式此算法不存在。大家知道,求解五次方程可以归结于计算伽罗瓦群 A_5。A_5 是一个单群,伽罗瓦曾用它证明用求根的方法不可能求解五次代数方程。可能的途径是利用迭代的有理映射去求解,当然首要的是去寻找对称群是多项式的伽罗瓦群的有理映射。麦克马伦做到了这一点。他与多伊尔(P. Doyle)

合作,证明了多项式的根可以通过一个有限次的算法的塔来计算得到,当且仅当其次数小于或等于 5。这方面的工作是麦克马伦博士学位论文的主要部分。

对任何的黎曼曲面 X 有一个巴拿赫空间 $Q(X)$,$Q(X)$ 由范数有限的二次全纯微分 φ 组成,其中 φ 的范数由 $\|\varphi\| = \int |\varphi| \mathrm{d}z\,\bar{d}$ 定义。任何覆盖映射 $f: X \to Y$ 诱导了前推算子 $f_*: Q(X) \to Q(Y)$,其中的象微分在一点 y 的值是将原象点 $f^{-1}(y)$ 的值相加。这个算子是不能增加范数的,即 $\|f_*\varphi\| \leq \|\varphi\|$,设 Y 具有有穷的双曲面积,$f: \tilde{Y} \to Y$ 是其万有覆盖。克拉于 1972 年给出了一个猜测:对于 Y 上一点的原象求和中总有一定量的抵消,从而使 $\|f_*\|$ 必严格小于 1。麦克马伦不但解决了这一猜想,他更进一步考虑了完全任意的覆盖 $f: X \to Y$,并证明了当且仅当这个覆盖不是顺从的时候有 $\|f_*\| < 1$。

除了这些贡献外,麦克马伦还解决了一个有关克莱因群的问题。1970 年,贝尔斯(L. Bers)对一个具有有穷面积的双曲黎曼曲面的复结构的泰希米勒空间加上一个理想边界,从而紧化了该空间。这个理想边界上的点是由相应的克莱因群的代数极限所组成,边界上那些相应于黎曼曲面上的一些简单闭曲线收缩成一点的理想极限称为尖点。贝尔斯认为尖点集合在边界上是处处稠密的。1991 年,麦克马伦仔细地估算了当曲面 S 上的简单闭曲线收缩成一点时相应的群表示:$\pi_1(S) \to PSL(C)$ 的变化,从而证明了贝尔斯猜想。

为了描述麦克马伦在动力系统领域的工作,下面就与之有关联的两个重要概念茹利亚集和芒德布罗集作一简单的介绍。

茹利亚集和芒德布罗集来自迭代映射:
$$z_{n+1} = z_n^2 + \mu, \quad n = 0, 1, 2, \cdots$$

给定复数 z_0 作初始值,从上式得 z_1,继而得到 $z_2, z_3, \cdots$,如果取 $\mu = 0$,则有序列
$$z_0 \to z_0^2 \to z_0^4 \to z_0^8 \cdots$$

对于此序列,我们有:

(1) 如果序列中的数按模越来越小,且趋于零排列,则说零是 $z \to z^2$ 的吸引子。平面上所有与该吸引子相距小于1点,都产生趋向吸引子的序列。

(2) 序列中的数按模越来越大,且趋于无穷排列,这时说"无穷"也是 $z \to z^2$ 的吸引子。复平面上所有与零点的距离超过1的点都产生趋向无穷的序列。

(3) 与原点相距为1的点作为初值,产生的序列总出现在上面两个相近区域之间的边界上,此时边界恰为复平面上的单位圆周。

如果 $\mu \neq 0$,那么吸引子不再是零,而且吸引子区域的边界不再像 $\mu = 0$ 的情形那样是简单的圆周,而是非光滑的图像,一般说来,对 μ 的不同选择,可以有不同形状的所谓边界,数学上称这类"边界"为茹利亚集。茹利亚集以法国数学家茹利亚的名字命名,是因为他在20世纪初奠定了动力系统理论的基础。而对于迭代映射 $z \to z^2 + \mu$,使其确定的过程成为有界的所有复数 μ(复动力系统的参数)的集合称为芒德布罗集。芒德布罗(B. Mandelbrot)1924年生于波兰华沙,后移居巴黎和美国,他为分形几何学建立了不朽功勋。芒德布罗集所描述的动力系统能够用来模拟许多复杂的自然现象,如天气、流体运动等。人们虽然通过计算机绘制出了千奇百怪、各式各样的茹利亚集和芒德布罗集,但对其理论机制却了解得很少。而麦克马伦正是在此领域作出了卓越贡献,首先他解决了测度大于零的茹利亚集的存在性问题。

设 f 是黎曼球面 $\overline{C} = C \cup \{\infty\}$ 到自身的一个有理映射。粗略地说,f 的茹利亚集是 $\overline{C}$ 中一个包含满足下列条件的点的一个紧集:当 $z \in \overline{C}$ 属于这个集合时,f 的迭代在 z 的任何邻域都是混沌的。如果茹利亚集不是整个球面,那么它的面积是否大于零呢?麦克马伦把这一问题推广到超越整函数时,构造了简单的例子,证明了 $f(z) = \sin z$ 的茹利亚集具有正测度。

另外,麦克马伦还在解决动力系统中一个核心猜想方面迈出了重要一步。这个猜想"次数为 d 的双曲映射构成的集在次数为 d 的所有映射构成的集中是稠密的"被他证明了。他给定$P_c: C \to C, P_c(z) = z^2 + c$,如果$C$是与实数轴相交的芒德布罗集的连同分支,那么$P_c$是双曲的。

对于1982年菲尔兹奖得主瑟斯顿建立的三维流形的几何化纲领,麦克马伦从动力系统中引进了一些新的思想和见解。瑟斯顿曾经断言,任何一个紧三维流形可以沿着一些球面或环面切成一些小块,每块均具有简单的几何结构,而所有可能的几何结构共有8种。人们通过其中6种几何结构已经非常清楚地了解了瑟斯顿的几何化问题。但对于双曲几何情形还存在一些困难,而在球几何情形中,还包括了经典的庞加莱猜想,这都是很难的问题。对于这两种重要情形,瑟斯顿曾描述了一个三维流形具有双曲结构的证明。即当M是一个哈肯流形,也就是说M是S^2不可约而且由一些三维球体通过粘贴其边界中的子流形而构成时,瑟斯顿证明了当且仅当M的基本群的任何$Z \otimes Z$子群都是来自一个边界环面时,M具有双曲结构。对此麦克马伦利用克拉猜想的方法给出了一个清楚的新证明。瑟斯顿处理的第二种情形是圆周上纤维丛组成的三维流形,麦克马伦对此也给出了一个新的证明。对任意一个曲面微分同胚$\varphi: S \to S$可以决定一个映射环面T_φ。这个环面是$S \times R$由$(x,t) \to [\varphi(x), x+1]$诱导的$Z$作用的商。如果$S$的亏格是2或者更大,并且$\varphi$是拟阿诺索夫的,瑟斯顿证明了$T_\varphi$是一个双曲三维流形。麦克马伦则利用他的刚性结果构造了$S \times R$上的一个在给定Z作用下不变的双曲结构,从而证明了瑟斯顿的结果。他所采用的方法来自重正化理论。事实上他在一维动力系统中对核心猜想所做的工作也是采用重正化方法。那么何谓重正化呢?

设f是$I = [-1, 1]$到自身的一个光滑映射,并在原点具有唯一一个不退化的临界点。说f是可重正的,是指存在一个整数$n \geq 2$,使得f的n次迭代g将子区间$\{x: |x| \leq |g(0)|\}$映射到其内部,并且g在其内部只有唯一一个不退化的临界点。如果按比例置$\hat{f}(x) = g(\alpha x) / \alpha$,其中$\alpha = g(0)$,那么$\hat{f}$将是从$I$到自身的一个满足初始条件的新映射。这个$\hat{f}$称为一个重正化$R_n(f)$。1987年,费根鲍姆(M. Feigenbaun)、库莱(P. Coullet)和特雷斯(C.

Tresser)各自独立地考虑了 $n = 2$ 的情形并研究了那些能无穷可重正的 f。对这种 f，可以得到一个重正化的迭代序列：$f, R_2(f), R_2^2(f), \cdots$，其中每一个都将 I 映射为自身并且只有一个临界点。他们从实验中观察到这个映射的序列好像是收敛于一个固定的光滑极限映射。他们的思想方法主要受到统计力学的重正化问题和流体力学的湍流初始值问题的启发。由于无穷可重正的映射是最难被人们理解的，它们的思想在一维动力系统中起着中心的作用。多纳笛（Donady）和哈伯德（Hubbard）用二次类多项式理论将以上的构造推广到了复的情形。一个二次类多项式是一个二次正则全纯映射 $f: U \to V$，其中 U 和 V 是 C 中单连通域且满足 $\overline{U} \subset V$。麦克马伦和沙利文、列别奇（M. Lyubich）利用这种理论做了重要工作，其中绝大部分是利用复的方法去理解实的情形。麦克马伦利用自己在重正化方面的工作得到了实二次映射双曲猜想的部分结果，证明了与实轴相交非空的芒德布罗集的内部均是双曲的。实二次映射双曲猜想后来被列别奇、格拉奇克（Graczyk）和斯威亚蒂克（Swiatek）所证明。

值得指出的是，麦克马伦的数学研究生涯起始于计算机编程，当他还在读研究生时，就与 1974 年菲尔兹奖得主芒福德合作用 Fortran 语言进行计算机编程来计算克莱因群，后来他还在 IBM 公司工作过几个假期。1970 年菲尔兹奖获得者广中平祐也曾请麦克马伦协助解决一个他自己没能解决的问题，即计算一个特殊集合的分形维数，麦克马伦借助计算机算出了这个集合的维数是 $\ln 2(1 + 2\ln 32)$。

麦克马伦讲课的水平非常高超，他的口头和笔头能力都非常强，其表述能力在 1998 年召开的国际数学家大会上得到了充分体现，获得了大家的一致好评。

麦克马伦认为数学尽管分支众多，其实是统一的。他说："我研究有理映射的动力学、双曲三流形、黎曼曲面等，还研究曲面和纽结的拓扑学。我想强调的是所有这些领域实际上都是一样的。开始你可能在做一个动力系统问题，几个月后你会发觉自己做的是一个纽结理论或拓扑学问题，因为它们有非常内在的联系——纽结、复分析、多项式、黎曼曲面、双曲三流形等等,很难用一个名词来表达。"[119]

麦克马伦还非常重视数学研究中的合作。他说虽然他的大部分工作是独立完成的,但他还是经常出访伯克利、麻省理工学院、普林斯顿、剑桥、法国高等科学研究院等,在与其他数学家的交流中获益匪浅。

麦克马伦1998年获得菲尔兹奖后,在从柏林回美国的路上还发生了一个有趣的小插曲。在他通过机场安检时,金属探测器发出了警报,于是安检小姐问麦克马伦脖子上挂了什么东西。麦克马伦回答说是一块金牌。安检小姐怀疑地看着他并说道:"嗯,嗯?"麦克马伦只好把挂在脖子上的菲尔兹奖章取了下来。安检小姐看后有一点懊恼,但随即又问道:"哦,确实漂亮,它是您的吗?"麦克马伦回答:"嗯,嗯!"

怀尔斯

Andrew Wiles

> 费马猜想扮演了类似珠穆朗玛峰对登山者(在成功之前)所起的作用,它是一个挑战,试图登上顶峰的愿望刺激了新的技巧和技术的发展与完善。[36]
>
> ——阿蒂亚

> 弗雷(G. Frey)和里贝特所做的事情已经使费马猜想成为数学不能不管的一个问题的推论。依赖于这个问题的事太多了,对我来说,这意味着费马猜想快解决了。而我一旦有了信心,就不能丢开手了。[120]
>
> ——怀尔斯

怀尔斯是英国数学家，1953年4月11日生于英国剑桥。由于他在数论及相关领域的杰出贡献，在某些基本猜想上所作的重大推进，特别是证明了费马猜想，于1998年荣获菲尔兹特别贡献奖（其奖品是一个银制奖盘），时年45岁。他是迄今为止唯一荣获此奖的40岁以上的数学家。1996年，他还荣获了沃尔夫数学奖，时年43岁。他也是迄今为止获得此奖的数学家中最年轻的一位。

怀尔斯于1971年进入牛津大学默顿学院学习，1974年获学士学位。同年进入剑桥大学克莱尔学院攻读博士，1977年获博士学位，其后任克莱尔学院初级研究员及美国哈佛大学本杰明·皮尔斯助理教授。1981年赴德国波恩大学任理论数学访问教授，同年末去普林斯顿高等研究院任研究员，同时还到欧洲多所大学访问讲学。1982年起任普林斯顿大学教授。1988—1990年任英国皇家学会设在牛津大学的研究教授。1994年起任普林斯顿大学尤金·希金斯讲座教授。怀尔斯1989年当选英国皇家学会会员。1996年当选美国国家科学院外籍院士。2005年任普林斯顿大学数学系系主任。2016年被任命为牛津大学数学系的佩吉乌斯教授（Regius Professor）。

怀尔斯最杰出的贡献无疑是证明了费马猜想。

费马猜想有着悠久的历史。我国古人早在商高时代（约公元前1100年）就已经知道不定方程 $x^2+y^2=z^2$ 至少有一组正整数解：$x=3, y=4, z=5$。

希腊代数学家丢番图求得了一般的解答：$x=2mn, y=m^2-n^2, z=m^2+n^2$，其中 $m, n(m>n)$ 是任意正整数。

法国数学家费马以律师为职业，是一位业余的数学爱好者，却对数学作出了第一流的贡献：他在研究几何的过程中先于笛卡儿（R. Descartes）发现了解析几何的原理，他是微积分的杰出先驱者，他和帕斯卡（B. Pascal）共同开创了概率论的早期研究，他还是近代数论的开拓者。因此，他被誉为"业余数学家之王"。

费马曾深入钻研过法国数学家巴歇1621年校订的由希腊文译成拉丁文出版的丢番图的《算术》。1637年，费马在《算术》第二卷第八命题——

"将一个平方数分为两个平方数之和"的旁边写道:"另一方面,不可能有一个数的立方表成另外两个立方数之和,一个数的四次方表成另外两个四次方数之和。一般来说,不可能有一个更高的方幂表成另外两个相应的方幂之和。我对此命题给了一个真正的非常奇妙的证明,只是此处的空白太小了,写不下。"这就是数学史上著名的费马猜想。这个猜想可以用现代的数学术语简述如下:

不可能有满足

$$x^n + y^n = z^n, xyz \neq 0, n > 2$$

的正整数 x, y, z, n 存在。

此外,费马还提出了数论领域许多引人注目的、富有洞察力的论断。到了 19 世纪中叶,除了上述这个猜想之外,其他所有的费马问题均已被数学家们相继解决。因此,这一猜想又被称为费马最后定理或费马大定理。

费马上述猜想的叙述是如此简单易懂,给人以容易证明的假象,加上费马还说"对此命题给了一个真正的非常奇妙的证明",于是许多数学家和业余数学爱好者都在致力于它的证明。布鲁塞尔科学院和法国科学院曾设奖金征求证明。1908 年德国一位爱好数学的富翁沃尔夫斯克尔(F. P. Wolfskehl)在德国格丁根皇家科学会悬赏 10 万马克征求证明,有效期为 1908—2008 年这 100 年。在怀尔斯的成功证明之前,有不少著名数学家,包括莱布尼兹(G. W. Leibniz)、欧拉、勒让德、高斯、狄利克雷、库默尔(E. E. Kummer)、林德曼等,以及无数数学爱好者,为了证明费马猜想付出了艰辛的努力甚至毕生的精力,但依然没有得到结果,单是 1909—1911 年这三年发表的错误证明就达 1000 篇以上。就连著名数学家、法国科学院院士柯西和拉梅(G. Lamé)也在 1847 年分别给出了一个错误的证明;德国著名数学家林德曼分别于 1901 年和 1907 年发表了两篇错误证明。真可谓"无数英雄竞折腰"。但是,费马猜想也激发了一代又一代数学家们的灵感,近代数论的许多内容都是基于试图证明费马猜想的努力而创建的。例如,德国数学家库默尔在试图证明费马猜想时,开创了理想数理论。而理想数理论又是代数数论及抽象代数学的源泉之一。正如阿蒂亚所说:"费马猜想扮演了类似珠穆朗玛峰对登山者(在成功之前)所起的作用,它是一个挑战,试图登上顶峰的愿望刺激了新的技巧和技术的发展与完善。"[121]希尔伯特还风趣地说:"费马猜想是一只会下金蛋的老母鸡。"

怀尔斯10岁时,在剑桥一个公共图书馆看到一本书上提到费马猜想,就立刻为之心驰神往,并花了不少时间和精力试图证明这个猜想,虽然没有成功,但费马猜想却深深地印入了他的脑海,并促使他爱上了数学,立志要做一名数学家,要致力于证明费马猜想。当成为一名职业数学家之后,他才懂得要证明费马猜想这类大难题,只有激情是远远不够的,还必须有坚实的数学基础和顽强的毅力。

怀尔斯是一个安静而腼腆的人,脸上总是带着微笑。他多年来深居简出,潜心研究数学问题,并被誉为解决难题的能手。他在解决费马猜想之前对数学就作出了不少令人瞩目的贡献。例如,1977年他与科茨(J. Coates)首先证明伯奇-斯温纳顿-戴尔猜想这个椭圆曲线最重要的特殊情形;1984年他与马祖尔一起证明了岩泽健吉理论中的主猜想,即岩泽健吉理论中的"马祖尔-怀尔斯定理"。

怀尔斯这次对费马猜想的证明是建立在近几十年来许多人工作的基础上的,他使用了模形式与表示论,特别是利用了费马猜想和椭圆曲线理论之间的联系。

1955年,日本数学家谷山曾提出过一个猜想:有理数域上所有椭圆曲线可以从一类特殊的曲线通过某种变换而得到。人们称这种椭圆曲线为模曲线(modular curves)。这个猜想后来经韦伊、志村加以完善,现称谷山-韦伊-志村猜想,即有理数域上所有椭圆曲线都是模曲线。

20世纪80年代中期,德国数学家弗雷证明了:若谷山-韦伊-志村猜想成立,则可以推出费马猜想成立。但是他的证明还不完整。1985年他把自己的手稿交给数学界的朋友,希望其他数学家帮助完成他的这个不完整的证明。不久,法国著名数学家、菲尔兹奖得主塞尔提出了一个"关于模伽罗瓦表示的水平约化猜想",可以填补弗雷的不完整的证明,但塞尔未能对他自己这个猜想给出证明。1986年,美国数学家里贝特用一种"美妙的方法"证明了塞尔的"水平约化猜想"。于是,要想证明费马猜想,就只需证明谷山-韦伊-志村猜想。

弗雷与里贝特的工作,极大地激励了怀尔斯。他说:"当我听到弗雷与里贝特的结果时,我知道数学的全景已经变了。"[120]"毫无疑问,他们做的事已经在我的心理上完全改变了这个问题。在这以前,费马猜想和数论中其他问题相像,这些问题可以丢在一边几千年解决不了,却对数学没有什么影响。"[120]他接着说:"弗雷和里贝特所做的事情已经使费马猜想成为数学不能不管的一个问题的推论。依赖于这个问题的事太多了,对我来说,这意味着费马猜想快解决了。而我一旦有了信心,就不能丢开手了。"[120]怀尔斯从听到里贝特的结果那天起,就决心要全身心来证明费马猜想。他在家里秘密地实施自己的计划,顽强地进行着研究。他说:"我从没有想停下来,它整日整夜地在我的头脑里。"[120]他不断取得进展,到最后只剩一些关键问题的时候,他看到了马祖尔的一篇文章中提到的一种做法,这使怀尔斯茅塞顿开,他说:"我马上就明白了,我应该用这个做法,我会解决最后问题的。"[120]

1993年6月,在英国剑桥大学牛顿数学研究所举行了一次名为"岩泽健吉理论、模型式和p进表示"的学术会议。怀尔斯应邀在会上作了一系列演讲,演讲的题目是"椭圆曲线、模形式和伽罗瓦表示"。在6月23日他的最后一次演讲结束时,他推理出了谷山-韦伊-志村猜想对于半稳定的椭圆曲线来说是成立的结论。接着他平静地宣布:"我证明了费马猜想。"这一振奋人心的消息不胫而走,不少报刊很快进行了报道。英国报纸说:怀尔斯的这项工作的预印本长1000多页,目前能完全弄懂他的证明细节的数学家不会超过6人。意大利著名数学家、菲尔兹奖得主邦别里(他是怀尔斯在剑桥大学作演讲时的听众之一)当时对英国《卫报》的记者说:"怀尔斯是一个非常仔细的数学家,从不草率地宣布结果。他的推理很美,而且并不十分难懂,我承认我只能看懂其中一部分,但他证明的整个结构是十分可信的,是可靠的。"[122]

1993年6月25日,当怀尔斯从剑桥大学回到他当时工作的普林斯顿大学时,受到了英雄凯旋般的欢迎。他兴奋而又疲倦,并说:"我有将近7年没有丢开这个问题了,真是日复一日地干,我几乎想不起来哪一天起床想的是别的事。"[120]怀尔斯在剑桥演讲之后,新闻媒体对他的关注非同寻常,例如他被美国的《人物》杂志评选为1993年最令人感兴趣的25个人物之一,与他一起被列入的还有英国的戴安娜(Diana)王妃以及美国的克林顿总统和其夫人希拉里(Hillary)等人。

行事谨慎的怀尔斯不但拒绝了Gap牛仔裤公司想让他作广告的要求,而且也没有急于发表他的文稿。他仔细地反复检查,发现在其证明中还存在漏洞,而这个漏洞主要出现在由塞尔默群构成的欧拉系上。为了弥补这个漏洞,怀尔斯邀请他以前的学生、剑桥大学的泰勒与他合作。他们经过研讨,放弃了欧拉系的途径,采用了怀尔斯曾尝试过的另一途径,并发现在作了某些赫克代数是局部完全交的假设之后,就可以完成对费马猜想的证明。于是,他们完成了两篇重要论文:一篇是由怀尔斯独自撰写的,其题目是"模椭圆曲线和费马大定理";另一篇是由怀尔斯与泰勒合作撰写的,其题目是"某些赫克代数的环论性质"。第二篇论文建立了第一篇论文中所需要的赫克代数的性质。1994年10月,他们将这两篇论文的预印本送请一些著名数学家审查,其中包括菲尔兹奖得主法尔廷斯。法尔廷斯审阅完论文后说,他确信论证是正确的。1995年5月,世界权威数学刊物《数学年刊》在其1995年的第3期上,以整期的篇幅全文发表了这两篇论文。350多年未获证明的大难题——费马猜想,终于获得了证明,这是20世纪最伟大的数学成就之一,怀尔斯也因此名垂史册。

美国南加州大学的阿德尔曼(L. Adelman)博士说:"这是数学中最激动人心的事,嘿,可能是从来没有过的。"[123]美国哈佛大学数学家马祖尔博士说:"这一次证明了的东西远远超过了费马猜想本身,一个人可能找到一个问题的证明,尽管这个问题很著名,但这个证明可能没有什么深远的意义。

但是这一次相反,这次产生了一种新技巧,它是很有用的,用它还可以证明更多的东西。"[123]

著名数学家、菲尔兹奖得主芒福德说:"怀尔斯的绝妙成果不仅对数论帮了大忙,而且对我们整个领域的公众关系方面也是如此,因为到处传播着他在阁楼上为研究这个证明而长期奋斗的传奇故事。"[42]

1994年,怀尔斯应邀在瑞士苏黎世举行的国际数学家大会上作了一小时大会报告,报告的题目是"模形式与椭圆曲线"。

怀尔斯在1996年荣获美国国家科学院数学奖、欧洲奥斯特洛斯基奖、瑞典科学院肖赫克奖、法国费马奖。1997年他荣获美国数学会科尔奖,同年最终取得1908年沃尔斯克尔为解决费马猜想而设置的10万马克奖金。1998年他还荣获了沙特阿拉伯费萨尔国王国际科学奖,1999年荣获了美国克莱数学研究所颁发的首届克莱研究奖。2005年荣获了邵逸夫数学科学奖,2016年获得阿贝尔奖,2017年获得科普利奖章。

1998年8月,20世纪最后一届国际数学家大会在德国柏林隆重召开。会议的一项重要内容是宣布本届菲尔兹奖得主名单。菲尔兹奖素有数学中的诺贝尔奖之称,按照惯例只能授予不超过40岁的数学家。当时怀尔斯已过了45岁生日,但是鉴于他成功地证明了费马猜想,为了表彰他的这一光辉成就,大会给他颁发了一个特别贡献奖(一个银制奖盘)。一份简报报道了这一消息,并在其结尾处诙谐地运用费马式口吻写道:"不过,这里地方太窄,容纳不下他的证明。"当怀尔斯平静地走上讲台领奖时,人们给予他的掌声,比给予其他四位菲尔兹奖得主的掌声更为热烈、持久。

2005年8月,怀尔斯应北京大学邀请访问了北京。在访问期间,他在北京大学作了两场精彩的学术报告,并兴致勃勃地游览了故宫、天安门、天坛和北海公园,游览后其观感是皇帝居住的故宫比他此前想象的还要宏伟得多。不过他说:"我不愿当皇帝,我宁肯做个数学家。"他还应邀为《中国青年报》的读者赠言:"我认为中国的年轻人工作非常努力,希望他们勇于追求自己挚爱的东西,因为对事业的投入和热爱,将使他们在前进的途中所向披靡。"

拉福格

Laurent Lafforgue

我希望给你们一个拉福格在朗兰兹相关性方面的工作深度和技巧力度的印象,这些工作为他赢得菲尔兹奖。[124]

——洛蒙(G. Laumon)

数学的幽深严谨使我迷醉。[125]

我衷心希望中法两国的数学家进一步增进交流。[126]

——拉福格

拉福格是法国数学家,1966年11月6日生于法国的安托尼。由于他在朗兰兹纲领研究方面取得了巨大进展,证明了与函数域情形相应的整体朗兰兹纲领,于2002年荣获菲尔兹奖,时年35岁。

拉福格1986—1990年在巴黎高等师范学院学习,1990年成为法国国家科学研究中心的助理研究员,同时参加巴黎南大学的算术与代数几何小组工作,1994年获博士学位,2000年成为位于法国伊沃特布雷的高等科学研究院终身教授。

拉福格兴趣很广,小时候曾经是个文学迷,梦想当一名作家。用他的话说"其实小时候我的梦想是当一名作家",[125]"我喜欢读书,每天花大量的时间阅读各种各样的文学作品,尤其是法国和俄罗斯文学。文学的美让我深深陶醉。说实话,当我迷恋于陀斯妥耶夫斯基的幽邃时,从来也没有想过自己将来竟会成为一名数学家"。[127]

然而,拉福格的兴趣之所以能转移到数学上来,是因为他的数学成绩也很好,在数学上表现出众,因此逐渐"发现"了自己也有数学天赋,终于把达到了痴迷程度的文学兴趣转移到数学上来了。

若用拉福格的文学语言来描述他,他是个身材不高、头发略乱、常常眉头紧锁、谦虚腼腆的人。然而就是这样一个法国年轻人,在朗兰兹纲领研究上作出了巨大贡献,使得数论与分析学两大领域之间建立起了一个新的联系,同时还发现了一种可能会被证明十分重要的新的几何构造。目前这些成果的影响正波及整个数学领域。正如法国著名数学家洛蒙2002年8月在北京举行的国际数学家大会上对拉福格的工作作评介时所指出的:"我希望给你们一个拉福格在朗兰兹相关性方面的工作深度和技巧力度的印象,这些工作为他赢得菲尔兹奖。"[124]

朗兰兹纲领是加拿大数学家朗兰兹1967年在给法国数学大家韦伊的一封著名的信函中提出的。它是一组意义深远的预测性猜想和知识性见解。它预言所有主要数学领域之间原本就存在着一种统一的联结。依赖它,数学家在一个领域不能解决的问题,可以转到另一个领域去解决,如果仍然难以找到答案,还可以转到又一个领域中去解决……直至问题被彻底解决为止。

具体说来,朗兰兹纲领所属思想起源于数论中的"二次互反律"。"二次互反律"属于"同余式"理论,它产生于17世纪中叶的费马时代,形成于18世纪末的解析数论首创者勒让德。

"二次互反律"之主体可简述为:设p,q为大于2的相异素数,则有

$$\left(\frac{p}{q}\right)\left(\frac{q}{p}\right)=(-1)^{\frac{p-1}{2}\cdot\frac{q-1}{2}} \tag{1}$$

其中勒让德符号,比如$\left(\frac{p}{q}\right)$[改记为(p/q)],意为

$$(p/q)=\begin{cases}1, & \text{若}p\text{为二次剩余},\mod q \\ -1, & \text{若}p\text{为非二次剩余},\mod q\end{cases} \tag{2}$$

这里"二次剩余"指的是二次同余式

$$x^2\equiv p(\mod q) \tag{3}$$

有解(x为整数),否则为"非二次剩余"。

二次互反律[或式(1)]可解释为:若二阶同余式$p\equiv q\equiv 3(\mod 4)$成立,则如下两个二次同余式

$$x^2\equiv p(\mod q), x^2\equiv q(\mod p) \tag{4}$$

一个有解,一个无解。否则,式(4)要么全有解,要么全无解。

这里更为重要之处不在于数论本身而在于数论之外,那就是互反律蕴含了一个深刻的思想(也叫技巧)。它表明一类问题的解决可能对应、依赖于另一类问题的解决。因此,当一个(或一类)问题的解决遇到困难时可转而探讨相应的另一个(或另一类)问题的解决,以收"曲线救国"之效。这是19世纪初由高斯揭示出来的,也是他第一个证明了"二次互反定理"(注意,在这之前只能叫作二次互反定律——仅仅是观察得出的客观规律,只有得到逻辑证明之后,才能叫作定理)。

高斯指出了该定理的重要性,把它誉为"数论的酵母",并先后给出了8

个不同的证明。此后该定理的新证明仍不断出现，至今已有150多个新证明，且一直有不少数学家对该定理及其思想作着研究和推广，比如雅可比和艾森斯坦(F. Eisenstein)分别于1827年、1844年陈述并证明了三次互反律，高木贞治和E·阿廷于20世纪20年代又发现了更为一般的互反律。

朗兰兹则更进一步，于1967年对一般情形的互反律提出了一个完全理解，那就是把问题从数论领域推广到函数域去考虑，形成了"朗兰兹纲领"。但朗兰兹未给出相关证明，因此朗兰兹纲领仍只能算是猜想。

朗兰兹纲领的重要性和对数学的影响可由如下的实事得到证实。

第一个是著名数学家、1974年菲尔兹奖得主邦别里曾说的，"数学家们已经沿着朗兰兹的思想工作了25年，越来越多的证据说明事情正按他所说的那样在发展。它成了思想的一种推动力。"[128]

第二个是1990年菲尔兹奖得主德里费尔德因证明了朗兰兹纲领的一个特殊情形而获奖。

第三个是1994年怀尔斯完成的对费马大定理的证明，"这一实事是对朗兰兹纲领最强有力的支持。"[129]

第四个实事则是拉福格的工作，它正是在朗兰兹纲领这条主流道路上前进的结果，具体说是在上述德里费尔德等系列工作的基础上作出的进一步突破——对整体的朗兰兹纲领给出了一个完整的理解，同时还发现了一个十分具有前景的新的几何结构。

拉福格的创造性在于，他证明了："对于函数域上的一般线性群 $Gr(r\geq 1)$，存在唯一保持 L 逐数的一一对应。"他的工作对任意给定的函数域(比如所有多项式之商形成的"有理式集"是一种函数域)，精确地建立起了它的伽罗瓦群表示与其相应的一个自守形式(或称模形式)之间的联系。

当然，朗兰兹纲领猜测的最后证明尚未完成，它仍然是21世纪最大的难题之一，也是今后很有潜力的研究领域之一，而目前拉福格仍然是这一领域的领先者。

最后，拉福格取得成功的艰辛实事也许对我们是不无启发的。

第一是兴趣很重要,即使已经投入了数学,在选择具体方向时仍然存在着兴趣问题。拉福格说道:"我不得不承认,有个我一生中最艰难的时期,当时研究的课题丝毫不能让我提起兴趣,数学开始变得枯燥无味,工作陷入了低谷。后来我用了很多时间阅读著名数学家亚历山大·葛兰地克的著作,才仿佛找到了属于自己的一片天地。"[125]同时他感慨地说:"如果没有我的导师热拉尔·洛蒙的帮助,今天我是无论如何也不会站在这里的,"[125]"正是洛蒙向我建议的课题为我今后证明'朗兰兹的猜想'打下了基础。也就是从这时起,我突然在数学中找到了同文学一样吸引我的东西,那就是美。数学的幽深严谨使我迷醉,以前读过的葛兰地克的数学著作就在这时起到了意想不到的作用,让我在想象枯竭、几近绝望的时刻能看到前程上微闪的火光。"[125]

第二是踏上领奖台之路总是漫长的、艰辛的。拉福格说:"有很多时候,我觉得自己很难再向前走一步,并对自己的能力产生了怀疑。就在几近绝望时,突然眼前豁然开朗,困扰自己多时的问题刹那间迎刃而解,成功离这时就不远了。"[125]此外,拉福格的论文长达几百页,却用词准确精美,可见其文学修养并没有白费,可以说他在数学天地里仍然实现着他的文学梦。

第三是在通向成功的路上有时也会出现反复。拉福格说:"经过七年的努力,我于1999年6月发表了论文,将自己对朗兰兹猜想的论证公之于众。在一片赞同声中,我自己在一年之后发现,其中有一个步骤出现了错误,所幸在及时补救之后,并未影响到最终结果,真是让人庆幸不已。"[125]

拉福格对数学基础教育也是很关心的。比如对于一般认为基础教育还不错的法国,他曾经十分着急地说"法国的数学基础教育是'灾难性的',再不采取措施整个高等教育将落后于其他国家",[130]可见其一颗爱业、爱国的拳拳之心。

拉福格在北京参加2002年第24届国际数学家大会期间,除了在大会上作一小时大会报告外,还于8月27日晚上应邀参加了北京师范大学举行的第24届国际数学家大会的部分代表晚宴,他还兴致勃勃地为北京师范大学数学系题词,他说:"北京之行给我留下了深刻印象,人们对数学、科学、学习的热情令人惊讶,我衷心希望中法两国的数学家进一步增进交流,并希望再次访问中国。"[126]

沃沃德斯基

Vladimir Alexandrovich Voevodsky

沃沃德斯基是一位神奇的数学家，表现出创造新的抽象理论并以此证明非凡的定理的超常天分。他用这些理论解决了数个在代数 K 理论中长期存在的问题，这一领域在他的工作之后面貌一新，他开辟了一条新的大道。[131]

——苏莱（C. Soulé）

我们所得到的就是把几何直觉转为代数对象之结果的一些令人着迷的方法。以我的观点来看，这就是做数学的主要乐趣。[132]

——沃沃德斯基

沃沃德斯基是俄裔美籍数学家，1966年6月4日生于莫斯科。由于他为代数簇定义，发展了主上同调和A^1同调理论，证明了关于域上K理论的米尔诺猜想，于2002年荣获菲尔兹奖，时年36岁。

沃沃德斯基曾就读于国立莫斯科大学，但因不愿上课和学业失败而被学校除名。后来他经论文合作者的推荐，在没有申请且没有本科学位的情况下，根据几篇独立发表的论文而被哈佛大学录取。沃沃德斯基1992年在哈佛大学获得数学博士学位，1992—1993年为普林斯顿高等研究院研究员，1993—1996年为哈佛大学初级研究员，1996—1997年为哈佛大学访问学者和马克斯·普朗克数学研究所访问学者，1996—1999年在西北大学任助理教授，1998—2001年为普林斯顿高等研究院研究员，1998年应邀在德国柏林举行的国际数学家大会上作了一小时大会报告，2002年被提名成为普林斯顿高等研究院数学学院终身教授。2009年1月，在法国高等研究所为纪念格罗滕迪克举行的年度会议上，沃沃德斯基宣布了布洛克-加滕（Bloch-Kato）的证明。

沃沃德斯基的博士导师是盖尔范德学派的领军人物之一卡日丹教授，师徒同为俄罗斯犹太人。卡日丹1969年在苏联获得博士学位，1975年移民美国到哈佛大学任职，是研究表示论的著名教授。他乐于并善于与其他数学家合作，合作者包括沃尔夫奖得主盖尔范德、菲尔兹奖得主马尔古利斯等。

沃沃德斯基早期对物理学很感兴趣，并且认识到数学有助于他更好地理解物理学。随着不断的学习，他发现数学理论有裂隙。有一段时间他潜心阅读非常高深的微积分等领域的数学论著，并深切地感到在纯粹数学和应用数学之间存在隔阂。他在耶鲁大学数学教授朗（S. Lang）的教科书中第一次看到范畴的定义。范畴是从数学的各领域中概括出来的一种高度抽象的数学系统。数学的各个领域都有自己的研究对象。在20世纪中期，数学家们认为有必要将各个领域中的研究对象合在一起成为一个总体，使得各个总体都是一种数学系统。这就是范畴思想。沃沃德斯基的研究领域是代数几何，他一直致力于将现代数学的两个重要分支——代数几何与拓扑学——相融合。沃沃德斯基认为："范畴理论是连接这两类数学的主要桥梁，从根据它们如何构成，变为根据它们如何作用于群中的同类对象，去考虑数学结构。"[133]这一论断是沃沃德斯基的工作及代数理论中新上同调理论发展的基础。"同调"一词源于希腊文，意指"和谐"或"一致"。同调理论是代数拓扑学中的一个组成部分，是研究与同调概念有关的课题，而上同调是相对于具有同调性质的函子而使用的一个词。上同调是群或环的链——描述对称性的数学对象，使我们更好地刻画它们、了解它们以及从其他结构中区分它们。

同调代数是代数学的一个非常重要的分支，源于代数拓扑学，仍保留着一些代数拓扑学所用的术语，如循环（闭链）、边缘（边缘链）等。庞加莱从1895年起，为对同调概念作一般的讨论引进了可剖分为复形的空间，从此产生了组合拓扑学。在20世纪50年代后，交换代数得到了很大发展，模论的研究、同调代数和各种上同调理论的建立，特别是菲尔兹奖得主格罗滕迪克的概型理论，对于代数几何的发展起了巨大的推动作用。概型理论是算术几何化的过程的理论。它将数论和射影代数几何赋以新的高度统一的观点。格罗滕迪克认为应该有这样一些对象，他称之为"主对象"（motive），它们是数学中两大分支数论与几何统一的根基。格罗滕迪克著有四卷《代数几何基础》和七卷《代数几何讲座》，被誉为现代代数几何学的"圣经"。这些思想激发了沃沃德斯基的研究工作。

在20世纪60年代，数学家们发现了代数拓扑中奇异上同调和现在被称为拓扑K理论的另一类群之间的紧密联系。这种联系极其重要，因为从K理论中我们也可以得到流形的拓扑、几何和算术方面的大量信息，其中一个例子就是流形的自同构映射群。

沃沃德斯基的工作处于代数几何与代数拓扑的交叉点。他的主要成就是：发展了新的代数簇上同调理论，并且把主上同调公式化，从而为深刻理解数论与代数几何提供了新的观点；而其工作的一个主要结果，也是他最耀眼的成就之一,就是米尔诺猜想的解决。米尔诺猜想是将(伽罗瓦)上同调理论和代数K理论联系起来的一个重要猜想。自从米尔诺1970年提出这一猜想以来,它一直是K理论中最著名的问题之一。沃沃德斯基这一成果引出了包括(伽罗瓦)上同调、二次型和复代数簇的上同调论等一系列领域的重要成就。米尔诺猜想是布洛克-加藤猜想在素数2时的特殊情况,而沃沃德斯基的成果还表明布洛克-加藤猜想蕴含贝林松-利希滕鲍姆猜想。因此沃沃德斯基的工作,也为贝林松-利希滕鲍姆猜想、布洛克-加藤猜想的解决迈出了重要的一步。沃沃德斯基的成果堪称是代数几何领域取得的卓越进展之一。沃沃德斯基的工作的特点是:能简易灵活地处理高度抽象的概念,并将这些要领用于解决相当具体的数学问题。由于沃沃德斯基的工作使得在拓扑学中发展起来的强有力的工具能够应用于代数簇研究,这些工作将会对数学的发展产生深远的影响。

沃沃德斯基被邀请介绍关于上同调理论的菲尔兹奖工作时,他一开始就谦逊地说:"要我介绍上同调理论使非数学家明白,结果你们会发现,我既不能保证数学家又不能保证非数学家明白。"[132]其实,他正打算努力为我们描述上同调理论的本质。他说:"我们先有空间。数学家研究空间,并从空间的简单例子出发。……任何空间,我们在数学上用不变量加以区分。有两个不变量我敢说是最基本的,一个是空间的维数……另一个是组成空间的片数。"[132]

他说:"上同调理论是什么,研究什么? 我们先说π_0是空间的片的集合。如果一个空间有两片,那么π_0是两个元素的集合。可见它是比空间本身更有限的。同调理论研究被称为更高同调的集合π_n。我将解释如何从π_0得到π_n。这可以有不同的办法。我选择把我的解答建立在连续映射的基础上,这在以后起着重要作用。……考虑从单位区间到任何空间N的映射$C([0,1], N)$。任何映射$\gamma: [0,1] \to N$都有0映到的某个起点$\gamma(0)$,1映到的某个终点$\gamma(1)$,以及所有0和1之间的数字映到的在这条路径上的点。"[132]接着,沃沃德斯基对于行列式非零的复矩阵空间$GL_n(C)$,给出了定义同调集合的计算实例,得到 $\pi_0, \pi_1, \cdots$ 最后,他终于讨论到关于代数方程组 GL_n 的范畴和同态。

沃沃德斯基因在代数簇的同调理论、代数 K 理论以及代数几何与代数拓扑的联系上的成果而闻名。他在介绍其上同调理论时总结说:"我们开始于几何,即拓扑空间的范畴。我们用我们基本的视觉上的直觉去发明关于这个几何世界的某些东西。片的概念完全来自视觉知觉。我们把它抽象化,并用提供联系语言的范畴理论改写它。然后,我们在新情况下应用,这是在纯代数的代数方程方面的情形。所以我们所得到的就是把几何直觉转为代数对象之结果的一些令人着迷的方法。以我的观点来看,这就是做数学的主要乐趣。"[132]

法国著名数学家苏莱 2002 年在北京举行的国际数学家大会上介绍沃沃德斯基的成就时说:"沃沃德斯基是一位神奇的数学家,表现出创造新的抽象理论并以此证明非凡的定理的超常天分。他用这些理论解决了数个在代数 K 理论中长期存在的问题,这一领域在他的工作之后面貌一新,他开辟了一条新的大道。"[131]

2002 年在获得菲尔兹奖当天,沃沃德斯基面对众多媒体对数学作出了风趣的描述:"数学很美,数学很有趣,数学很有竞争性,它是世界上最聪明的人玩的游戏。"[134]

2009 年,沃沃德斯基在单纯集(simplicial sets)上建立了 Martin-Löf 类型理论的单叶模型。这导致了类型理论的重大进步和他最后几年所从事的数学的新单叶基础(Univalent foundations)的发展。他使用单叶思想打造一个 Coq 库单叶数学(Unimath)。

沃沃德斯基 2017 年 9 月 30 日因动脉瘤在普林斯顿逝世,享年 51 岁。

▲

欧克恩科夫

Andrei Yuryevich Okounkov

欧克恩科夫是一位创造力极强的数学家，在数学上既具有突出的宽广度又具有整体的感觉。他的成果不仅解决了重要的问题，在若干数学领域打开了研究的新路，而且具有数学的绝佳品质。[135]

——费尔德（G. Felder）

在历史进程中，自然科学是产生具有挑战性的、深刻的数学问题的永恒源泉。……任何人打算在数学上有所发现，都需要有问题和线索，为什么不从自然科学中寻找这两者呢?[136]

——欧克恩科夫

欧克恩科夫是俄裔美籍数学家，1969年7月26日生于莫斯科。他研究表示论及其在代数几何、数学物理、概率论和特殊函数中的应用。由于他为建立概率论、代数表示论和代数几何学之间的联系而作出的贡献，于2006年荣获菲尔兹奖，时年37岁。

欧克恩科夫曾在俄罗斯科学院、美国普林斯顿高等研究院、芝加哥大学和加州大学伯克利分校等机构任职。2002—2010年任普林斯顿大学数学教授。2010年起任哥伦比亚大学教授。他曾于2000年获得斯隆研究奖，2001年获得帕克基金奖，2004年获得欧洲数学会奖。2016年他成为美国艺术和科学学院院士。

欧克恩科夫1995年获得国立莫斯科大学的博士学位，师从表示论、拓扑群、李群领域的著名俄罗斯数学家基里洛夫（A. Kirillov）。基里洛夫是盖尔范德的学生，曾经因博士论文非常出色而被授予更高的科学博士学位，成为当时苏联最年轻的科学博士。基里洛夫在学生时代曾是许多数学竞赛的获奖者，现在仍是俄罗斯数学竞赛的积极组织者，1994年从国立莫斯科大学转到宾夕法尼亚大学担任数学教授，前后共培养了100余名弟子，直接弟子就达60余名。欧克恩科夫正是其中的佼佼者。

欧克恩科夫认为："要成为一个数学家的最重要的一点就是向自己的老师学习。我在这点上是幸运的。我从基里洛夫的讨论班中成长起来，而且讨论班中有活跃的成员作为自己的老师，特别是奥利尚斯基，他总是花费时间和精力向大家解释他的数学。"[136]"但是我和其他得奖的人有着不同的成长经历。我没有上过任何特殊学校，也没有参加过数学奥林匹克。我的背景是学经济学的，而且从军队里走来。在我发表文章之前我已经有了家庭和孩子。因为这样，我比起受过训练的人头脑来得慢。但是我比我的那些年龄小的同事具有一个优势：对于我们的宇宙有着一个更宽广的认识，对于其中数学所占的位置也有着更好的体会。这帮助我形成了一套什么理论重要、什么理论美丽、什么理论有深远的前途的观念。"[136]因此，他讲课能做到深入浅出。

虽然欧克恩科夫的工作因涉及很广泛的领域而不易归类,但却有两个清晰的主题:随机概念的应用和表示论经典思想的应用。它们揭示了群表示论、组合学、随机矩阵和代数几何这几个不同的数学领域之间的深刻联系,并且给源于物理学的量子场论、统计力学和弦论等领域带来新见解。

群是只有一个运算的代数结构,是数学的一个重要概念。若集合 G 中任意两个元素 a 和 b 依次序按运算。结合的结果 $a \circ b$ 仍是集合 G 中的元素(封闭性),并满足下列三个条件:

G_1 结合律:对 G 中任意三元素 a,b,c 都有 $(a \circ b) \circ c = a \circ (b \circ c)$;

G_2 单位元素存在:在 G 中有元素 e,使 G 中任意元素 a 都有 $a \circ e = e \circ a = a$;

G_3 逆元素存在:对 G 中任意元素 a 都有 G 中元素 a^{-1},使 $a \circ a^{-1} = a^{-1} \circ a = e$。

那么,G 对于运算。称为群。

例如,全体整数的集合对于通常的加法"+"是一个群。又如,给出 n 个文字 $1, 2, \cdots, n$,把它们重新排列为 $a_1, a_2, \cdots, a_n$,称为置换,记为 $\begin{pmatrix} 1 & 2 & \cdots & n \\ a_1 & a_2 & \cdots & a_n \end{pmatrix}$,所有 $n!$ 个置换构成一个群,称为对称群。

实际上,物体的形状往往具有这样那样的"对称性",对这些对称性的研究常常可以使人们加深对物体的某些性质的认识,其中就孕育着"群"的概念。群表示论是用具体的矩阵群来描述群的理论,显示群的种种特性,是研究群的最有力工具之一。对称群的表示论在量子力学等其他学科领域中都有很重要的应用。

人们发现,"n 个事物的对称群"的所有表示的基本结构须用 n 的"分拆"来标明。自然数 n 的一个分拆是指一列加起来等于 n 的正整数。如自然数 12 有一个分拆 $12 = 1 + 3 + 3 + 5$。这样一来,对称群表示论与组合论这一古老的数学分支之间就建立了联系。在数学上许多连续现象因为有共同的离散子结构而相互关联,而离散子结构会产生组合问题。这样一来,组合方法就适用于连续现象。随着事物个数 n 的增加,对称群元素个数迅速增加。反映到组合论中,就是一个极大的自然数的分拆问题了。分拆是最基本的组合论研究对象之一，在表示论中具有核心地位。

当人们考虑非常庞大的事物集合时，随机性就引入到组合之中。早在20世纪70年代，苏联的数学家就开始用概率论的方法来研究这种分拆问题了。欧克恩科夫正是继承这一传统，由此开始他在莫斯科的学术生涯，并把分拆作为其研究中反复出现的一个主题。欧克恩科夫将工作扎根于基本的概念，在此研究中取得了骄人的成就。他与奥利尚斯基合作，并通过后者与圣彼得堡学派互动，在这些数学家的研究计划中作出实质性贡献。他借助来自几何学的洞察和高能物理学的思想进一步发展这一理论，并应用到更广泛的数学领域。最值得关注的近期进展包括：格罗莫夫-威滕不变量、格罗莫夫-威滕曲线不变量、唐纳森-托马斯不变量、二聚物、随机曲面、哈纳克曲线的模空间。

欧克恩科夫早期的一个卓越成果就涉及"随机矩阵"，即以随机数为元素的方阵。从20世纪50年代起，物理学家开始研究随机矩阵特征值的统计性质，以便理解原子核能级的预测和分布。运用量子场论中的思想，欧克恩科夫证明了随机矩阵的特征值与对象为整数的全排列的递增子序列之间，存在着令人惊奇的深刻联系。他在证明中原创性地将问题与"随机曲面"的两种不同描述作比较，这项工作又建立了与代数几何这个数学分支的联系，为日后在那个学科领域的工作播下种子。

在解决统计力学中的一个问题时，欧克恩科夫还利用到"随机曲面"。我们将一个立方体水晶从低温慢慢加热，就会发现其边角在慢加热中逐渐熔化掉。这个熔化过程在几何直观上就是晶体边角上的小块被不断地随机取走。欧克恩科夫与其合作者引入独特的方法分析所出现的随机曲面，从组合论的角度把晶体的边角看作一个整数而把那些小块看作它的分拆，发现了令人惊讶的结果：水晶熔化部分形成的随机曲面的二维投影是一条代数曲线，即由一个多项式方程所定义的曲线。这条代数曲线就是亮丽的"心形线"。

在近些年里，欧克恩科夫与合作者们撰写了一系列关于枚举代数几何学的长篇论文。研究代数曲线的典型方法是改变定义多项式方程的系数，再加一些条件，比如令曲线通过给定的点。如果加的条件太强可能得不到一条曲线，条件太弱则会产生无数条曲线。这类"曲线计数"问题不仅是枚举代数几何学的长期研究课题，而且与近年来非常热门的"弦论"密切相关。他们引入物理学思想，并把代数、组合和几何的许多方法融合起来，获得很多研究成果。他们的工作表现出数学和物理学之间神奇的相互影响。

欧克恩科夫学术成就的风格可以用两个基本词语描绘，那就是清晰度和洞察力。他的研究工作聚焦于数学和数学物理的若干领域的交汇处。随意选取他的一篇文章，其中一定包含不止一个学科，并且很可能是来自数学的某一领域的问题通过另一个领域的技巧予以解答。他的许多文章打开了关于几何学、表示论、组合学和概率论之间以及与其他领域之间如何相互作用的新视野。我们可以在他的每一篇论文中发现优美的显示公式。他所用工具的多样性给人留下深刻的印象，他具有非常独特的从分析学和组合学自由地转到代数学、数值计算和表示论的本领。例如，在表示论中，格罗莫夫-威滕和唐纳森-托马斯对应——两个几何枚举理论的一种等价性。这些结果从本质上与他关于曲线的格罗莫夫-威滕不变量、随机矩阵和二聚物模型的工作相关联。

欧克恩科夫说，自己既喜欢理论也喜欢具体例子，但最喜欢的还是后者，具体的例子才使得数学之树抽枝发芽。他还说："过去，伟大的数学家们都善于计算。我担心，虽然计算的方法和能力已经取得巨大的进展，这仍然是个没有被重视和发展的领域。任何准确计算和数值计算的进展都是有价值的。一种正确地进行挑战性计算的能力是我们理解世界的重要手段，与证明同样重要。"[136]他又说："在历史进程中，自然科学是产生具有挑战性的、深刻的数学问题的永恒源泉。我暂且不说这些问题的非常实际的重要性，而是说随之而来的直觉。复杂的知识是由思考者经过一代又一代的总结归纳出来的，通常都很数学化。任何人打算在数学上有所发现，都需要有问题和线索，为什么不从自然科学中寻找这两者呢？"[136]

欧克恩科夫指出："我的工作从物理中得益甚多，但我无法确定反过来是否如此……我并不是闭着眼睛与物理学家们交流，而是力图用他们的眼光看世界。虽然成功率不是百分之百，但我从物理中得到的灵感却是非常重要的。数学和物理本是同根生，它们之间不时产生一些复杂联系，会经常被讨论。有一点我是很清楚的：物理学提供给我们优美的数学问题，甚至解决这些问题的一些启示。"[137]

他还说："也许你会认为我比较喜欢自己工作，但我一样喜欢和别人合作。我同样喜欢和别人讨论我的想法，我也喜欢把我的文章或讲义进行修改使其完美。"[136] "虽然有许多工作的方式，但是我个人认为，一个人不可能在自己没有独立地、安静地进行深入思考或与朋友讨论以前，就会对事物有深刻的认识。当有个问题缠绕我的时候，我喜欢一个人去走路或骑自行车。我也喜欢坐在计算机前一遍一遍地检验公式或者检验程序。当我最终有了想法了，我会迫不及待地找人来分享。我很幸运有许多出类拔萃的朋友，可以讨论和分享我的成果。"[136]

费尔德2006年在国际数学家大会上介绍欧克恩科夫的工作时指出："欧克恩科夫是一位创造力极强的数学家，在数学上既具有突出的宽广度又具有整体的感觉。他的成果不仅解决了重要的问题，在若干数学领域打开了研究的新路，而且具有数学的绝佳品质：给重要的本质问题作出了简洁完整的解答，揭示了隐藏的结构和数学对象的新联系，包含具有广泛应用的新思想和新方法。"[135]

2009年5月5日上午，欧克恩科夫访问北京大学，在北京大学英杰交流中心阳光大厅发表了题为"The most random of all possible worlds"的演讲。该演讲会由北京国际数学研究中心和北京大学数学科学学院举办。欧克恩科夫结合其研究领域"代数表示论对随机游走和概率论的拓展和延伸"将演讲向四个方面展开。最后他概括了演讲主题，即大数率和极限的特征在最优化问题中是普遍和广泛应用的规律，有些最优化问题难以得到定量解，但通过对某些可解问题的定性解研究可以使我们对一般问题有更好的认识。

佩雷尔曼

Grigori Yakovlevich

Perelman

由佩雷尔曼给出的庞加莱猜想的解答是数学领域的一次突破。[138]

——卡尔松(Karlsson)

我给出了几何化猜想的证明梗概。[139]
如果我的证明是正确的,别种方式的承认是不必要的。[140]

——佩雷尔曼

佩雷尔曼是俄罗斯数学家，1966 年 6 月 13 日生于列宁格勒（现为俄罗斯圣彼得堡）。由于他突破性地证明了庞加莱猜想，2006 年国际数学联合会决定授予他菲尔兹奖，但他拒绝领此奖，时年 40 岁。

佩雷尔曼是犹太人，他的父亲是个公务员，也是畅销科普读物《趣味物理学》的作者。佩雷尔曼就读于圣彼得堡市第 239 中学，从小即表现出很高的数学天赋，1982 年入选国家代表团参加在布达佩斯举行的中学生国际数学奥林匹克竞赛，一举夺得金奖，后被列宁格勒大学数学力学系免试录取，入学不久就解决了著名数学家布莱格（Y. Burago）提出的一个数学难题，并因学习优秀获得列宁奖学金。大学毕业后佩雷尔曼考取了著名的斯捷克洛夫数学研究所研究生，师从著名数学家亚历山德罗夫（П. С. Александров）院士，20 世纪 80 年代末获得博士学位。20 世纪 90 年代初任职于斯特克罗夫数学研究所，在这里他在俄罗斯和美国的权威期刊上发表了几篇论文。佩雷尔曼 1992 年应邀前往美国作博士后研究一年，1993 年应邀成为加利福尼亚大学伯克利分校为期两年的客座学者，并发表了几篇备受好评的论文。他是 1994 年国际数学家大会学科组的分组受邀报告人。1995 年夏，佩雷尔曼回到了俄罗斯斯捷克洛夫数学研究所任职。

佩雷尔曼是个性格倔强、个性鲜明的人。表现之一是与他同样优秀的许多同学都出国去工作了，美国斯坦福大学、普林斯顿大学、以色列特拉维夫大学等名校都向他发出了邀请，可他对此不感兴趣，坚信"外国月亮并不更大"，坚信自己在国内也能干出名堂来。最后的确为自己的祖国赢得了荣誉——是俄罗斯人证明了庞加莱猜想。

表现之二是他安于清贫、深居简出。他的生活十分简朴，从不讲究，与母亲相依为命，过着默默无闻的生活。自从 1994 年应邀在苏黎世国际数学家大会上作报告并被邀请到普林斯顿大学等著名学府作学术报告后，可以说他是"隐居"了整整 8 年，才终于在 2003 年如愿以偿，证明了庞加莱猜想。其间，他们母子的生活基本上是靠 1994 年的讲学收入来支撑。

表现之三是他不愿张扬、淡泊名利。他一直拒绝采访。比如有一次记者在他家门口一直恭候到他回家,他也不愿与之谈上几句。还是他母亲代其解释,"我们不和任何人(指记者)来往是因为他们一直在写关于我们不真实的情况。我们什么都不需要!不要荣誉,不要钱,只想平平静静地过日子……"[138]

佩雷尔曼的最杰出贡献是证明了拓扑学中的庞加莱猜想。为此我们先简要地介绍庞加莱猜想。

1904年,法国著名数学家庞加莱提出了下面一个问题:"单连通的三维闭流形必与三维球面S^3同胚。"[141]他并以很高的预见性评论道:"但是,离我们解决这个问题还相当遥远。"[141]自此以后,"单连通的三维闭流形必与三维球面S^3同胚"这个假定便以庞加莱猜想而闻名于世。

这个猜想一直激励着数学家们对它进行证明,但不少数学家提出的"解决方法",其结果都是不正确的,仅名家的错误证明就有20多篇。英国著名数学家怀特黑德(J. Whitehead)于1934年给出了一个错误的证明,1966年度菲尔兹奖得主斯梅尔也曾给出过错误的证明。然而,这个猜想也导致了数学家们对流形的拓扑理解的许多进展。例如,后人接着猜测:当维数$n \geqslant 4$时,单连通的闭流形如果与n维球面有相同的同调群,也必与n维球面同胚。这就是n维的庞加莱猜想,也称广义庞加莱猜想。1960年,美国数学家斯梅尔利用莫尔斯理论证明了$n \geqslant 5$的庞加莱猜想,并于1966年荣获菲尔兹奖;1981年,美国数学家弗里德曼证明了$n = 4$时庞加莱猜想成立,并于1986年荣获菲尔兹奖。而四维庞加莱猜想的证明又导致一个非常重要的发现:四维欧氏空间与其他维数的欧氏空间不同,除了通常的微分结构以外,它还有别的不同寻常的微分结构。

余下难啃的则是三维问题本身了,其中美国数学家瑟斯顿在三维闭流形的拓扑分类方面作出了杰出贡献,并提出了几何化猜想——每一个三维流形可以沿二维球面和环面切开,从而分解为一些本质上唯一的块,它们中的每一块都具有一个简单的几何结构。这个猜想是如此地一般而有力,以至于庞加莱猜想成为它的一个简单推论。瑟斯顿猜想对所有闭定向三维流形都适用,并且它断定在三维时拓扑和几何之间有密切关系。瑟斯顿于1982年也荣获了菲尔兹奖。

现在来简要地谈谈佩雷尔曼的主要建树。

佩雷尔曼解决庞加莱猜想,也是站在前人的肩膀上才完成的。较具体地说,他是在美国数学家汉密尔顿(R. Hamilton)经过20多年的艰苦工作发展出的里奇流的基本理论框架的基础上,进一步作出突破而成的。里奇流是一组非线性抛物型偏微分方程组,其效果是像热传导方程那样将黎曼度量的曲率在流形上均匀地展开,以最终造出常曲率度量。值得指出的是,汉密尔顿的里奇流的工作一出来,著名华裔数学家、菲尔兹奖得主丘成桐以其睿智,立刻意识到他的工作的重要性,并热忱地对汉密尔顿说:"里奇流可以形成颈缩(neck pich)奇点,这些奇点会解决连通和分解的问题,这样就可以导致庞加莱猜想的一个证明。"[142] 1982—1997年,汉密尔顿在他写的许多论文中,对很多明确的情形描述了里奇流的性质及其行为,"但他未能发展出一套合适的系统来控制奇点和排除最令人讨厌的奇点的出现。没有这样的控制系统,就没有希望设计出预防性的手术并把里奇流经过奇点扩展出去。"[139]

佩雷尔曼的杰出贡献就是他完全理解里奇流中奇点的形成,而且知道这个形状中的一部分是如何坍缩到低维空间的。他引入了一个新的量——熵,还引用一个相关的局部量——L泛函,利用亚历山德罗夫等人发展的一些理论来理解空间在里奇流下变化的极限,并运用高度的数学技巧,即他所说的"带手术的里奇流",从而成功地证明了庞加莱猜想。较具体地说,佩雷尔曼经过多年的潜心研究,终于将他的研究成果凝练成了3篇论文。不过也许出于他的性格,他没有把它们投到一流刊物发表,而是贴在互联网上。2002年11月11日,他在互联网上贴出了第一篇论文《里奇流的熵公式及其几何应用》,在这篇论文序言的结尾,他说:"我给出了几何化猜想的证明梗概。"[139] 2003年3月,他又在互联网上贴出了第二篇论文《里奇流与三维流形的手术》,这篇论文"包含了比第一篇论文的证明梗概精确得多的描述"。[139] 2003年7月,他又在互联网上贴出了他的第三篇论文,在这篇论文中"他给出了几何化猜想在一种特定情形下的简化的证明,这蕴含了庞加莱猜想"。[139]

由于佩雷尔曼的论文是贴在互联网上而不是发表在有声誉的科学杂志上,且其文字太简练(其中还含有一个简洁的逻辑图形和公式),涉及许多惊人的原创性思想,需要经过较长时间的检验才能被承认。直到2006年,数学界还在检验他的工作。2006年数学界先后有3篇高水平、篇幅很长的论文发表:朱熹平、曹怀东的论文;摩根(J. Morgan)、田刚的论文;克莱恩(B. Kleiner)、洛特(J. Lott)的论文。这些论文皆把问题论述得详尽、清晰,并检验出佩雷尔曼的成果是正确的。

2006年5月,国际数学联合会由9名成员组成的委员会通过了对解决庞加莱猜想的佩雷尔曼给予嘉奖的决定,即授予他菲尔兹奖。但是,佩雷尔曼竟然拒绝参加2006年8月在西班牙马德里举行的国际数学家大会和领取菲尔兹奖,甚至连国际数学联合会主席鲍尔(J. Ball)亲自前往圣彼得堡,两天内花去了10小时都未能说服他放弃这一举措。他只说:"如果我的证明是正确的,别种方式的承认是不必要的。"[140]

最后还需要指出,庞加莱猜想是克莱数学促进会设立的新千年七个悬赏的数学问题之一,每个问题的奖金都是100万美元。佩雷尔曼是否有资格第一个问鼎100万美元奖金?对此,《共青团真理报》曾与克莱数学促进会及其研究员卡尔松取得了联系。得到的回答是:"由佩雷尔曼给出的庞加莱猜想的解答是数学领域的一次突破。他有一切理由得到我们促进会的奖金。至于他的工作被放在互联网上,而非有声誉的科学杂志上,这并不重要。"[138]"三个人进入了我们创建的委员会,一个来自我们促进会,还有两个来自独立的机构。他们研究了佩雷尔曼先生的解答,并证明了其正确性。我本人也认为该结果是独一无二的,同意他应获得宣布的奖金。"[138]"我通过电子邮件给佩雷尔曼先生发出通知,但没有收到回信。我们希望和他建立联系,并把钱付给他。"[138]但佩雷尔曼至今未接受这一奖项。

庞加莱猜想是一个纯粹拓扑问题,而佩雷尔曼却用分析学给出了突破性证明,这对数学的发展有深远的影响,他的证明对微分几何、代数拓扑和弦理论迎来了一个新时代。

美国哥伦比亚大学的数学家摩根说:"在数学方面,佩雷尔曼既热情又耐心……他是位有才华、极富思想的高明数学家。"[144]斯特莱茨基(P. Strzelecki)指出:"佩雷尔曼论文从很多方面来说都极其丰富。它们标志着作者非同寻常的几何想象力。"[139]美国斯坦福大学数学系主任伊莱希伯格认为:佩雷尔曼关于庞加莱猜想的证明和怀尔斯关于费马猜想的证明以及科恩对连续统假设的解决,将作为过去50年数学界的最高成就为人们所铭记。[38]有关专家还指出,佩雷尔曼的证明可以帮助人们理解我们的宇宙是什么形式的,它可以为宇宙大爆炸理论的正确性提供一个有力的数学支点!

▲
陶哲轩

Terence Tao

莫扎特的音乐只有一种风格，陶（哲轩）的数学却有很多种风格，他大概更像斯特拉文斯基。[145]

——费弗曼

我认为，发展数学兴趣所要做的最重要的事是有能力和自由与数学玩。[146]

——陶哲轩

陶哲轩是澳大利亚籍华裔，1975年7月17日生于澳大利亚的阿德莱德。陶哲轩是加州大学洛杉矶分校的教授，由于他对偏微分方程、组合数学、调和分析和加性数论等方面的贡献，于2006年荣获菲尔兹奖，时年31岁，是该年度四位获奖者中最年轻的一位。同时，陶哲轩也成了获得菲尔兹奖的第二位华裔数学家，首位是1982年获此殊荣的美籍华裔数学家丘成桐教授。

陶哲轩是一位数学神童，他两岁时就开始教其他孩子用数和字母计算了，不到4岁即可心算两位数乘法，不到5岁即可同7—9岁的同是天才的儿童一起学习。有一次老师问9 182 736这组数字接下来将是什么。陶哲轩立即看出其规律是按9的倍数依次排出的，迅速答出接下来的应是"4554"。

陶哲轩的智商指数高达221（对于常人，120就算是高智商了）。他5岁入学，7岁自学微积分，8岁半参加数学才能测试竟获得760分的高分，须知在同龄人中还没有超过700分的呢！他9岁半已能去旁听大学的数学课、物理课了。在11岁时，一位研究天才教育的教授格罗斯（M. Gross）在其文章中写道："陶的智力明显超过班上其他孩子，但他不知道怎么与那些比自己大两三岁的孩子相处，学校老师对此也束手无策。"[145]陶哲轩12岁时即被父亲送到普林斯顿大学去接受世界名牌大学对其智商进行评估。据1978年菲尔兹奖得主、普林斯顿大学的著名数学家费弗曼回忆说："我当时认为他只比我遇到过的其他'神童'多一点优势，现在看来是多了很多。"[145]

陶哲轩11岁、12岁、13岁时先后参加了中学生国际奥林匹克数学竞赛，并分别荣获了铜奖、银奖、金奖，皆系年龄最小的获奖者。他年仅16岁就从弗林德斯大学毕业，获得数学学士学位。后来进入普林斯顿大学师从著名数学家、沃尔夫数学奖得主斯坦，21岁即获博士学位，24岁时即成为加州大学洛杉矶分校的终身教授。

陶哲轩如今已发表了80多篇重要论文，除了荣获菲尔兹奖外，他还于2000年获得塞勒姆奖，2002年获得博歇奖，2003年获得克莱研究奖，2007年获得麦克阿瑟天才奖，2012年获得克拉福德奖。陶哲轩被誉为"解题能手"、"数学研究的'救火员'"、"数学界的莫扎特",2006年美国著名的《大众科学》杂志将他评选为第五届年度十大"科学才子"之一。

著名数学家费弗曼说:"莫扎特的音乐只有一种风格,陶(哲轩)的数学却有很多种风格,他大概更像(作曲家)斯特拉文斯基。"[145]

陶哲轩的学术研究横贯了多个领域,主要有调和分析、偏微分方程、组合学、加性数论和表示论等等。

下面简要地介绍他的几项杰出建树。

在傅里叶分析中有他给出的最佳约束定理。他关于KdV方程(又称科特韦格-德弗里斯方程)的整体存在性定理有重要建树。KdV方程是由科特韦格(D. Korteweg)和德弗里斯(G. de Vries)为描述在浅水的水面上波的传播而提出的一个三阶非线性偏微方程,它在水波理论和等离子物理方面都有重要应用。他在波映射方程方面的工作也是极其杰出的。他和他的合作者解出了描述光纤中光传播的非线性薛定谔方程。薛定谔方程是由奥地利科学家、诺贝尔物理学奖得主薛定谔(E. Schrödinger)提出的量子力学中的一个基本方程,它是一个二阶偏微分方程。他对解圆柱对称爱因斯坦引力方程也取得了重要进展。爱因斯坦引力方程是相对论的创立者、诺贝尔物理学奖得主爱因斯坦提出的,是广义相对论中的一个基本方程,该方程把描述引力场的时空连续统的度量张量和利用能量-动量张量描述的物质不同形式的物理特征联系起来了,是一个非常重要的方程。他与克努森(A. Knutson)合作证明了关于两个埃尔米特矩阵和的特征值分布的霍恩猜想。他对与偏微分方程、组合数学、调和分析、数论等都密切相关的高维"挂谷问题"的研究与应用,已取得了骄人的成就。他于2015年9月宣布证明了保罗·埃尔德什提出的埃尔德什差异问题的存在性,这是困扰数学界80余年的问题。

在这里我们再着重介绍他对加性数论作出的一项杰出贡献。加性数论又称堆垒数论,是关于所谓加性问题的一个数论分支。它主要研究如下类型的问题及其变形:设N是全体非负整数集合,$A_1, A_2, \cdots, A_s$是N的有限个或可数个子集合。试判定对 N 中的每个 n，方程 $n = a_1 + a_2 + \cdots + a_s$ 是否可解或其解数 $r(n)$，其中 $a_j \in A_j (1 \leq j \leq s)$。这类问题与整数集数的加法性质有关。数论中的哥德巴赫猜想、华林问题、等幂和问题、多角数问题，都属于加性数论这一数论分支。在加性数论中，人们很早就发现：3, 5, 7 这 3 个素数是等差为 2 的一个算术数列；5, 11, 17, 23 这 4 个素数是等差为 6 的一个算术数列；7, 37, 67, 97, 127 这 5 个素数是等差为 30 的一个算术数列……我们将一个素数算术数列中素数的个数称为该数列的长度。于是，在 18 世纪人们就提出了这样一个问题：由全部素数组成的集合中，是否存在着长度任意的算术数列？这个问题曾经困惑了数学家们 200 多年而没有得到解决，然而陶哲轩和格林(B. Green)合作成功地把它攻克了，即他们证明了：由全部素数组成的集合中，存在任意长度的算术数列。这项成果被《发现》杂志誉为 2004 年科学领域 100 项重要成就之一。为此，陶哲轩还应邀于 2006 年在西班牙马德里举行的国际数学家大会上以"素数中的长算术级数"为题，作了一小时大会报告。他在报告中不但论述了用（关于结构与随机性的基本的）二分法来证明素数包含任意长的算术级数，而且还"综述了这种二分法在组合论、调和分析、遍历理论和数论中的不同展示"。[147]他还强调，"尽管这些内容有根本的不同，但其中讨论的主旋律却非常相似"。[147]

陶哲轩的不少建树，常被同行誉为天才之作。

这里涉及一个深刻的问题，那就是什么是天才？天才与勤奋是什么关系？对于天才我们只有欣赏的份儿吗？

天才又叫天赋、天分，有人说"天才就是合乎逻辑的直觉能力"，由此可说每个人都有自己的天分，只是存在着大小程度的不同而已。诚然，天赋中是有"先天赋予"份额的，但也是可以后天得到增进、弥补的，亦即所谓"天才出于勤奋"。这点在陶哲轩身上也有着鲜明的体现。其父陶象国说，陶哲轩在上学期间，如果对课堂上学的知识半懂不懂，解答问题不够准确，他会感到十分烦恼，而且不搞清楚他是不会罢休的。就因为他这种学习的"顽强"和不"欠账"造就了他今天的成就。又如，不到 11 岁的陶哲轩在写给老师的一次汇报中说道:"我或许被许多老师贴上了'聪明'的标签,但我还需要走很长的路,才能有像今天在座的你们那样的智慧。"[145]这既表明他的谦虚品质,也表明他是个勤奋的人,不是仅靠"先天赋予"的聪明即可获得成功。

特别要指出的是,陶哲轩的事实还表明,用功和勤奋也得讲策略。策略之一就是要培养起对数学的兴趣、对数学的热爱。爱因斯坦说:"热爱才是最好的老师。"著名科学家童第周说:"有了浓厚的兴趣,遇到困难、挫折,才能顽强攻克,百折不回。"从某种意义上说,只有在热爱的事业中才能取得成就。因为只有热爱事业的人,才会没有上下班、没有节假日地干活而不觉得累,反而"乐在其中"、"别有洞天"。日本著名教育家木村允一指出:"天才就是强烈兴趣和顽强地入迷。"陶哲轩就是这样的一个人。他做数学既不是为了得奖也不管是否被认可,常常只是"因为好玩儿"。他说:"发展数学兴趣所要做的最重要的事是有能力和自由与数学玩。"[146]他还说:"我把数学看成一种非常自然的游戏,或者相反地,我把游戏看成一种非常人为的数学。"[148]他还说:"我不希望看到数学被过多地神秘化,我希望数学能被更多的公众所接受。"[146]

陶哲轩对数学的有关问题,发表了不少精辟的见解。例如,谈到什么是好数学时,陶哲轩指出:"好数学不仅由一个或多个……'局部'品质所度量(虽然这些确实重要,值得追寻和讨论),但也依赖于更加'整体'的问题,即如何用建立在早先所取得成就之上,或者鼓励发展未来的突破来与其他一些好数学品质相配合。"[149]"因而我相信好数学比单纯解决问题的过程,构造理论,使得论证更短、更清晰、更漂亮或更加严谨,要来得更多,虽然这些当然全都是极好的目的。在完成所有这些任务之后(并讨论哪一些在所考虑的域中具有优势),我们也应该留意到所得到的结果可以被放置到任何一个更大的背景之中的可能性,因为这可以很好地导致对于成果、对于领域以及对于作为整体的数学给予最好的长期好处。"[149]

当被问到数学是不是正在变为一个非常分散的知识领域时,陶哲轩说:"数学非常快地扩展着……我依然相信将来数学仍然是一个统一的学科,尽管我们理解它的方式可能会有极大的改变。"[148]他还说："我想在接下来的几十年里，数学的特征将是：它的完全不同领域之间的跨学科的综合，重点将不再放在每个领域的尽可能深入地发展（尽管这当然仍十分重要），而放在把各个领域的工具和想法结合起来去攻克以前被看作不可及的问题上。"[148]的确，他就是个善于把一个领域的思想用到其他领域的人。

当被问到数学中的"热门话题"是什么时，陶哲轩很谦逊地说道："我真的只熟悉我所从事的数学领域，所以我无法说出其他领域的'热门'是什么。但是在我的领域，非线性几何偏微分方程是冉冉升起的热门（最具戏剧性的是佩雷尔曼用里奇流来解决庞加莱猜想），如今在几何学、分析学、拓扑学、动力系统和代数的方法间有越来越多的融合。组合论方法应用于数论，人们通过首先对相当多的任意集合（如正密度整数集）建立结果来发展关于特殊集合的结果（如素数），现在也是相当活跃的；此外组合方法允许提供一个颇为不同的工具（包括遍历理论）于其他方法，这些我们最近在解析数论中曾应用过。"[146]

谈到物理直觉在他的工作中的重要性时，他说："我发现物理直觉非常有用，特别是关于偏微分方程。在我能够猜出波将怎样变化之前，我需要考虑它，并关于它的频率、动量、能量等有一些想法，接下来我当然要用严格的数学分析来证明波的这种变化。要在一个问题上有所进展，就必须在直觉和严格性之间不停地转换，否则，就好像是把一只手绑在了背后。"[148]

最后要说的是陶哲轩的学术品格，他并不矜恃于自己的天赋，相反是个典型的以仁待人者，因此被学界誉为"优秀的团队合作者"。费弗曼称，"陶哲轩经常召集世界级的专业人士组成团队攻克难题，并努力发挥每一个合作者的优势，这是一种罕见的能力。"在他所发表的80多篇论文中已经有30多位合作者出现在文章署名中了，足见他的合作精神和仁融能力，这是难得的。费弗曼还说"数学家们争先让陶哲轩对他们研究的问题产生兴趣，他正在变成对失败研究的'救火员'"。费弗曼又说"如果你在一个问题上卡住了，其中一个办法是让陶哲轩对它感兴趣"。陶哲轩自己则说："我的大部分工作是与其他合作者共同完成的,所以我有责任去完成和他们共同开始的项目。事实上,对我来说,必须完成合作工作的'压力'是我的巨大动力。"[148]

陶哲轩的父亲陶象国说:"陶哲轩是一个容易亲近的天才,他从来没有和别人争执过,他想的都是怎么开开心心地和别人合作,而不是互相指责,争权夺利。"[145]

▲
维尔纳

Wendelin Werner

> 直到今天以前，概率论学者在菲尔兹奖得主中还没有代表，但今天我怀着巨大的喜悦在这里见证这个历史的改变。[150]
>
> ——纽曼（C. Newman）

> 概率论是现代数学中一个好的且重要的领域。……我非常尊敬那些把概率论塑造成今天这个样子的人。[148]
>
> ——维尔纳

维尔纳是德裔法籍数学家,1968 年出生于德国科隆,1977 年转为法国国籍。由于他对发展随机共形映射、布朗运动二维空间几何学以及共形场理论的突出贡献,于 2006 年荣获菲尔兹奖,时年 38 岁。

维尔纳于 1993 年获得巴黎第六大学博士学位,1997 年任巴黎南大学数学教授,2001—2006 年他是法兰西大学研究院研究员,2005 年起又兼任巴黎高等师范学院的教授。

在获菲尔兹奖之前,维尔纳还获得过 1998 年的戴维森奖、2000 年的欧洲数学会青年学者奖、2001 年的费马奖、2003 年的赫尔布兰德奖、2005 年的洛乌奖和 2006 年的波利亚奖等等。

维尔纳关于概率计算和生物维数结构(biodimensional structure)的工作在物理学领域里特别重要。有关专业媒体评论道,"维尔纳与其合作者的工作代表了最近一段时间里数学与物理学间最富成效和最激动人心的合作。"[140]的确,过去人们似乎总认为是物理学在借鉴数学,或说是数学在帮助物理学,但是维尔纳的亲身体会表明,数学也在借鉴物理学,因此物理学也在帮助数学。维尔纳之所以能通过对数学的研究而直接对物理学解释物质的相变等作出杰出贡献,也是来自物理学的启示。因为他说自己"的确是在运用来自物理学的思想、直觉和类比,以帮助获得一些关于我们工作中概念的直觉"。[148]事实上,布朗运动的数学理论就是受物理学启示而发展起来的,显然它还能引起我们更多的共鸣和直觉。

其实,这也是诺贝尔物理学奖得主、美籍华裔物理学家杨振宁先生说的数学与物理学联姻时代到来的表现。所谓"联姻"就是要相互借鉴、彼此促进,这也是推动数学发展的一个方面的动力,今后的数学工作者更应该意识到这点。

现在来谈谈维尔纳的核心贡献——对物质临界状态的本质揭示。为此得从物质"相变"谈起。所谓物质相变即物质状态的改变,比如液态的水变成固态的冰,或蒸发成气体,或者气化为离子态抑或等离子态等。

物质由一态"相变"到另一态的两相平衡态叫作"临界状态",此时,这两种状态的区别不再存在。这是一种十分复杂的情形,它有着复杂的结构,比如水在沸腾前的"混沌态(Banad 花样)"即是。简单说来它是由很多物质离子或粒子在做"转换"时的所谓"临界点"汇聚成的综合状态。仅就"临界点"理论来说,它在数学中已是很深刻的核心内容了。

比如一个动力系统的研究,其核心任务往往仅在于它的"相空间"上一般只对测度为 0 的一个子集(甚至只有有限个点的点集)作讨论。剩下的(具有全测度的)点集只是所谓"常点"。只要临界点及其邻域的结构弄清楚了,所有常点处的情形便自然清楚了。

不难理解,物质本身在其"临界状态"时的结构并不是把所有临界点进行线性地、培根(分割合成)式地简单拼合、汇聚即成的,而是复杂得多。

在此之前一些前沿的物理学家(其中也有诺贝尔奖获得者)为之已经做了长期努力,虽然也摸索到了一个可谓正确的方向,即在复域上作分析,并且用了保角映射,还用了基于(保角映射下产生的)"共形映照"的一个"共形场论"来解释二维的临界现象,但是从数学角度看,它们仍然是十分粗糙的。

那么真正解决这一问题有多难呢?从维尔纳仅因为这一问题的本质揭示而获得菲尔兹奖,即可说明问题了。

具体说来,围绕着物质临界状态的本质揭示,维尔纳作出了系列贡献,现简列于下。

(1) 维尔纳进一步在物质的临界状态研究中引入了概率论以作随机分析。事实上,维尔纳对概率论早有兴趣,并已经研究得很深了,比如他曾获得过关于随机过程的戴维森奖(1998 年)即说明了这点。按维尔纳的说法,他这次获得菲尔兹奖也是人们对"'概率论是现代数学中一个好的且重要的领域'这一事实的认可"。[148] 这样一来即在物质临界状态研究中形成了一个复分析与概率论思想相结合的范例。这可是座跨度十分大的"桥"啊!

须知概率空间一向是建立在实域上的,这往往给人以印象,似乎它与代表着旋转、波动特征的复分析是风马牛不相及的,而维尔纳此举表明事实不是这样的,所以说这是个十分惊人的成果,就连维尔纳本人也感到十分满意。

同时,这一事实不仅改变了人们认为概率论只是为了应用的旧观念,而且使得概率论与纯数学的关系更为密切了。

(2) 维尔纳对物质临界状态研究的又一大贡献在于对布朗运动的深刻揭示。具体地说维尔纳是在概率论的背景下运用所谓洛纳方程来理解共形不变系统(把布朗运动作为物理学的又一个二维临界模型来研究),从而既揭示出二维布朗运动的几何学特征,又深刻刻画了二维临界模型的实质。

所谓布朗运动系指如悬浮在液体或气体中的花粉之类微粒因受液体或气体中大量分子的随机碰撞而做着随机运动、产生随机的运动轨迹,这种现象是以首创者布朗(R. Brown)的姓氏命名的。

布朗运动在物理学和数学中都作为一门分支学科备受重视。在数学中,布朗运动属于概率统计学的维纳随机过程,它不仅是一种扩散过程,还与位势论关系十分密切。数学家们已在 d 维布朗运动的一般研究基础上,对一维情形有了较为成熟的研究;而维尔纳是在二维布朗运动的研究上作出了特有的贡献。

(3) 维尔纳及其合作者还证明了"布朗运动轨迹具有分形结构"这一长期猜测,并且得到它的分数维是 4/3。

(4) 维尔纳及其合作者正是在对二维布朗运动的深刻揭示基础上,不仅彻底解决了二维的物质临界现象,而且发展了它的二维几何图像,使之更具直观性。因此说这些理论、思想对数学和物理学都产生了重大影响,并且开创了新的研究领域,展示出更为广泛的应用前景。

(5) 维尔纳及其合作者正是在揭示临界状态本质的过程中,通过严密的数学理论得到了"铺满地面的、具有两种随机着色的六角形砖块集"的若干重要性质,包括其同色砖块构成的图案具有的分形结构、分数维以及临界指数等。[140]

此外,这一理论还可用于研究"渗流"问题,诸如地下水的分布、油层的分布和污染物的扩散等等。

（6）维尔纳及其合作者在他们的工作中还证明,在一些二维模型中存在一种所谓"共形不变性",这是在复分析中的共形映射下,二维模型保持的一种不变性,也是"共形场论"中一个重要性质。

维尔纳是第一个获得菲尔兹奖的概率论学者。正如美国著名数学家纽曼2006年在西班牙马德里举行的国际数学家大会上对维尔纳的工作作评介时所指出的："直到今天以前,概率论学者在菲尔兹奖得主中还没有代表,但今天我怀着巨大的喜悦在这里见证这个历史的改变。"[150]

当别人问维尔纳"你是第一个获得菲尔兹奖的概率论学者,你对此怎么看?"维尔纳答道："我非常高兴概率论能受到这样的重视,这也许兆示着观念的转变和概率思想对数学总体的影响。当然,回想这个领域的历史和过去的成就,我感到很奇怪,自己是第一个获得这个奖的概率论学者。"[151]他指出："对于将数学划分并归类成子领域的做法不能太认真。新的见解往往出现在不同领域的思想结合的时候。"[151]他说："概率论是现代数学中一个好的且重要的领域。……现在大家认识到了概率的思想和数学其他领域之间有多么大的相互作用……在某种程度上,我所工作的领域由于复分析和概率论思想的结合确实已经得到了促进。"[148]他还说："我非常尊敬那些把概率论塑造成今天这个样子的人,我也十分感谢那些仅比我稍大一辈的概率论学者们,他们开启了很多大门。"[148]

顺便指出一种现象,科学家,特别是数学家,在年轻时常常是活跃多才的,他们在文学艺术、绘画艺术、音乐艺术,甚至在舞台艺术上,都广有天赋,可是成名后的科学家给人的印象似乎都是深沉而老练、秃头且戴眼镜的老家伙。真的是这样的吗?对于这个问题,维尔纳有一个较为全面的回答。他在接受采访时说,自己小时候喜欢音乐、拉小提琴,觉得数学和音乐是多么相似、多么和谐,但是他又说,"我无法忘记许多小时候和我一起玩音乐的伙伴们,他们在成年后不得不放弃音乐,原因是他们的专业使他们没有时间和精力去继续演奏他们的乐器"。[148]"可我不一样,因为我一天内很难专注于一个问题四五个小时以上,这时音乐是个很好的调节,它既能使我换换脑子,又不会在我大脑中填充其他能分散数学注意力的东西。又如,一般在接待了非专业人士之后很难回到数学问题上来,这时拉拉小提琴就会使我容易回到原有的数学状态。"[148]可见维尔纳的多才倒会继续伴随并辅助着他的数学天赋。

维尔纳曾说:"数学既是抽象理论同时也是有人情味的,当你工作于某个数学问题时,从某种程度上说就是你喜欢上了它,是你在某种程度上与它产生了共鸣的缘故。"[148]

维尔纳还说:"数学并不是一个和感情世界隔离的、枯燥的科学。"[148]

林登施特劳斯

Elon Lindenstrauss

以色列是一个数学强国,但直到林登施特劳斯之前,还没有以色列科研人员获此殊荣。40岁的年龄限制肯定是年轻研究人员的一个障碍,因为在军队服役,他们被迫开始相对较晚的学术生涯。然而,林登施特劳斯证明了世界科学家中的天才能够应对这一障碍。[186]

——本-萨森

数学的实质,至少从社会的观点看来,是思想的自由传播。正是这种对数学思想普遍拥有的一致性使得数学如此强有力,并可以解释它的快速发展。[187]

——林登施特劳斯

林登施特劳斯是以色列数学家，1970年8月1日生于耶路撒冷。由于他的关于遍历理论中测度刚性的结果及其在数论中的应用，于2010年荣获菲尔兹奖，时年40岁。

埃隆·林登施特劳斯出生在一个起源于德国的犹太家庭。他同时也生活在一个数学家庭，是希伯来大学的荣誉退休教授数学家约兰·林登施特劳斯(Joram Lindenstrauss)的儿子，著名的约翰逊-林登施特劳斯引理就是他父亲与数学家W·B·约翰逊(W. B. Johnson)的杰作。他的姐姐也是一位数学家。他的叔叔是以色列国家审计长。由于家庭的熏陶，他在很小年纪就接触到了许多数学书籍，遇到过许多数学家，意识到做一个数学家意味着什么。

林登施特劳斯曾就读于希伯来大学附属中学。青少年时代的他就充分展现出了自己的数学才能。1988年，林登施特劳斯代表以色列参加国际奥林匹克数学竞赛并获得铜牌。他还参加了以色列空军的特比昂项目。该项目是以色列国防军的精英培训项目，面向在科学和领导力方面表现出卓越学术能力的新兵。毕业生在军队服役期间接受双重高等教育，他们利用自己的专业知识，在技术领导职位上进一步推动国防的研究和发展。在服役期间，林登施特劳斯拥有少校军衔，还获得了以色列国防奖。林登施特劳斯一直在耶路撒冷希伯来大学学习，1991年获得数学和物理学士学位，1995年获得数学硕士学位，1999年获得博士学位。他的论文是《动力系统的熵性质》，扩展了任意顺从群的逐点遍历定理，并对著名数学家沃尔夫奖得主格罗莫夫引入的研究具有无限拓扑熵系统的新不变量——平均维——进行了深入的研究。

林登施特劳斯1999—2001年在新泽西州普林斯顿大学高级研究院做博士后，2001—2003年在斯坦福大学做塞戈助理教授，2004—2010年担任普林斯顿大学教授。其中，2003—2005年，他还在纽约大学科朗数学科学研究所做访问学者；2008年，他被任命为耶路撒冷希伯来大学爱因斯坦数学研究所教授。

遍历理论是研究保测变换的渐近性态的数学分支。它起源于为统计力学提供基础的"遍历假设"研究,并与动力系统理论、概率论、信息论、泛函分析、数论等数学分支有着密切的联系。例如,一个动力系统可能会描述一个围绕无摩擦的无袋台球桌弹跳的台球。球将以直线行进,直到击中桌子的一侧,它将像镜子一样反弹。如果桌子是矩形的,那么这个动力系统非常简单且可预测,因为在任何方向上发送的球将最终以一致的角度从四个桌壁中的每个桌壁反弹。但另一方面,假设台球桌像体育场一样有圆角。在这种情况下,几乎从任何方向开始的任何起始位置的球都会以不断变化的角度射向整个体育场。具有这种复杂行为的系统被称为"遍历"。林登施特劳斯在遍历理论的保测变换研究所获得的成果具有深远的影响,甚至远远超出了遍历理论领域。在齐次空间中高阶对角作用的测度刚性的研究中,他对弗斯滕伯格和马古利斯一个猜想所进行的工作产生了许多引人注目的应用。他与艾因西德勒(M. Einsiedler)和卡托克(A. Katok)合作,在正熵的一个假设下给出了这个猜想的证明。这对于丢番图逼近理论中李特尔伍德猜想有着非常深刻的应用。林登施特劳斯把他的发现与其他遍历理论的和算术的思想相结合,解决了模形式理论中的鲁德尼克(Rudnick)和萨纳克(Sarnak)的算术量子唯一遍历性猜想。

林登施特劳斯有众多的合作者与之研究学术问题。除了前面提到的外,他同艾因西德勒、米歇尔(P. Michel)和文卡泰什(A. Venkatesh)研究了某些算术空间中环面周期轨道的分布,并被闵可夫斯基(Minkowski)和林尼克加以推广。他与他的博士导师魏斯(B. Weiss)一起系统地发展和研究了格罗莫夫于1999年引入的平均维数不变量。在相关工作中,他引进并研究了小边界性质。他的共同作者还包括布尔甘、莫泽斯(S. Mozes)和韦斯(B. Weiss)等。

林登施特劳斯是第一位获得菲尔兹奖的以色列人,以色列非常受欢迎的互联网门户网站 Ynet 专门就此进行了报道,并且采访了他本人。Ynet 新闻网把这一奖项称为"以色列的伟大荣誉",林登施特劳斯的同事卢博茨基

(A. Lubotzky)教授说:"在林登施特劳斯的数学中,有一块广泛的以色列组件,他的作品采用了希伯来大学以色列研究人员开发的方法。"[186]希伯来大学校长本-萨森(M. Ben-Sasson)教授说:"以色列是一个数学强国,但直到林登施特劳斯之前,还没有以色列科研人员获此殊荣。40岁的年龄限制肯定是年轻研究人员的一个障碍,因为在军队服役,他们被迫开始相对较晚的学术生涯。然而,林登施特劳斯证明了世界科学家中的天才能够应对这一障碍。"[186]在举行颁奖典礼的半年前,时任国际数学联盟主席(2007—2010年)的匈牙利组合学家洛瓦兹(L. Lovász)发电子邮件给林登施特劳斯,要他等待获奖通知的电话并请他保守秘密。"然而,在以色列,保守秘密非常困难,而且有一段时间我已经收到了良好的祝福。"[186]林登施特劳斯这样告诉记者。他认为,赢得该奖项是一项"巨大的责任"。"有一种特别的感觉。我认识许多天才的、杰出的数学家……从所有这些聪明的头脑中被挑选出来是非常令人惊讶的。"他说,"我获得过一系列的奖项,其中一些是与合作伙伴共同承担的。这里的乐趣之一就是与其他数学家联手的能力,这是我最喜欢这个领域的事情之一。"[186]

林登施特劳斯从未考虑过诸如与历史或文学相关的职业,但确实对物理非常有兴趣,特别是对《费因曼物理讲义》很着迷。在他看来,做一名分析学家和一名物理学家在某些方面是相似的。这两个学科都是要认识什么是大而又重要的;什么是小而又不足道,以至于可以忽略的。它们的区别是物理学家只作出断言,而分析学家则必须作出相关的估计以证实他们的直觉。但本质上二者的直觉所关乎的事物是相同的。他对其他学科几乎没有兴趣,即使对信息论、编码等这一类内容有兴趣,也是因为这些课题和遍历理论有关。

林登施特劳斯研究的许多问题都用到了大量的代数和分析理论,他得出的有些相当抽象的结果非常漂亮,但对一个外行而言无法体会到它们的深刻性。他也提到过一些非常具体和实际的问题,这对每位数学家来讲都能欣赏,甚至为之着迷。他认为,人们并不能把工作以理论和应用、一般和特殊,抽象和具体如此明确地区分开来,这些"成对"的关系很像跷跷板,是互相交替的。在研究一个具体的问题,证明了一些东西后,必须回过头来仔细分析一下,哪些方法是真正用到的,哪些内容是证明的概念性部分。这样做会理解得更好,并且能回到问题的起源,进而发现一些和其相关联的问题,有了更新的动力。

林登施特劳斯觉得文字并不是交流数学的好方法,极度缺乏效率。在数学家解决一个问题,或是发展某种思想时,他们起初对这些内容仅有一个模糊的概念;当做了许多工作后,逐渐地对它们有了理解,这个概念也就成形了,并且成为有用的了;为了能够表述它,数学家用某种正规的方式加以"编码",使得它在学术界中可以被接受。某人读到了这篇文章,即看到了作者的思想编码;如果他或她认真对待这篇文章,就会有许多思考,最后就会回到最初,也许是作者那个杂乱无章的理解;总之,人们花了大力气只是"解码"。所以,学习数学的最好的办法是和人交谈,用这种方法会立即进入到事物的核心。

林登施特劳斯认为,若能指出数学的应用来总是非常好的,但永远不可能预言什么样的数学会有应用。他担心的是,要求数学理论马上就要有应用,会导致那些未有直接应用的,但同样值得关注的、更为基本的研究方向被忽视。林登施特劳斯还认为,高技术企业文化和数学文化的性质完全不同。前者是一种需要保密和倚重专利的文化;而后者,至少从社会的观点看来,它的实质是思想的自由传播。在任何情形,大学不是公司。大学的目的是培育被忽视思想的人,注重智力文化。在大学里对应用研究施加商业压力是不健康的。

从某种意义上讲,每个数学问题都能转化为图的问题。林登施特劳斯认为,自己正在见证一种潮流,即特定的图论和一般的组合学在数学中发挥着比以往更加突出的作用。他所熟悉的算术组合学中费赖曼定理及其推广、和-积类结果等等都充分显示了这一点,而且其中的一些基本论述可以非常自然地用图论术语表达。

与很多菲尔兹奖章获得者一样,林登施特劳斯在获奖前已经取得了很好的成果,得到同行的认可,也收获了许多奖项。2001年,他获得了伦纳德和埃莉诺·布鲁门塔尔纯数学研究进展奖,同年因其博士期间的研究而获得海姆·尼斯亚虎数学奖(这是以色列国家优秀论文奖,每4年才颁发1次)。2003—2005年,他是克莱数学促进会的长期奖会员,2003年与桑达拉腊(K. Soundararajan)一起获得塞勒姆奖,2004年,获得欧洲数学会奖。2008年,他获得了迈克尔·布鲁诺纪念奖。2009年,获得以色列数学联盟颁发的安娜和拉霍斯·厄多斯数学奖,同年还与维拉尼(C. Villani,2010年度的菲尔兹奖得主)一起获得费马奖。费马奖每两年颁发一次,表彰在费马所涉猎的领域(包括变分法原理、概率和分析几何的基础以及数论)中作出杰出贡献的专业数学家,现金奖励有20 000欧元。

菲尔兹奖给林登施特劳斯带来了些许改变。他很有社会责任感,认为自己应该花更多的时间来提高人们的数学意识,例如作公众数学报告或到学校去授课。但他也担心得奖会产生副作用,有更多的行政负担。果不其然,他曾在个人主页上写道:"到2018年1月9日,我已经作为系主任完成了两个年度的繁重工作。在接下来的两年(2018—2020年),我将试图大幅削减我在管理上花费的时间。遗憾的是,这意味着我无法尽可能多地为参考信件请求提供帮助,如果我认为我没有专门的见解,我将拒绝写信,即使对于优秀的候选人也是如此。这不适用于我指导的博士后和学生。"[188]

林登施特劳斯很清楚数学是人类巨大的创造,但当他工作时,并未感到自己在创造它,而是在发现它。这正是数学柏拉图主义的精髓。

吴宝珠

Ngô Bảo Châu

他是这个时代最伟大的数学家之一。他才智过人。我真的希望这个年轻人还能做出更多伟大的事来。[189]

——费弗曼

我只是证明了纲领的基本引理,不是整个纲领。我们的下一个目标是整个朗兰兹纲领,基本引理只是它的基础,是其中一座小山峰。爬过这座山峰后,现在可以瞭望朗兰兹纲领了。前面是一座大山,我们的问题是如何爬上去。其中一件事是朗兰兹回来了,他将为我们指示解决整个纲领的新路线。我认为,整个纲领也许需要我一生的时间。[190]

——吴宝珠

吴宝珠是越南裔法籍数学家，1972年6月28日生于越南河内。由于他引进了新的代数几何方法而证明了自守形式理论中的基本引理，于2010年荣获菲尔兹奖，时年38岁。

吴宝珠来自越南一个学者家庭，父亲在苏联获得了应用数学博士学位，是越南国家力学研究所的物理教授，母亲是越南中央传统医学院的副教授。吴宝珠是家中独子，由于父亲长期在苏联学习，他的幼年几乎是在母亲的家族中度过的。

在吴宝珠童年时期，越南遇到了严重的经济困难。吴宝珠小学就读于河内讲武实验小学，这所学校鼓励学生独立阅读、自由表达。他初中就读于征王基础中学的特殊班，从那时起，吴宝珠做了许多数学练习，并且喜欢上了数学。1987年初中毕业后，他考入越南国立河内大学附属高中。这是一所面向越南具有数学天赋的学生的高中，在奥林匹克数学竞赛方面硕果累累。就读期间，吴宝珠两次参加国际奥林匹克数学竞赛。1988年，在澳大利亚举行的第29届国际奥林匹克数学竞赛上，他以满分成绩获得金牌；1989年，他再度获得金牌。吴宝珠在第一次获得金牌后，就对竞赛不再有兴趣了，在学校的要求下，他才参加了第二次竞赛，这一次他没有感受到什么乐趣，他感慨道："只关注解决挑战性问题总有点不对，因为做数学是深刻地理解简单的现象。"[191]1989年高中毕业后，吴宝珠得到匈牙利政府的一笔奖学金，因为对组合数学极有兴趣，所以他准备到匈牙利上大学。之后吴宝珠学了一年的匈牙利语，但由于柏林墙倒塌，匈越两国政府间的协议取消，他失去了这次留学机会。

吴宝珠进行朗兰兹纲领的研究颇有几分机缘巧合。在失去匈牙利留学机会后，一位来自法国的教授参观了吴宝珠父亲的工作单位，父亲的同事向这位教授谈起了吴宝珠获得国际奥林匹克数学竞赛金牌的情况，于是，教授就帮他获得了法国政府的奖学金。法国的教育体系不同于其他的国家，吴宝珠必须从高中读起。高中预科是为研究作准备，非常不同于越南的"奥数班"。又读了两年高中后，吴宝珠进入巴黎高等师范学院，开始了大学的学习。当时,他的指导老师数学系主任布鲁意(M. Broué)建议他跟随巴黎第十一大学的洛蒙教授作研究,所以,在大学阶段吴宝珠就开始了博士研究。在法国自守形式之父戈德门特(R. Godement)的广泛宣导下,当时许多的数学家都在做自守形式的研究,其中也包括吴宝珠的导师洛蒙教授。

朗兰兹纲领是由加拿大裔美国数学家朗兰兹在1967年写给韦伊的一封著名的信中提出的。1979年,朗兰兹发展了一项雄心勃勃的革命性理论,将数学中两大分支数论和群论联系起来,通过一系列的推测和分析,发现了与涉及整数的公式有关的不可思议的对称性,并最终发展出所谓的"朗兰兹纲领"。它是一组意义深远的猜想,预言主要数学领域之间原本就存在着统一的联系。依靠朗兰兹纲领,数学家在一个领域不能解决的问题,可以在其他领域证明解决。如果在另一个领域内仍然难以找到答案,那么可以把问题再转换到下一个数学领域中,直到它被解决为止。证实这些猜想的一个主要工具就是迹公式,在一系列困难中,基本引理的证明是非常著名的问题。朗兰兹认为,纲领的证明需要几代人的努力,而纲领证明的前提是基本引理。

1993年在洛蒙教授的建议下,吴宝珠开始研究朗兰兹纲领。起初,他围绕某个比较具体的问题展开研究,只需掌握一部分数学工具即可。尽管那时,他已经有了如何证明基本引理的朦胧想法,但是并没有准备好在具体细节上如何实施。通过朗兰兹纲领在其他问题上的研究,他逐渐搭建起所必须的架构。1997年,25岁的吴宝珠在法国第十一大学奥赛科学学院获得博士学位,在博士论文中,吴宝珠解决了一个非常类似于朗兰兹纲领基本引理的问题,此时他也开始明白,要真正解决这一问题,关键应该是建立迹公式的一个几何模型。迹公式的某些算术现象可以被归结为一个积分恒等式。对于小秩的群,这犹如组合学中的一道习题,但也并不容易。在局部调和分析的范围之内,基本引理通过艰苦工作可以证明。然而由于包含了在有限域上的阿贝尔簇上点的数目的表达式,所以一般意义下无法用初等的工具来计算。当时所知道的是希钦所发现的对某可积系统的几何并不包含任何计算。在朗兰兹提出这个猜想时,人们并没有意识到与可积系统的这种联系。此外,对于诸如 l 进上同调和反常层这样高难度的工具,研究者需要加强关注和运用。

从1998年开始,吴宝珠成为法国国家科学研究中心的研究员,在巴黎第十三大学工作,这是他的第一份工作,当时,他的目标是证明朗兰兹纲领的基本引理。法国国家科学研究中心研究员隶属于法国国家科学研究中心,也就是说法国国家科学研究中心为其支付薪水,他们在相关大学里和其他教授一起工作,但没有教学任务。而且法国国家科学研究中心研究员是一个终身的职位,没有申请经费、发表文章、晋升职位的压力,研究员在这里要做的就是潜心研究。在这段时光中,吴宝珠按照他的节奏,向着攻克基本引理的目标前进。

2003年是吴宝珠研究工作的一个转折点,当时他已经确切想清楚了基本引理证明中与几何学相关的每一个问题,他与洛蒙共同证明了基本引理的酉群情形。2004年两人因此获得克莱数学研究所颁发的克莱研究奖。2005年,吴宝珠成为巴黎第十一大学的教授,33岁的他是越南有史以来最年轻的教授。这项成果也使吴宝珠在数学界凸显了出来。但因为酉群情形不适用于普通形式,所以离证明基本引理还有很多工作要做。此后的研究进展比较缓慢,吴宝珠也曾一度认为基本引理是不可能证明的,研究工作逐渐进入低谷。或许是物极必反的缘故,在经历了一段漫长的蛰伏期之后,事情终于出现了转机。

2006年,吴宝珠应邀到美国普林斯顿高等研究院访问,这是他第一次出访。这为他彻底解决一般情形下基本引理的证明创造了机会。他与戈瑞斯基(M. Goresky)的讨论,为基本引理的最后证明提供了补充。2007年返回巴黎后,他便开始全身心地投入到引理的完整证明中,6月完成了超过200页的证明手稿。这个过程充满痛苦和压力,其中一个严重的错误,就花去他两个月的时间来修正。

从博士研究生开始,吴宝珠用了将近17年的时间来作朗兰兹纲领的研究。用他自己的话来说,"每个数学家都明白它的重要性,如果你知道朗兰兹纲领,你就会用一种全新的方式去理解数学和几何。怀尔斯在费马大定理的证明中用了朗兰兹纲领中的思想,你可以看见它的美丽和力量,这真是激动人心的纲领。"[190]正是怀着对朗兰兹纲领无尽的热爱,吴宝珠在研究的道路上不知疲倦,向着目标一步步地前进。

吴宝珠在法国举行的研讨会上报告了他的证明。2007年他再次回到普林斯顿,又用5个月的时间,不停地举办讲座,努力解释自己的想法,并且不断将证明加以完善。2008年5月,他将论文投递给法国《高等科学研究所数学出版物》,稿件需要通过匿名同行评价,这花费了较长时间。2009年底,几乎所有研究朗兰兹纲领的学者都认可了吴宝珠的证明。美国《时代》周刊也将该证明列为2009年度十大科学发现之一。有意思的是,来自代数群表示论的仿射斯普林格纤维和因研究可积系统而产生的希钦纤维化之间的联系在吴宝珠的证明中起了关键作用。吴宝珠因对基本引理的证明喜获菲尔兹奖。他是第一位获得该奖的越南人。

朗兰兹最初写出基本引理的公式时,他一定认为这是容易证明的一个定理。他和学生花了将近10年的时间试图证明它,却遇到越来越多的几何学问题。在过去30年中,数学家在这一领域的很多工作是基于基本引理正确的前提下进行的。2014年沃尔夫奖得主高等研究院的数论学家萨纳克这样形容该成果:"就好比人们在河对岸工作,等着有人能架好这座桥梁。突然之间桥梁架好了,每个人的工作都有了意义。"[190]芝加哥大学物理科学院院长、数学系教授费弗曼评价道:"他是这个时代最伟大的数学家之一。他才智过人。我真的希望这个年轻人还能做出更多伟大的事来。"[189]

2010年1月,吴宝珠的论文《李代数的基本引理》被法国《高等科学研究所数学出版物》发表。曾经一度离开这个领域的创始人朗兰兹也回来了,并与吴宝珠合作发表了一篇论文。同年9月,吴宝珠以教授的身份加入芝加哥大学数学系。在那里,如果他想教书,他可以教书;如果只想作自己的研究,就可以停止教书。有终身教授的职位,能做他想做的事,可以更加全身心地投入到自己喜爱的数学中,与更多的同事一起谈论数学问题。对于未来的研究,吴宝珠说:"我只是证明了纲领的基本引理,不是整个纲领。我们的下一个目标是整个朗兰兹纲领,基本引理只是它的基础,是其中一座小山峰。爬过这座山峰后,现在可以瞭望朗兰兹纲领了。前面是一座大山,我们的问题是如何爬上去。其中一件事是朗兰兹回来了,他将为我们指示解决整个纲领的新路线。我认为,整个纲领也许需要我一生的时间。"[190]

吴宝珠认为,从一名国际奥林匹克数学竞赛冠军成为一名数学家并不是一件容易的事,这种转化不是直接的,需要长时间与数学在一起,花时间去学习和讨论,看数学家如何提出问题、产生兴趣,如何谈论及证明这些问题。

吴宝珠并没有通常人们所认为的那种天才的光芒,他执着于自己研究中的每一个结果,深入思考,属于锲而不舍的类型,按照自己的节奏前进,并不急于发表论文。他不关心他自己的数学的应用,但是对于在现实生活中可能有应用的数学则保持有强烈的兴趣。他说:"当你想作数学研究的时候,与数学在一起是愉快的。在数学中,你会感到它的自然;数学是描述世界的最美语言,它很简单,因此也是最经济的语言,不多也不少。"[190]在数学的自然之美中,他不断发掘出新的灿烂。我们有理由相信,在通往朗兰兹纲领的道路上,必将有新的数学之花绽放。

吴宝珠除了获得菲尔兹奖和克莱研究奖外,2007年他还获得德国上沃尔法赫数学研究所颁发的上沃尔法赫奖,以及法国科学院颁发的索菲·日尔曼奖。2011年,吴宝珠获得法国国家荣誉勋章。2012年他当选美国数学会院士以及美国艺术与科学院院士,2016年当选巴黎科学院外籍院士。

斯米尔诺夫

Stanislav Smirnov

斯坦尼斯拉夫·斯米尔诺夫及其合作者 10 年来取得的进步让我感到惊讶和高兴。他们完全改变了随机平面曲线和二维格点模型领域。斯坦尼斯拉夫已经证明，他有能力和洞察力产生出人意外的结果，他的工作是过去近 15 年来随机平面曲线相关概率结果不断被发现的主要刺激因素。[192]

——凯斯滕

数学正处于令人激动人心的时代，在众多领域有极大进展，同时有很多别的值得尊敬的数学家。因此我认为这个奖更多的是对我所从事领域的认可，而且能够从外部获得关注是很高兴的。[193]

——斯米尔诺夫

斯米尔诺夫是俄罗斯数学家，1970年9月3日生于苏联列宁格勒（今俄罗斯圣彼得堡）。由于他对统计物理学中渗流和平面伊辛模型的共形不变性的证明，于2010年荣获菲尔兹奖，时年40岁。

斯米尔诺夫的祖父是一名数学教育家、工程学教授，所以斯米尔诺夫从小就在科学的氛围下成长，读了许多关于数学和物理学的书籍，甚至那时他自己想设计飞机或宇宙飞船。在11岁时，他参加了奥林匹克数学竞赛，从此真正踏入了数学世界。在他读八年级之前，并没有遇到富于启发性的好的数学老师，当他在数学竞赛中获奖后，他有了自信，意识到自己在数学上的特别才能。斯米尔诺夫在数学竞赛中有非常优异的表现，1986年和1987年连续两届国际奥林匹克数学竞赛中，他以满分成绩获得金牌。通过竞赛，他能和来自不同地区同样对数学感兴趣的同龄人交流，可以说竞赛激发了他对数学浓郁的兴趣。

斯米尔诺夫直言，他5—10年级（11—16岁）时学的数学主要在学如何解题，并不特别注重数学理论。但对于那个阶段的学生来说，这种学习策略还是不错的，因为解题经验对科学研究有很大的帮助。最初他就读于一个普通的市级中学，之后进入了圣彼得堡著名的数学高中——239中学学习。这对于斯米尔诺夫而言是相当愉快的经历，他遇到了更为优秀的教师，更重要的是，他遇到了成绩都非常优异的同学。那时，他打下了非常牢固的数学基础。17岁时他已经读过鲁丁（Walter Rudin）的经典名著《数学分析原理》，略知一些微积分。

俄罗斯具有良好的数学传统，数学研究被认为是禀赋而非工作。斯米尔诺夫本科阶段就读于国立圣彼得堡州立大学，师从哈文（V. Havin），主攻数学分析。在本科生前两年的学习中，他学习了如哈文的调和函数和向量场、维斯克（A. Vishik）的遍历理论、维罗（O. Viro）的拓扑流形、苏斯林（A. Suslin）的伽罗瓦理论等课程，同时还参加了高年级学生的课程。他那时在几何学、分析学和遍历理论之间举棋不定，最终选择了分析学，因为哈文开设了一个研究讨论班，他就从在讨论班中选择的题目开始做起。后来斯米尔诺夫又跟随哈文做硕士论文，这些都是他难忘的经历。毫无疑问，列宁格勒在硬分析方面的坚实传统(与斯堪地纳维亚类似)令他受益匪浅。

1992年斯米尔诺夫受马卡罗夫(N. Makarov)邀请去了美国加州理工学院，做他的博士生。斯米尔诺夫几年前，听过马卡罗夫在圣彼得堡斯捷克洛夫研究所开设的几何函数论课程，很喜欢这个主题。他在加州理工学院的这几年过得很愉快，学到了很多关于复分析的知识。那时，朗兰兹与保利奥特(P. Pouliot)和圣欧班(Y. Saint-Aubin)共同在《美国数学会通报》上发表了一篇论文，做了一些源于共形场论的精确物理观察，提出了一些非常漂亮的猜想，它们由卡迪(J. Cardy)的物理学论证以及令人信服的数值证据所支持。这篇论文吸引了很多数学家到这个领域中来，当然也包括斯米尔诺夫。从那时起，他开始研究动力系统方面的相关工作。

1996年，斯米尔诺夫博士毕业后，在耶鲁大学担任吉布斯教员，并在普林斯顿大学高等研究院和德国波恩马克斯·普朗克数学研究所担任短期职务。1998年，因其偶像卡勒松(L. Carleson)的原因，他移居瑞典斯德哥尔摩。卡勒松是瑞典数学家，生于斯德哥尔摩，1992年因其在傅立叶分析、复分析、拟共形映射及动力系统理论方面的基础性贡献而获得沃尔夫奖，2006年又因其在调和分析和光滑动力系统方面深刻和重大的贡献而获得阿贝尔奖。当时斯德哥尔摩聚集了研究动力系统的顶级人物，如贝内迪克斯(Benedicks)、埃利亚松(Eliasson)、格拉奇克(Graczyk)、约翰松(K. Johansson)等等。按照斯米尔诺夫的话讲，在他还是本科生时，卡勒松就像神一样地影响着他，自己从来没想到有朝一日能与卡勒松一起工作。斯米尔诺夫于2001年被聘为皇家工学院教授，同年被瑞典皇家科学院聘为研究员。自2003年以来，他一直是瑞士日内瓦大学教授，研究领域涉及复分析、动力系统和概率论。

统计物理学中的共形不变性是指各类二维模型的伸缩极限的某种对称。这一发现在20世纪90年代就有所预言，见于许多研究中。斯米尔诺夫对于三角形格点上的渗流和平面伊辛模型这两个特别情况给出了严格的证明,对类似卡迪公式这样重要的方法奠定了坚实的理论基础,对各类过程中伸缩极限的施拉姆-洛伊纳演化理论加以全面完善。他的证明利用组合学论证,富于洞察力,简洁漂亮。

在渗流中,流体在多孔固体中流过空间。如果材料被建模为格点,其中点有可能被打开并允许液体流过,则存在液体可以穿过格点的临界概率。如果格点之间的距离在所谓的伸缩极限中减小到零,则临界概率接近最终值。1992年,英国物理学家卡迪提出了临界概率最终值的公式。2001年,斯米尔诺夫证明二维三角形格点的伸缩极限中的渗流是共形不变的,也就是说,如果格点被拉伸或挤压,则不会发生变化。这个结果证明了卡迪的二维三角形格点公式,因此是证明卡迪公式一般性的第一步。

在应用物理学、生物学和化学的伊辛模型中,单个粒子的性质受到附近粒子的影响。例如,在铁磁材料中,每个原子具有磁矩,当它与其相邻的原子对齐时,导致材料的净磁化。2007年,斯米尔诺夫证明了当伊辛模型达到伸缩极限时,它是共形不变的。

斯米尔诺夫的成就得到了业界的广泛认可,人们对他能获得菲尔兹奖也就不觉得意外了。著名概率学家凯斯滕(H. Kesten)在2010年菲尔兹奖的颁奖大会上赞誉:"斯坦尼斯拉夫·斯米尔诺夫及其合作者10年来取得的进步让我感到惊讶和高兴。他们完全改变了随机平面曲线和二维格点模型领域。斯坦尼斯拉夫已经证明,他有能力和洞察力产生出人意外的结果,他的工作是过去近15年来随机平面曲线相关概率结果不断被发现的主要刺激因素。"[192]

斯米尔诺夫接受采访时谦逊地说:"数学正处于令人激动人心的时代,在众多领域有极大进展,同时有很多别的值得尊敬的数学家。因此我认为这个奖更多的是对我所从事领域的认可,而且能够从外部获得关注是很高兴的。"[193]起初,斯米尔诺夫并不认为菲尔兹奖会令自己的生活有什么变化,而且也不希望它有任何变化;然而在他领奖之后,他的生活毫无意外地受到了普遍关注。他希望这一切能很快平息下来。同年获得菲尔兹奖的维拉尼表示,自己要对社会的高期望承担相应的重任,而斯米尔诺夫并没有这样的感觉。他不喜欢在数学上标新立异,认为科学不应赶时髦。他常常去解决那些并不能保证可以被攻克的困难问题,并且对攻克这些问题抱以足够的耐心。为此,他担心人们会将他视作新导向,看作引领潮流的人。然而,事与愿违,毕竟数学研究也是人类的活动之一,追风是不可避免的。因此,就数学研究领域而言,他觉得有很多数学家被埋没了,尽管在一些有意义的问题上,他们得出了非常重要的成果,但由于那些方向时下并不流行,从而缺少来自该领域之外的关注或认可。

斯米尔诺夫在多个不同的领域作出过贡献。如何实现从一个领域到另一个领域的转变,斯米尔诺夫可有着经验之谈。当他找到一个特定的题目,就直接着手尝试。他乐于在新领域中寻求合作者,合作者不必是该领域的专家,但要对该领域有所了解,这样他自己就可以更快地投入研究而不必过多耗费精力在对问题的理解上。在此过程中,只需学习所需要的知识便可。这也正如斯米尔诺夫阅读文献,有时一篇论文中最重要的是一个注释或隐藏于论文证明中的一个解释,所以他会跳过那些无关紧要的内容直接找到需要的信息。但很多人从未做到这一点,而是从头到尾地读论文或只读读序言。从这个意义上说,斯米尔诺夫认为物理论文的表达方式更好一些,因为它的结尾会有一个总结,进而阐述其核心思想。

正由于斯米尔诺夫研究领域广泛,所以他的合作者与学术朋友众多。他认为,数学研究不同于数学竞赛,它往往需要研究者分享想法,共同解决问题。进行研究时,不可避免地要阅读论文,在论文中可以知道哪些方法是行不通的,进而节省时间。合作的好处是,在出现困难时,互相可以给予提示,有助于问题的解决。然而斯米尔诺夫也有切身的反面体验,即对自己不起作用的方法也许对别人来说是有效的。他曾经碰到过这样的情况,自己曾3次尝试用某种方法解决一个问题,但都失败了;而他的同事用同样的方法,第一次尝试就成功了。原来他在做一个变换时,3次都犯了同一个计算错误。

斯米尔诺夫非常推崇数学的应用价值。无论是在物理学中，还是在经济学中，或是在生物学中，数学的应用价值非凡。在物理学上，诚如诺贝尔物理学奖得主维格纳(Eugene Wingner)所述，数学具有"不可思议的有效性"，他对数学与物理世界有着如此深刻的联系感到震惊，一般物理原理能用简洁的数学公式漂亮地表达出来。对于经济学，比如随机过程，斯米尔诺夫认为伊藤(Ito)演算在经济学中的应用也是不可思议地有效——粗糙近似竟给出了精确预测。在生物学上，一个重要问题是预测复杂分子的空间结构，利用这些结构也许会给出分子之间如何相互影响的线索，尽管目前只是相当冗长的数字模拟而没有特定规律；然而，斯米尔诺夫坚信，由于目前人们的理解力水平还不够，未来生物学会和物理学一样，人们最终会找到隐藏于生物过程中优美的数学结构。在生物学的某些领域，数学已经有所作为。比如，某些酶如何解开 DNA 分子，以及进化的一般原理在数学层面的理解。只不过，在这些方面的完全精确描述还有一段路要走。

斯米尔诺夫 1997 年获圣彼得堡数学会奖，2001 年获克莱研究奖、塞勒姆奖、格兰·古斯塔夫森研究奖，2002 年获罗洛·戴维森奖，2004 年获欧洲数学会奖等。

斯米尔诺夫不仅个人成就斐然，还培养出一批优秀的人才。比如，2011 年由他指导的博士生迪米尼-科平(Hugo Duminil-Copin)，毕业后多次获得数学奖，如 2012 年获得瓦舍龙-康斯坦丁奖、2013 年获得奥博沃尔法赫奖、2017 年获得勒夫奖等。

斯米尔诺夫的生活犹如他的研究领域一样，也是丰富多彩的。他很爱家，有一个女儿和一个儿子，他喜欢花时间在孩子身上，与他们玩耍、学习、阅读、运动、旅游。他的兴趣爱好也相当广泛，并且努力与身边的世界保持同步，了解文化、政治、音乐、电影。在运动方面，他酷爱滑雪，毕竟在俄罗斯和现居的瑞士，都有得天独厚的条件。

维拉尼

Cédric Villani

> 在维拉尼的工作中,我们不仅看到了严谨数学分析对物理行为的深刻洞察,还看到了从自然现象研究中涌现出的重要的新数学,这体现了麦克斯韦和玻尔兹曼一样的精神。维拉尼还写了大量的综述和书籍,通过这些见解,他用深刻、丰富、有物理动机的数学问题启发了一代年轻数学家。我们见证了维拉尼辉煌事业的开始和其对数学方向的影响。[194]
>
> ——姚鸿泽

> 数学家仅仅数学好其实不够,数学研究需要很多其他的技能。你必须非常专一,不断斗争,雄心满满,而且还必须擅长与人沟通——不断旅行,不断遇到不同的人,不断与他们打交道。在这些缝隙里,你不断在学习新东西和尝试新东西之间找到平衡。[195]
>
> ——维拉尼

维拉尼是法国数学家，1973年10月5日生于法国布里夫拉盖亚尔德。由于他对非线性朗道阻尼及对玻尔兹曼方程收敛到平衡状态的证明，于2010年获得菲尔兹奖。

维拉尼从小就喜欢数学，并且一直擅长数学。曾有老师夸他是"天才"，但他不太喜欢这个词，更愿意将自己的数学成绩归因于个人努力与严格的数学训练的结合。不过，那时的他并没有打算成为一名数学家，倒想成为一名古生物学家，他曾热衷于恐龙。17—19岁时，维拉尼在巴黎附近靠近蓬提耶的预科班接受了非常严格的数学训练，他学习异常努力，从预科班考上了巴黎高等师范学院。法国的预科班教育是法国高等教育中一个很特殊的层次，是全民普及的"大众高等教育机构大学"和"精英教育机构大学"的分野。预科班是进入"大学"的通道。预科班里对微积分、线性代数有严格的训练，以应付难度相当于"大学二年级"程度的考试。在法国只有成绩排名在前约10%的中学毕业生才有机会进入预科班学习，最后只有百分之零点几的预科班毕业生才可以进入巴黎高等师范学院、巴黎综合理工学院这样的顶级"大学"。

维拉尼1992—1996年就读于巴黎高等师范学院，1998年获得博士学位。在刚进入大学那会儿，他开始重新定义自我，并且有了一个新的自我形象。他开始对服装感兴趣，开始留长发，他变得对古典音乐感兴趣，爱为宿舍的同学烘烤自己颇为得意的玛德琳蛋糕，喜欢参加舞会。他在巴黎高等师范学院学习的第三年，当选学生会主席，那一年，社交和组织工作占用了他很多时间和精力，而在数学方面他几乎就没做什么。但学校的老师仍然鼓励他，说如果他现在努力学习，还是可以拿博士学位，当助理教授的。从那之后，维拉尼重新开始非常努力地学习。在巴黎高等师范学院的岁月里，他很喜欢晚上在学校昏暗的走廊里散步，看一缕缕光线从一扇扇门下透出来，仿佛在看潜艇舷窗中透来的泛着冷光的波浪。后来在普林斯顿高等研究院时，他也曾在深夜四处漆黑一片的楼里，看到最杰出的数学分析家布尔甘办公室门缝里透出来的光。那些享有崇高学术声望的人，都如饥似渴地勤奋工作着。

2000年,维拉尼被聘为里昂高等师范学院教授。他曾分别在亚特兰大大学(1999年)、伯克利大学(2004年)、普林斯顿大学(2009年)进行过为期半年的访问研究。2009年,维拉尼被任命为法国巴黎亨利·庞卡莱研究所所长,并成为巴黎高等研究院的兼职访问学者。

玻尔兹曼的气体动理论在经典物理学中,既是非常基本的,又是最具争议的理论。它并不研究单个分子的运动,而是采用统计平均的方法来考察分子的集体行为,揭示气体的宏观现象的微观本质。百年以前,人们就已经发现平衡态的概率分布,然而要推断是否收敛于平衡态却是相当困难的一件事。第一个结果是维拉尼与德斯维莱特(Desvillette)合作得到的,他们对不在平衡态附近的初始数据进行分析得到了收敛速度。之后,维拉尼又与他的学生穆胡特(Mouhut)合作,解决了一个长期的争论,证明了等离子体物理学中动力学方程的非线性朗道阻尼。

若谈维拉尼工作的出发点,就要回到19世纪由卡诺(L. Carnot)和克劳修斯(R. Clausius)引进的熵。在那个时候,熵是个模糊的概念,它的严格定义一直到玻尔兹曼(L. Boltzmann)的奠基性工作完成之后才出现。玻尔兹曼引进了非平衡态的统计物理和著名的H泛函。尽管玻尔兹曼的工作是一个根本的突破,但是它并没有解决关于熵的本质和时间方向的问题;关于这个中心问题的争论持续至今。冯·诺伊曼在推荐香农用熵去处理不确定函数时,曾打趣地说熵是个很好的名字,因为"没有人真正知道熵是什么,所以在辩论中你总可以占有优势"。[194]

维拉尼关于熵和它的耗散之间的基本关联的研究,不仅展示了严格的数学分析技巧,还表现出通向对本质的深刻洞察。在此基础上,维拉尼发展出了一个一般性的理论——超强制性,它可被应用到广泛的方程系统中。在不同的方向,熵被维拉尼用作最优输运领域和度量空间曲率研究的一个基本工具。维拉尼把熵及其时间演化的工具,从玻尔兹曼方程收敛到平衡态的研究引入到包括沃瑟斯坦空间的几何环境中,涉及里奇曲率、索伯列夫不等式、黎曼几何中具有割迹的最优输运的光滑性等问题。在朗道阻尼研究方面，他预测了等离子体电场中一个非常令人吃惊的衰变（所以才用"阻尼"这个词），没有粒子碰撞，因而没有熵的增加。这与玻尔兹曼认为时间不可逆性来自碰撞过程的观点形成了强烈对比。

24岁那年，维拉尼在巴黎高等师范学院与意大利数学家托斯卡尼(Toskany)合作得出了他数学生涯中的第一个重要结果：玻尔兹曼方程的熵增、福克-普朗克方程，以及等离子体熵增之间的联系。一年半之后，他同德国数学家奥托(Otho)共同发现了隐藏在索伯列夫不等式与塔拉格兰集中不等式背后的联系，开启了最优输运领域的冒险旅程。也是在巴黎高等师范学院，他完成了自己的博士论文。他说，他的博士论文得益于四位教授：博士导师利翁，学习指导布勒尼耶(Y. Brenier)，以及乔治亚工学院的卡伦(E. Carlen)和图卢兹(Toulouse)的勒杜(M. Ledoux)。他曾大量阅读后两位学者的论著，借此打开了通向不等式世界的大门。许多人在读研究生时会感到很失落，尤其是刚开始的时候，维拉尼也一样。导师利翁是一位偏微分方程的专家，在1994年获得了菲尔兹奖。维拉尼回忆导师时感慨道，他非常强大，异常勤奋，自己永远也不可能成为他那样的世界级数学家！但随着时间的流逝，他不知不觉地也成了一名菲尔兹奖得主。其实利翁并没有给他太多指导，这或许是件好事情。在这种情形下，维拉尼逐渐摸索到了自己的路。的确，导师(advisor)的作用是建议(advise)，而不是指导(direct)。这个过程中，布勒尼耶对他帮助甚多。在数学上找到正确道路是如此之难，因此，年长的、更有经验的人的帮助是非常宝贵的。

完成博士答辩三年后，他同合作者德斯维莱特一起发现了弹性理论中的科恩不等式与玻尔兹曼理论中熵增的联系；随后，他与科尔德罗-艾劳斯甘和纳萨雷特(Nazareth)一起揭示了最优输运与索伯列夫不等式之间的关系；2004年，他作为访问教授来到伯克利，遇到了未来的美国合作者洛特，他们合作阐明了如何将来自经济学中的最优输运想法应用到非欧几里德几何以及非光滑几何上，也就是里奇综合曲率问题，这个理论打通了分析与几何之间的界限。一个个不经意的碰撞，从无到有地演绎出新的数学定理。正是这些相遇，让他坚定地投身于探索各种早已存在的和谐关系。大约在26岁时，维拉尼就收到加州伯克利大学与斯坦福大学的职位邀请，30岁时，更多的邀请纷至沓来。2009年，他在普林斯顿高等研究院度过了4个月。他虽然喜欢美国，但从未考虑过久居美国。当普林斯顿高等研究院邀请他延长访问时间时，他毫不犹豫地放弃了这个机会，而是选择回到法国就任庞加莱研究所所长。

维拉尼告诫初学者，切勿陷入"系统学习"的陷阱。对于刚入学的研究生，他不建议把一本以研究为导向的专著从头读到尾。因为初学者没有总的观念，所以阅读起来会进展缓慢，且常常只能获得局部的理解。他建议初学者专注于一个问题，这样不需要掌握太多的预备知识；如果遇到困难，也可以有精力查阅这一主题的相关文献。他认为，知识渊博还可能是一个劣势，过多了解那些精雕细琢而又强大有力的数学，总是会把它们与自己能做的进行比较。这样会带来一种阻碍，抑制独立思考。初学者要始终试图自己解决问题，进入数学别无他途。即使是别人的成果，也必须在自己内心深处重新诠释。

维拉尼从来没有参加过国际奥林匹克数学竞赛，也没有参加过全国性的数学竞赛。这与一些卓越的青年数学家不同，比如同届获得菲尔兹奖的俄罗斯数学家斯米尔诺夫曾在国际奥数竞赛中取得满分成绩。法国不像俄罗斯和东欧国家，以及中国和越南那样，学生在中学阶段就开始训练奥数。在少年时，他的父母希望他参加全国水平的比赛，但遭到他老师的反对，认为这无关紧要，而且可能会打击他学习数学的积极性。维拉尼回想这段往事，感到老师为他作出了正确的选择，这种竞赛需要接受相当的训练，否则，可能不会表现得很好。他庆幸自己没有因此遭受挫败的困扰。他认为，在国际奥林匹克数学竞赛取得好成绩和成为一流的数学家之间未必有很高的相关性，奥数和数学研究是非常不同的，犹如短跑和马拉松之间的区别。长期做数学研究需要寻找恰当的问题，这极其重要但又有相当的难度，有些问题太过容易,而有些问题不仅太难,更糟的是有时它们根本就无法得到解决。然而,数学竞赛中没有这种困扰。在他看来,在数学竞赛上表现得好也存在不利的一面。它可能让人在很小的年纪产生不合理的期望,早期的成功会产生一种压抑效应。他认为自己免受了这种压抑效应的风险。当他进入预科班和巴黎高等师范学院后,同一群最优秀的、干劲十足的同学聚在一起,创造出一种研究氛围,得出了许多值得骄傲的结论。法国人素以他们的抽象倾向而著称,维拉尼也一样,不断追问抽象的问题,希望从中发现优雅的美,热衷能够影响每个人和全世界的话题。

在维拉尼早期求学阶段,他曾打算做一些应用性的工作。维拉尼心目中的数学英雄,无论是麦克斯韦还是玻尔兹曼,抑或图灵(A. Turing)和纳什(J. Nash),他们无不把数学的抽象应用到了另一个领域。他觉得,数学家所执着的理论也许不会立即被应用,但在经过漫长的时间沉淀必将产生价值,应用能够真正将数学融入整个人类社会。他不建议把数学区分为纯粹数学和应用数学,不认为二者之间有一条明确的界限,而是一个混合着另一个。

维拉尼获得过2007年法国科学院雅克·埃尔布朗奖,2008年获欧洲数学会奖,2009年获国际数理协会亨利·庞卡莱奖和费马奖。2010年,当他听到自己获得菲尔兹奖的消息时有些吃惊,觉得那只是一个玩笑。但在领奖时,他如释重负,同时他又感到了新的压力,即不能辜负人们对菲尔兹奖获得者的期待所产生的压力。

获得菲尔兹奖后,维拉尼接受了众多采访,他不断出现在报纸、广播和电视节目中,不断会见各色人物,从艺术家、企业家、社会活动家到国会议员、法国总统……2017年,他作为马克龙(E. Macron)创立的政党"前进运动"的候选人,参加法国议会选举,并成功当选议员,担任法国议会评价科学和技术选择委员会主席。2018年1月,法国总统马克龙来中国进行国事访问,维拉尼也随行,从此他被冠以"总统身边的数学家"的称谓。维拉尼并没有像许多菲尔兹奖得主那样,有意拉开与"热闹"世界的距离,相反,他积极介入其中。菲尔兹奖并未改变他在数学圈里的生活，但是改变了他与数学之外世界的联系，特别是与政治领域、工业界和媒体的关系。他还参与了法国申请2025年世博会的项目，作为代表法国文化的六个人物之一，与法国大厨、作家、宇航员、企业家和航海家一起为法国发声。如同维拉尼所述："数学家仅仅数学好其实不够，数学研究需要很多其他的技能。你必须非常专一，不断斗争，雄心满满，而且还必须擅长与人沟通——不断旅行，不断遇到不同的人，不断与他们打交道。在这些缝隙里，你不断在学习新东西和尝试新东西之间找到平衡。"[195]

维拉尼2012年出版了一本畅销全球的图书《一个定理的诞生：我与菲尔兹奖的一千个日夜》，本书以日记和自传的形式，再现了他对非线性朗道阻尼及对玻尔兹曼方程收敛到平衡状态给出证明的这段研究生涯，揭示一个重要数学定理的诞生历程，描述了数学家和科研工作者的真实人生（此书现已被译成十多种语言出版）。

▲ 阿维拉

Artur Avila

> 他是世界上最优秀的分析家之一。在我指导过的众多有才华的博士后研究人员中,阿维拉是班上最勤奋的。大多数数学家专注于狭小的子领域并且成功率很低,但他向许多重要问题发起挑战并解决了它们。[196]
>
> ——约科兹

> 大多数时候,当我完成某些事情时,并不是因为我有一个目标,而是因为我正在做一些我想做的事情。我只是想继续享受数学。[196]
>
> ——阿维拉

阿维拉是拥有巴西和法国双重国籍的数学家，1979年6月29日生于巴西里约热内卢。由于他对动力系统理论深刻的贡献，以重整化作为统一原则的强有力的思想改变了该领域的面貌，于2014年荣获菲尔兹奖，时年35岁。

阿维拉的父母无法想象他们的儿子长大后会成为一名纯粹的数学家，当时他们只是希望阿维拉成年后能寻得一份类似于公务员的稳定职业。要知道，他的父亲是在亚马孙农村长大的，直到十几岁才开始接受正规教育。当阿维拉出生时，他的父亲已经成为政府再保险企业的会计师，能够在里约过上中产阶级生活。阿维拉年幼时非常安静，相比于模仿贝利（Pelé）倒钩球，他对阅读更感兴趣。当阿维拉6岁时，他的母亲提交了申请表，想将他送到圣·本尼迪克学校学习。这是一所保守的天主教学校，因16世纪圣·本尼迪克修道院而闻名。两年后，他的父母分开了。随着岁月的流逝，阿维拉越来越痴迷于数学，除了数学外，他几乎对其他所有事物都不感兴趣。因为阿维拉在其他科目上经常表现不佳，并且拒绝参加强制性的宗教考试，所以他在八年级结束之后就被学校开除。

1992年，在阿维拉被开除之前，他首次尝试了更广泛的数学，当时被人们亲切地称为"法比亚诺（Fabiano）"的圣·本尼迪克的教师皮涅罗（L. F. Pinheiro）鼓励这名13岁的神童参加著名的国际奥林匹克数学竞赛。阿维拉对他从未遇到的问题感到兴奋，但因准备严重不足，而未能取得名次。第二年，在法比亚诺的帮助下，他转到了新学校，阿维拉在州一级的数学竞赛中获得了最高荣誉。又过了两年，16岁的他在多伦多举行的国际奥林匹克数学竞赛上获得了金奖。

阿维拉在1995年还获得了巴西国家理论与应用数学研究所颁发的奖学金，那时虽然他还在读高中，但他已经开始研究具有研究生水平的数学。后来他进入了里约热内卢联邦大学，获得了数学学士学位。19岁时，他开始撰写关于动力系统理论的博士论文。2001年，他完成并获得了巴西国家理论与应用数学研究所的博士学位，导师是梅洛（Welington de Melo），一位动力系统专家。在国际数学联盟网站公布菲尔兹奖得主的几个月前，梅洛曾预测阿维拉将取得这项殊荣。这对巴西来说非常重要，因为阿维拉一直是巴西的学生，而且巴西之前从未获得如此高的奖项。同年，阿维拉移居法国进行博士后研究，博士后导师是约科兹（J.-C. Yoccoz）。约科兹则是1994年菲尔兹奖得主。约科兹这样评价阿维拉："他是世界上最优秀的分析家之一。在我指导过的众多有才华的博士后研究人员中，阿维拉是班上最勤奋的。大多数数学家专注于狭小的子领域并且成功率很低，但他向许多重要问题发起挑战并解决了它们。"[196]自2003年以来，阿维拉一直在法国国家科学研究中心担任研究员，2008年成为该研究中心最年轻的主任。他还是巴黎左岸加希耶数学学院研究员。2009年，他成为巴西国家理论与应用数学研究所的研究员。

阿维拉在动力系统、分析等领域作出了令人瞩目的成绩，给出了一些具有重要意义的结论，解决了相关领域长期悬而未决的公开问题。他是第一位获得菲尔兹奖的拉丁美洲人。他在巴西和法国生活工作，常常每半年更换一次，充分融合了两国的数学文化和传统。他几乎所有的成果都是与世界各地大约30位数学家合作完成的。在这些合作中，阿维拉带来了强大的技术力量，对深奥且重要问题的直觉，以及坚忍不拔的精神。长期与他合作的梅洛——也是他的博士导师，十分感慨地说："我觉得他对我来说太快了。你必须努力工作才能跟上他。他很乐意做几乎所有事情，但我想确保我也作出贡献。"[196]

阿维拉成就斐然且覆盖了广泛的论题，在此只集中介绍几个较为重要的方面。

首先是阿维拉的一项非常有意义的早期成果。它可以追溯到20世纪70年代的一个开放性问题。当时，以费根鲍姆（M. Feigenbaum）为代表的物理学家试图解释混沌如何从非常简单的系统中产生，他们关注的一些系统是基于迭代规则为$3x(1-x)$这样的函数。数学家发现方程表现出的周期和混沌的特定组合似乎是每个方程族的一个普遍特征，其具有与倒置抛物线相同的基本形状(称为单峰图)。在流体动力学、化学等专业领域,陆续发现了这种循环和混沌的系统。研究人员努力将他们的观察应用于数学。从一个给定的点开始,可以在规则的重复应用下观察该点的轨迹;可以把这个规则想成是随着时间移动起始点。对于某些映射,轨迹最终稳定在稳定轨道上,而对于其他映射,轨迹变得混乱。在这些现象总结归纳的基础上,促进了离散动力系统这门学科的产生。随后的几十年,这门学科有了突飞猛进的发展,其核心目标之一是开发预测长期行为的方法。对于一个稳定轨道的轨迹,预测一个点的运动方向是很简单的。但是对于一个混乱的轨迹来说却不是这样:试图预测一个起始点在很长一段时间后的准确位置,就像一枚硬币投掷100万次之后,试图预测再下一次投掷是正面还是反面。可以应用随机工具对硬币投掷问题建立概率模型,我们也可以对轨迹进行同样的建模。数学家们注意到,他们研究的许多映射可以分为两类:一类是"规则的",意思是轨迹最终会变得稳定;另一类是"随机的",意思是轨迹表现出可以随机建模的混沌行为。这种规则与随机的二分法在许多特殊情况下都得到了证明,希望最终能有更全面的理解。2003年,阿维拉、梅洛以及柳比奇(M. Lyubich)发表了一篇论文,实现了这一希望。这三位数学家研究了混沌发生后一系列单峰映射的情况。他们将问题提炼到一个特定的问题,然后阿维拉解决了这个问题。柳比奇在对阿维拉2012年的工作进行综述时写道,他的成果"很精致,首先看起来太好了,不可能成真,却做到了,完成了论证。"[196]阿维拉和他的合著者考虑了一类广泛的动力系统——那些由抛物线形状的映射产生的系统,即单模态映射,并证明了:如果一个人随机选择这样的映射,那么这个映射要么是规则的,要么是随机的。他们的工作为这些系统的行为提供了一个统一的、全面的画面。

其次是阿维拉与福尼(G. Forni)在弱混性方面合作得出的杰出成果。如果一个人试图洗牌,只是通过切牌——从牌的顶部取一小叠牌,然后把这叠牌放在底部,那么这副牌就不会真正混合。卡片只是在一个循环模式中移动。但是如果一个人以通常的方式洗牌,通过交错(例如,第一张牌现在在第三张牌之后,第二张牌在第五张牌之后,以此类推)这副牌就真的混合了。这是阿维拉和福尼所考虑的混合的抽象概念的本质思想。他们使用的系统不是一副牌,而是一个被切割成几个子区间的封闭区间。例如,这个区间可以被分割成四部分 ABCD,然后我们通过交换子区间的位置来定义这个区间上的映射,ABCD 到 DCBA。通过迭代映射,可以得到一个称为"区间交换变换"的动力系统。考虑到与切牌或洗牌的类似情况,我们可以问区间交换变换是否能够真正混合子区间。人们早就知道这是不可能的。然而,有一些方法可以量化混合的程度,从而产生"弱混性"的概念,它描述的是一个几乎不能真正混合的系统。阿维拉和福尼证明了几乎每一个区间交换变换都是弱混性的;换句话说,如果一个人随机选择一个区间交换变换,绝大多数的可能性是,当迭代时,它将产生一个弱混性的动力系统。这项工作与阿维拉和德莱克鲁瓦(V. Delecroix)的研究有关,他们研究了在正多边形台球系统中混合的情况。台球系统在统计物理学中被用作粒子运动的模型。阿维拉和德莱克鲁瓦发现,几乎所有在这种背景下产生的动力系统都是弱混性的。

在上面提到的两项成果中,阿维拉将他在分析领域的深刻知识应用到动力系统的问题中。他有时也做相反的事情,用动力系统的方法来分析问题。一个例子是他的拟周期薛定谔算子成果。这是量子力学系统建模的数学方程。这领域最具代表性的图像之一是霍夫施塔特蝴蝶,这是一种分形图案,以 1976 年首次发现它的霍夫施塔特(D. Hofstadter)的名字命名。霍夫斯塔特蝴蝶表示电子在极端磁场下运动的能谱。当物理学家注意到对某些参数值的薛定谔方程,这能谱似乎是康托尔集,他们对此感到震惊,康托尔集是一个非凡的数学对象,体现了看似不相容的稠密和稀疏的属性。

2005 年,阿维拉 26 岁时,因证明"十马提尼问题"而闻名。这个问题是 20 世纪 80 年代美国数学物理学家西蒙(B. Simon)提出的:一个特别的薛定谔算子,称为拟马蒂厄算子,它的谱实际上是康托尔集。问题由波兰数学家卡克(M. Kac)命名,他提出只要有人能解出这个问题,就给他买十杯马提尼。最终，阿维拉同吉托米尔斯卡亚（S. Jitomirskaya）一起解决了这个问题。

阿维拉基于概率观点，以重整化的完整理论为工具，使得实一维动力系统的内容完满解决。他为复动力学工作带来了对朱莉亚集分形几何的透彻理解。这么壮观的解决方案，只代表了阿维拉关于薛定谔算子研究的冰山一角的工作。从2004年开始，他花了许多年的时间开发了一个通论，并在2009年完成了两个预印本。这项工作的建立，与拟马蒂厄算子的特殊情况不同，一般薛定谔算子在不同的势的范围内转换不出现临界行为。阿维拉在研究中运用了动力学系统理论的方法，包括重整化技巧。

另一个例子是来自阿维拉对保积映射的正则化定理的证明。这个证明解决了一个已经存在了30年的猜想。数学家们希望这个猜想是真的，但无法证明。阿维拉的证明为光滑动力系统的研究开辟了一个全新的方向，并且已经取得了丰硕的成果。正则化定理是阿维拉和巴黎南大学的克罗维西尔（S. Crovisier）以及芝加哥大学的威尔金森（A. Wilkinson）提出的一个重要进展中的关键元素，证明了具有正度量熵的一般体积保持微分态是一个遍历动力学系统。这是19世纪的奥地利物理学家玻尔兹曼所提出的著名假设。玻尔兹曼提出，箱内的气体是"遍历的"，意味着气体原子将快速穿过所有可能的通道，而不是在箱子的特定区域中长时间悬挂。他们发现当数学模型至少是中等平滑的情况下，玻尔兹曼的遍历假设是正确的，除非某些系统具有高度可预测性，类似于台球在桌子周围蹦蹦跳跳。

阿维拉集强大的分析能力和对动力系统的深刻直觉于一身，在未来的许多年里，他肯定仍是数学领域的领军人物。

阿维拉获得的其他荣誉还包括：2006年获得了法国国家科学研究中心铜奖和塞勒姆奖，并且成为克莱研究员；2008年获得欧洲数学协会奖，同年受邀作沃尔夫纪念讲座；2009年获得法国科学院雅克·埃尔布朗奖；2011年被授予动力系统迈克尔·布林奖；2012年获得巴西数学协会奖；2013年获得发展中国家科学院数学奖（该奖项是表彰曾经在发展中国家工作和生活至少10年的科学家,现金奖励为15 000美元);2015年获得发展中国家科学院联想科学奖。他还在第26届国际数学家大会中作了题为"重正规化算子的动力学"的1小时报告。

尽管阿维拉取得了惊人的成就,但他仍坚持认为自己从未设定过具体目标。"大多数时候,当我完成某些事情时,并不是因为我有一个目标,而是因为我正在做一些我想做的事情。我只是想继续享受数学。"[196]他希望他的祖国能够分享他的热情。

巴伽瓦

Manjul Bhargava

在数学方面，他是最顶尖的。对于一个如此年轻的人，我不记得谁作出过如此的成绩。他简直是横空出世，但并没有到达他的尽头，这是不同寻常的。如果他不是才华横溢，他就不能作出他所做的一切。正是他的非凡能力才如此引人注目。[197]

——萨纳克

因为我是通过艺术来学习数学的，所以我非常热衷于培养那些认为自己相比于科学更注重艺术的人。[198]

——巴伽瓦

巴伽瓦是加拿大裔美籍数学家，1974年8月8日生于加拿大安大略省汉密尔顿港。由于他在数的几何领域发展了强有力的新方法，并利用这些方法计算小秩的环数和估计椭圆曲线平均秩的界，于2014年获得菲尔兹奖，时年40岁。

从幼年时期开始，巴伽瓦就表现出了非凡的数学直觉。他的母亲米拉(Mira)是美国霍夫斯特拉大学的数学教授，是他的第一位数学老师。3岁时，巴伽瓦是一个典型的吵闹小孩，让他安静的最好方法就是做加法或乘法的运算，而且数字要很大。他不用纸和笔，来回翻动自己的手指，便能给出正确的答案。在巴伽瓦看来，每个地方都有数学。

巴伽瓦上小学后，很快就厌倦了学校生活，并问母亲是否可以和她一起上班。他探寻了大学图书馆，并在植物园散步，还旁听了他母亲所教授的大学数学课程。在她的概率课上，这位8岁的孩子竟能发现错误并即时纠正。

每隔几年，巴伽瓦的母亲都会带他去印度斋浦尔拜访祖父母。他的祖父是拉贾斯坦邦大学梵语系的负责人，巴伽瓦从小就跟随祖父学习古代数学和梵文诗歌。令巴伽瓦高兴的是，他发现梵语诗歌的节奏具有数学规律。巴伽瓦喜欢向他的学生解释古代梵语诗人用长短音节的组合来计算出具有给定节拍的不同节奏的数量：这就是西方数学家称之为的斐波那契数列的相应数字。巴伽瓦发现，即使是梵语字母也有固有的数学结构：它的前25个辅音形成一个5乘5的阵列，其中一个维度指定声音起源的身体器官，另一个维度指定调制质量。

巴伽瓦在14岁时就完成了高中所有数学和计算机科学课程。他曾就读于北马萨皮夸的普兰奇高中，1992年毕业，并作了毕业演讲。他1996年从哈佛大学毕业获得学士学位，以本科生的身份，获得了1996年的摩根奖。巴伽瓦由赫兹奖学金资助于2001年获得了普林斯顿大学的博士学位，导师是因证明费马大定理而于1995年获费马奖的怀尔斯。巴伽瓦2001年和2002年分别在普林斯顿高等研究院和哈佛大学做访问学者；2003年他被任命为普林斯顿大学终身教授，是普林斯顿大学历史上第三位最年轻的全职教授,仅次于费弗曼和帕尔顿(J. Pardon);2010年他被任命为莱顿大学的斯蒂尔杰斯教授,并在塔塔基础研究所、印度孟买理工学院和海得拉巴大学担任兼职教授。

巴伽瓦在数论领域中的研究工作有着深远的影响,学界普遍评价他是一名有非凡创造力的数学家。他欣赏数论当中那些叙述简单的问题,往往这类问题又是如此的困难,他通过开拓新方法去解决他们。这些新方法,具备深刻的洞察力,与问题本身所焕发的数学美相得益彰。

在巴伽瓦读研究生时,他阅读了大数学家高斯写的《算术研究》,这是一本关于数论的不朽名著。数论学家应该都知道这本书,然而很少有人真正读过。因为书中的符号比较古老,现代读者不易看懂。但是,巴伽瓦认为这本书是发现数学灵感的源泉。高斯对二元二次型很感兴趣,二元二次型即多项式 $ax^2 + bxy + cy^2$,这里 a、b、c 是整数。在高斯的原著中,他发展了复合律,很巧妙地给出了从两个二元二次型复合得到第3个二元二次型的方法,这个复合法则是代数数论研究的中心工具。巴伽瓦读完20页后,觉得应该有更好的方法。巴伽瓦在玩鲁比克魔方的时候发现一种新的方法:在立方体的每个角上标出一个数字,然后将这个立方体切分,得到2组4个数字。每4个数集自然形成一个矩阵。用这些矩阵做一个简单的计算就得到二元二次型。从3种切分立方体的方法就可得到3种二元二次型。然后巴伽瓦计算了这3种形式的判别式。他发现这很像高斯的复合律,于意识到自己找到了一种简单、直观的方法来获得定律。他还意识到自己可以将这种立方标记技术扩展到更高阶别的多项式。他发现了高次多项式的13个新的复合律。在此之前,数学家们一直把高斯复合定律看成是一种奇特的现象,它只发生在二元二次型中。在巴伽瓦发现上述结论之前,没人认为高次多项式之间存在其他的复合律。

高斯复合律之所以重要的一个原因是,它提供了关于二次数域的信息。通过将有理数扩展为多项式的非有理根,建立了一个数域。如果多项式是二次的,则得到一个二次数域。多项式的次数及其判别式是与数域相关的两个基本量。数域是代数数论的基本对象,但有一些基本事实是未知的,如固定次数的数域有多少,固定判别的数域有多少。在掌握了新的复合律之后,就可以使用它们来研究了。

在高斯的工作中,隐藏着"数的几何"的技巧。闵可夫斯基在1896年将这一技巧充分地加以拓展,他的这项工作具有里程碑式的意义。在数的几何中,人们想象平面或者三维空间,由一个点阵填充,点阵用整数坐标标记。有一个二次多项式,计算三维空间中某一区域的整数格点的数量可以提供相关二次数域的信息。特别是,我们可以用数字的几何方法来证明,对于绝对值小于 X 的判别式大约有 X 个二次数域。20世纪60年代,达文波特和海尔布伦提出了一种更加精细的数字几何方法,解决了3阶数域的问题。遗憾的是,自此之后,相关研究就停滞了。巴伽瓦对判别式为有界的4次和5次数域进行计数的成果令该领域研究者为之一振,使用巴伽瓦新的复合律,以及他对数的几何的系统发展,极大地开拓且扩充了上述研究方法的适用范围和效果。

巴伽瓦将上述结果总结到他的博士论文中,对二元二次形式的高斯复合律提供了一个重新叙述。他证明了3个标准整表示的张量积上的群 $SL(2, \mathbf{Z})^3$ 的轨道相应于二次环($\mathbf{Z}$ 上秩为2的环)与3个其积为平凡的理想类。这一创新且高效的计算方式得到了新的高斯复合律。他进一步研究了更复杂的整表示中的轨道,它们对应于3次、4次和5次环的轨道,并计算了具有有界判别式的此类环的数目。现在,次数大于5的情况依旧是一个公开问题,甚至巴伽瓦的复合律也解决不了。数学家们正模仿他发现复合律的方式对这一情况进行深入的探讨。

巴伽瓦和他的合作者利用其扩展的数的几何得到了关于超椭圆曲线的惊人的结果。他们研究的核心问题之一是:在何时计算会产生一个平方数。巴伽瓦发现,答案非常简单:次数至少是5的一个特定有理系数多项式,它从来不取一个平方值。超椭圆曲线是形式为方程 $y^2 = $ 有理系数多项式的图形。在多项式为3次的情况下,图形称为椭圆曲线。椭圆曲线具有特别吸引人的性质，并已成为大量研究的对象；在怀尔斯对著名的费马大定理的证明中，它们也发挥了重要作用。

关于超椭圆曲线的一个关键问题是如何计算在曲线上有理坐标的点的个数。结果表明，有理点的数量与曲线的次数密切相关。对于1次和2次曲线，有一种求所有有理点的有效方法。对于5次及以上曲线，1986年菲尔兹奖得主法尔廷斯的一个定理揭示出只有有限多的有理点。最神秘的情况是3次曲线（即椭圆曲线）以及4次曲线的情况。甚至没有任何已知的算法来确定给定的3次或4次曲线是否有有限多有理点。巴伽瓦采取了一种不同的策略，给出了新的提法，在一条特定的曲线上关于有理点可以得到什么？在与尚卡尔(A. Shankar)以及与斯金纳(C. Skinner)合作中，他们得出了一个惊人的结论：一类正比例的椭圆曲线只有一个有理点，另一类正比例的椭圆曲线有无穷多个有理点。通过分析，在4次超椭圆曲线的情况下，巴伽瓦证明了一类正比例的这种曲线没有有理点，另一类正比例的这种曲线有无穷多个有理点。这些工作需要计算高维空间无界区域的格点，这些区域以复杂的"触角"向外螺旋。如果没有巴伽瓦的数的几何技术进行研究，这种计数是不可能完成的。

巴伽瓦还利用他的数的几何来研究高次超椭圆曲线的更一般的情况。如上所述，法尔廷斯定理告诉我们，对于5次或更高次的曲线，有理点的数量是有限的，但该定理没有给出任何方法来找到有理点或准确地说有多少有理点。巴伽瓦再次研究了"典型"的曲线。当次数为偶数时，他发现特定的超椭圆曲线根本没有有理点，并且与格罗斯(B. Gross)合作，以及普恩(B. Poonen)和斯托尔(M. Stoll)的后续工作，对奇数次情形建立了相同的结果。这些工作还提供了相当精确的估计，即具有有理点的曲线的数量随着次数的增加而减少的速度有多快。例如，巴伽瓦的工作表明，对于一个特定的10次多项式，曲线没有有理点的概率大于99%。

巴伽瓦同汉克(J. Hanke)对于"290-定理"方面也作出了贡献。290-定理可以追溯到17世纪的一个问题：怎样的二次型能表示所有整数？不是所有整数都可以表示成两个整数的平方和,同样,不是所有整数都可以表示成 3 个整数的平方和,但是,拉格朗日给出了一个著名结论,即四元数平方和 $x^2+y^2+z^2+w^2$ 可以表示所有整数。1916 年,拉马努金又增加了 54 个这种四元数形式可以表示所有整数的例子。在 20 世纪 90 年代初,康韦(J. H. Conway)和他的学生们,特别是施内伯格(W. Schneeberger)以及 C·西蒙斯 (C. Simons),另辟蹊径提出一个问题:是否存在一个数 c,使得如果一个二次型可以表示小于 c 的整数,那么它就可以表示所有整数。通过计算,他们猜测 c 可能取 290。问题的最终解决则要归功于巴伽瓦和汉克,他们找到了一个小于等于 290 的由 29 个整数构成的集合,使得如果一个二次型(任意数量的变量)可以表示这 29 个整数,那么它就能表示所有整数。

巴伽瓦获得的其他荣誉包括:2003 年获得美国数学会的默滕·哈斯奖, 2005 年获得美国数学会的基础数学研究进展方面的伦纳德和埃莉诺·布鲁门塔尔奖,2005 年获得克莱研究奖,2005 获得拉马努金奖,2008 年获得美国数学会数论方面的科尔奖,2012 年获得印孚瑟斯奖。他在 2013 年当选美国国家科学院院士,2014 年在第 27 届国际数学家大会上作了题为"椭圆曲线和超椭圆曲线上的有理点"的 1 小时报告。2014 年沃尔夫数学奖得主萨纳克对此评价道:"在数学方面,他是最顶尖的。对于一个如此年轻的人,我不记得谁做出过如此的成绩。他简直是横空出世,但并没有到达他的尽头,这是不同寻常的。如果他不是才华横溢,他就不能做出他所做的一切。正是他的非凡能力才如此引人注目。"[197]

巴伽瓦不仅是一位国际领先的数学家,还是一位有成就的演奏家,他演奏的印度乐器塔布拉(Tabla)具有专业水准,并且赢得了许多奖项。他遇到数学困难时经常转向塔布拉,当完成一段演奏后,繁乱的思绪已经一扫而空。在他看来,印度古典音乐就像数论研究,在很大程度上是即兴的。当巴伽瓦将数学、音乐和诗歌三者结合在一起时,才感觉是一次完整的体验,各种创造性的想法都汇聚到一块。他的教学也是如此,在哈佛大学执教时,曾连续三年获得德里克·C·博克优秀教学奖。多年来,巴伽瓦教授涉及音乐、诗歌和魔术的数学课程,尤其喜欢接触艺术或人文学科的学生,其中一些人可能会认为自己有数学恐惧症。他说,"因为我是通过艺术来学习数学的,所以我非常热衷于培养那些认为自己相比于科学更注重艺术的人。"[198]

  他曾担任印度著名数学家拉马努金传记电影《知无涯者》的顾问,如同电影片名一样,"吾生也有涯,而知也无涯。以有涯随无涯,殆已!"(语出《庄子·内篇·养生主第三》)人并不会不朽,却可以存在不朽的事业,巴伽瓦可以说也如拉马努金那样是以有涯之生命来追寻无涯的数学奥秘的人。

▲ 海尔

Martin Hairer

他最引人注目的成就是他独立创造了正则结构理论，这是一种灵活的分析工具，可以理解许多不适定的随机偏微分方程。这一突破开辟了整个领域。[199]

——夸斯特尔

物理学家非常擅长从等式中提取实际信息而不必担心它们是否真的有意义，他们通常做得对，这是一件了不起的事情。但是数学家们真的想知道对象是什么。数学的一个优点是不朽，2000年前证明的定理仍然是正确的，而2000年前的物理世界观绝对不是。[200]

——海尔

海尔是奥地利数学家，1975年11月14日生于瑞士日内瓦。由于他对随机偏微分方程理论作出了突出的贡献，特别是为这类方程的正则性结构创造了新的理论，于2014年被授予菲尔兹奖，时年39岁。

海尔生于一个生活在瑞士的奥地利家庭，他的童年大部分时间都在日内瓦度过，他的父亲厄恩斯特·海尔（Ernst Hairer）是日内瓦大学数学家。海尔6岁的时候就开始读有情节的故事书。他精通德语、法语和英语，上学的时候都在班上排名第一。少年的他对一切都很感兴趣。在他的12岁生日时，他的父亲给他买了一个口袋计算器，这种计算器可以执行简单的26个变量程序。他立刻被迷住了。第二年，他说服了弟弟和妹妹同他一起过生日，收到一个共同的生日礼物：第二代苹果机（Macintosh II）。他很快成为一名程序高手，创建了像曼德布洛特集合一样的分形图像。

海尔20多岁时才开始真正学习数学。当时，他正在日内瓦大学攻读物理学博士学位，参与一个随机偏微分方程的研究项目。这些方程的数学意义比它们所描述的物理现象更具吸引力。方程似乎具有隐藏的意义。毕竟，物理学家有许多其他技巧进行方程的计算，这似乎奇迹般地将方程变成了令人惊讶的近似现实模型。但在数学上，它们是不明确的。海尔就此作过对比："物理学家非常擅长从等式中提取实际信息而不必担心它们是否真的有意义，他们通常做得对，这是一件了不起的事情。但是数学家们真的想知道对象是什么。"[200]他还认为，如果他成功地发展了一个关于随机偏微分方程的数学理论，那么他的发现将永远存在。"数学的一个优点是不朽，2000年前证明的定理仍然是正确的，而2000年前的物理世界观绝对不是。"[200]例如，考虑欧几里得几何学与亚里士多德天球的不同命运——前者是一种古老且持久的对平面空间结构的数学描述，后者是以地球为中心的假想同心壳，这些同心壳被认为按照物理定律使恒星和行星在天空中旋转。"在物理学方面，我可能会捍卫理论背后的推理，"海尔说，"但我不会用我的生命来捍卫它。"[200]

海尔于1994年获得日内瓦克拉帕雷德学院高中毕业文凭，1998年7月获得日内瓦大学数学专业理学学士学位,1998年10月获得物理学硕士学位,2001年11月获得物理学博士学位,导师是埃克曼(Jean-Pierre Eckmann)教授。2003年海尔与华人数学家李雪梅喜结连理。现在他同妻子都是伦敦帝国理工学院的教授,都致力于随机偏微分方程的研究。

微分方程这门学科的根源出自17世纪,是伴随着微积分学一起发展起来的。微积分学的奠基人牛顿和莱布尼茨(G. W. Leibniz)的著作中都处理过与微分方程有关的问题。在那个年代,一个主要的驱动力是要研究太阳系中行星的运动。牛顿本人已经解决了二体问题:在太阳引力作用下,一个单一的行星的运动。他把两个物体都理想化为质点,得到3个未知函数的3个二阶方程组,经简单计算证明,可化为平面问题,即两个未知函数的两个二阶微分方程组。从那时起,微分方程在科学和工程领域中无处不在,被用来描述随时间变化的系统。微分方程在描述星球运动时具有确定性,换言之,在一个特定的时间点,它们可以确定星球在怎样的位置。另外,有的微分方程具有随机性,换言之,它们描述的系统包含了随机成分。例如,用微分方程来描述股票价格怎样随时间变化,方程包含了描述市场价格波动的项。倘若能够预测这些波动,就可以预测股票的价格。这些波动尽管依赖于初始的股票价格,但是它们本质上是随机的,也就意味着不可预测,或很难预测。

在天体运动方程中,系统只依赖于一个变量(即时间)而变化。这样的方程被称为常微分方程。与此相比,偏微分方程描述多个变量,比如时间和位置变化的系统。1746年,达朗贝尔在他的论文《张紧的弦振动时形成的曲线的研究》中提出振动的模式,从而开创了一门新学科——偏微分方程,专门研究弦振动。如果方程中的项不是简单成比例的,那么它就是非线性偏微分方程。很多非常重要的自然现象都被构造成非线性偏微分方程模型,因此,理解这些方程是数学和科学的一个主要目标。但是,非线性偏微分方程是最难理解的数学对象之一。海尔的贡献引起学界极大的兴趣,因为他提出了一种可以应用于非线性随机偏微分方程的一般理论。

海尔的研究工作中,一个重要的例子是KPZ方程,它以物理学家卡达尔(M. Kardar)、帕里西(G. Parisi)和张翼成(Yi-Cheng Zhang)的名字命名,他们在1986年提出了界面增长模型,比如,培养皿中细菌菌落的前进边缘,餐巾纸上水的扩散。自从问题被提出以来,KPZ方程受到该领域许多学者的关注。可以考虑关于弹道沉积的简化模型,粒子向基体移动并在到达基体时粘附在上面,因此基体高度随时间线性增长,同时变得越来越粗糙。在这种情况下,KPZ方程描述了真空与凝聚态物质界面的时间演化。粒子到达位置和时间的随机性使得在方程中要引入时空白噪声项,将KPZ转化为随机偏微分方程,描述了上面的真空与下面凝聚态物质之间粗糙且不规则的界面随时间的演化。KPZ方程的解可以提供在任意时刻基体底边上任意一点处界面的高度。

KPZ方程提出的挑战是,虽然它从物理学的角度讲得通,但在数学上讲不通。KPZ方程的解应该是一个数学对象,它表示交界面的粗糙、不规则性质。这样的对象没有平滑性,在数学上,它是不可微的。但是,KPZ方程中的两项却需要这个对象是可微的。在KPZ方程的研究中,可以使用分布的对象绕过这个困难。但是,这样做又会出现一个新的问题。KPZ方程是非线性的,它包含了一个平方项,然而分布是不能平方的。由于这个原因,KPZ方程曾经一度不能被很好定义。尽管许多学者想出了一些巧妙的技巧,在特殊情况下减少这些困难,但依然是治标不治本。这个基本问题在很长时间都悬而未决。

作为一项惊人的成就,海尔克服了这些困难,他描述了处理KPZ方程的一个新方法,这个新方法允许我们能够给出方程以及解的准确含义。他进一步用这种研究KPZ方程所得到的思想建立起了一个一般理论——正则结构理论,使其能够应用到一类广泛的随机偏微分方程当中。

海尔关于KPZ方程所用的研究方法基本思想如下。他没有作出通常的假设,即小的随机效应发生在无穷小的尺度上;而是采用了这样的假设,即随机效应发生在一个比系统所处的尺度要小的尺度上。去掉海尔称之为

"噪声正则化"的无穷小假设，就得到了一个可以求解的方程。如此求得的并不是原KPZ方程的解，但是它可以作为构造一系列对象的初始起点，这个序列的极限收敛到KPZ方程的一个解，从而得到KPZ方程的解。海尔还证明了一个关键的事实：无论使用何种噪声正则化，极限解总是相同的。

海尔的一般理论处理了包括不能很好定义的高维随机偏微分方程等其他问题。对于这些方程，就像KPZ方程一样，主要的挑战是解的行为在非常小的规模上非常粗糙和不规则。如果解是光滑的，可以运用泰勒展开式，这是一种用多项式逼近函数的方法。但解的粗糙性意味着它们不能很好地用多项式逼近。海尔所做的是定义对象，为所研究的方程定制，这些对象在泰勒展开式中扮演着类似多项式的角色。在每一点上，解看起来都像是这些对象的无限叠加。然后通过黏结得到最终解。海尔还证明了如下结论：最后的解不依赖于用来得到它的逼近的对象。

在海尔提出新理论之前，数学家们在线性随机偏微分方程领域已经取得了相当大的进展，然而其中仍有某些基本问题尚待澄清。海尔的工作为理解普遍性现象开辟了道路。其他的方程，重新调整后，收敛到KPZ方程，所以似乎一些普遍现象潜伏在背景中。海尔的工作有可能为研究这一普遍性提供严格的分析工具。

多伦多大学数学与统计系教授夸斯特尔（J. Quastel）评价海尔的贡献："他最引人注目的成就是他独立创造了正则结构理论，这是一种灵活的分析工具，可以理解许多不适定的随机偏微分方程。这一突破开辟了整个领域。"[199]

除了正则结构理论外，海尔还作出了其他一些重要贡献。在2004年，他与美国杜克大学的马丁利（J. Mattingly）的合作，证明二维随机纳维-斯托克斯方程——描述存在噪声时流体流动的随机偏微分方程，是"遍历的"，或者最终演变为相同的平均状态独立于初始输入。有趣的是，这项成果是海尔在乘坐火车准备与马丁利会面时，突发奇想得出的。

海尔获得的荣誉还包括：2008年伦敦数学会怀特海德奖，2008年菲利普·勒沃胡尔姆奖，2009 年英国皇家学会沃尔夫森研究荣誉奖，2013 年费马奖，2014 年伦敦数学会弗勒里希奖。2014 年他入选英国皇家学会会员，2015 年当选美国数学会院士，2015 年当选奥地利科学院院士，2015 年当选德国科学院院士，2016 年获得英国荣誉二级爵士勋章。

海尔不但是世界顶尖的数学家之一，他还是一名非常优秀的计算机程序员。早在 14 岁时，他开发出了一个解常微分方程的程序，通过这个程序，海尔进入到了欧盟青年科学家竞赛的国家级别。第二年，他又凭借设计和模拟电路的界面赢得了该竞赛的最高级别——欧洲级别奖。16 岁时，在他拥有参赛资格的最后一年，他凭借对声学以及活跃在 20 世纪 70 年代的著名英国摇滚乐队平克·弗洛伊德、披头士乐队的兴趣，他录制下音符并在电脑上查看由此产生的波形，尝试编写一个可以从录音中提取音符的程序。这个任务相当不容易，但他最终得到了一个操作录音的程序：第 1 版的 Amadeus。该软件依然被选为竞赛的欧洲级别，但评委不允许海尔第二次晋级。后来他将这一音频编辑软件以"声音编辑的瑞士军刀"之名推向市场。这款软件屡获殊荣，是节目主持人、音乐制作人和游戏公司的热门工具，也是海尔利润丰厚的副业。他的数学工作并不依赖于计算机，但他认为，编写小型模拟程序有助于培养直觉。

喜欢阅读斯蒂芬·金(S. E. King)的惊悚故事，享受中西结合的菜肴，酷爱滑雪，并经常与妻子一起在乡村漫步。按照他妻子的说法，正是海尔多样化的兴趣为他炙手可热的数学直觉提供了信息，而他的编程技巧使他能够用算法快速测试新的想法。许多熟悉海尔的人知道，他拥有非同寻常的逻辑思维能力，并且能把所学到的一切都以高效有序的方式存储于脑中；如果向他询问问题，他会盯着远处看上 10 秒，接着抓起一张纸，随后提供一个类似于教科书式的标准答案作为回应，有时这个答案还可能会附上 3 页非常详细的说明。

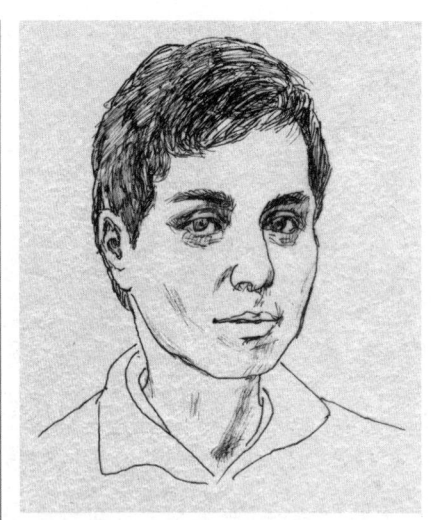

米尔扎哈尼

Maryam Mirzakhani

> 这真是特别的一刻。在20世纪初,玛丽·居里获得了诺贝尔物理学奖和诺贝尔化学奖。而现在是第一次有女性获得数学领域的最高奖项。这是一场女性的庆典。[201]
>
> ——卢梭(Christiane Rousseau)

> 最激动人心的,总是寻找到新知识的那一刻。这就像站在群山之巅,一览众山。但是,大部分的时候,从事数学研究对我而言更像是在没有道路的山林间长途跋涉,而且还看不到尽头。数学之美只会向耐心的追随者展示![202]
>
> ——米尔扎哈尼

米尔扎哈尼是伊朗数学家,1977年5月12日生于伊朗德黑兰。由于她对黎曼曲面及其模空间的动力学和几何学作出的突出贡献,于2014年获得菲尔兹奖,时年37岁。

米尔扎哈尼在伊朗长大,有一个幸福的童年。她是家中四个孩子中的一个,她的父亲是工程师,妈妈是家庭主妇。她的三个兄弟姐妹都成了工程师。米尔扎哈尼的哥哥最先激发了她的数学兴趣。他给米尔扎哈尼讲了德国数学家高斯如何快速计算 $1+2+3+\cdots\cdots+100$ 的故事,这是米尔扎哈尼第一次欣赏到数学的美妙之处。

米尔扎哈尼读完小学时,正逢伊朗和伊拉克战争即将结束。通过分班测试,她进入了法尔赞内甘高中就读,该校是为伊朗培养全国专长生的特设学校。校长是一位十分开明的女士,给了米尔扎哈尼很大的帮助。她主张男女机会均等。米尔扎哈尼在校期间,参加了两次国际奥林匹克数学竞赛,均获得了金牌,是首位在该竞赛中获得两枚金牌的伊朗人。她第一次参赛,是在1994年,举办地为中国香港,她仅失掉一分,是当时伊朗成绩最佳的女选手;第二次参赛,是在1995年,举办地为加拿大多伦多,她以满分的优异成绩夺得了金牌。值得一提的是,1994年的国际奥林匹克数学竞赛,伊朗队的另一位女选手贝希蒂(R. Beheshti)获得了银牌,她也是一位数学家,与米尔扎哈尼有很好的合作。

后来,米尔扎哈尼考入了伊朗谢里夫大学。在这期间,她结识了一些思维活跃的数学家朋友。她发现自己沉浸在数学的海洋里愈久,愈能领略到数学的那种动人心魄的魅力。1998年3月17日,米尔扎哈尼参加一个会议,当她与其他与会者一同前往德黑兰的途中,发生了交通事故,这辆巴士从悬崖上摔下来,造成7名乘客遇难,而他们都是谢里夫大学的学生。不幸中的万幸是,米尔扎哈尼和贝希蒂是其中的少数幸存者。1999年,获得数学学士学位后,米尔扎哈尼又赢得了去哈佛大学攻读博士学位的机会。2004年她获得博士学位,并写出了非常优异的博士论文,论文中的研究成果在数学界顶级的3家期刊上发表:《数学年刊》、《数学发明》、《美国数学学会期刊》,这是大部分数学家都望尘莫及的成就。

从哈佛大学获得博士学位后,直到2008年,米尔扎哈尼既是克莱数学促进会的研究人员,同时又是普林斯顿大学的助理教授。2009年,她被聘为斯坦福大学数学系教授。

米尔扎哈尼是第一位获菲尔兹奖的女性数学家,也是第一位获此殊荣的伊朗人。米尔扎哈尼的研究领域是曲面几何学和动力学,她在黎曼曲面和其模空间方面的工作为数学的几个分支——双曲几何、复分析、拓扑学和动力学——架起了桥梁。在曲面上复代数和双曲结构的等价性是丰富的黎曼曲面理论的根源。一个曲面上所有可能的双曲度量形成的域称为一个模空间,其本身是一个更高维的曲面,是代数几何中重要的研究对象,是现代数学和理论物理学的研究焦点之一。

米尔扎哈尼的研究成果点亮了模空间几何学。在其导师1998年菲尔兹奖得主麦克马伦的指导下,她在博士论文中计算了模空间的体积,也就是说,她理解了宇宙可能的几何结构尺寸。基于该成果,她还给出了1990年菲尔兹奖获得者威滕关于量子引力理论著名猜想的新证明。威滕是第一位获得菲尔兹奖的物理学家,是弦论领袖人物之一。模空间中有许多特殊的轨迹,它们对应于具有特殊性质的黎曼曲面,这些轨迹可以相交。对于适当选择的轨迹,这些交叉点具有物理解释。基于物理直觉和并不完全严谨的计算,威滕对这些交叉点提出了一个猜想,引起了数学家们的注意。1998年菲尔兹奖得主孔采维奇在1992年直接证明了威滕的猜想。15年后,米尔扎哈尼的工作将威滕关于模空间的深刻猜想与个体表面测地线的基本计数问题联系起来。

米尔扎哈尼与埃斯金(A. Eskin)和穆罕默迪(A. Mohammadi)一起在理解与模空间中的测地线行为有关的模空间上的另一个动力系统方面作出了重大突破。模空间中的非封闭测地线是非常不规则的,甚至是病态的,在微扰下很难对其结构和变化规律有任何了解。然而,米尔扎哈尼等人已经证明,在模空间中复杂测地线及其闭包实际上是规则的,而不是不规则或分形的。结果表明,复杂测地线是用分析和微分几何定义的超越对象,其闭包是用多项式定义的代数对象,具有一定的刚性。对这一深奥问题可以作这样的形象解释,想象一下,用平面拼图而不是马鞍形拼图建构的曲面是怎样的状况,这些曲面并不适合于我们的现实世界,但是它们在一般曲面理论以及物理问题中出现。敢于构想这样一个曲面的探险家会发现,除了在少部分地点之外,指南针依然可以完美工作。数学家通过扭曲缩短南北距离,同时成比例增加东西方向的距离,帮助探险家向北航行。数十年来,数学家试图从这样的拉伸和收缩中理解新的几何,解释往往错综复杂而超出普通人的理解力。但是,米尔扎哈尼及其合作者发现情况并不是一团糟,相反他们得到了被称为"魔杖定理"(Magic Wand Theorem)的结果,它适用于许多看似更复杂的问题,例如一个台球在多边形桌子上的移动路径问题。

这项工作获得本领域学者高度的赞誉,基于这个新的结果,学者们正致力于进行推广的研究。这项研究之所以如此令人兴奋,原因之一是米尔扎哈尼和埃斯金证明的定理与20世纪90年代拉特纳(Marina Ratner)的一个著名结论类似。拉特纳建立了齐次空间上动力系统的刚性——在齐次空间中,任何点的邻域看起来都和其他点的邻域一样。相比之下,模空间是完全非齐性的:它的每一部分看起来都与其他部分完全不同。令人惊讶的是,在模空间的非齐次世界中与齐次空间中的刚性产生了共性。

米尔扎哈尼的早期工作涉及双曲面上的闭测地线。这些是闭合曲线,其长度不能通过变形而缩短。50多年前证明的一个经典定理给出了一种精确估计长度小于某个界限 L 的闭测地线数量的方法。闭测地线数目以 L 的指数方式增长;特别地,对于大 L 它渐近于 e^L/L。这个定理被称为"测地线的素数定理",因为它完全类似于通常的"整数的素数定理",后者估计小于给定大小的素数的数量。对于大 L,小于 e^L 的素数个数渐近于 e^L/L。米尔扎哈尼研究了当人们只考虑简单的闭合测地线时,"测地线素数定理"会发生什么变化,这里"简单的"意思是它们不会自相交。在这种情况下,有非常不同的结论:长度最大是 L 的测地线数目不再以 L 的指数增长,而是它的阶成

了 L^{6g-6}，其中 g 是亏格，她证明，对于大 L（趋向于无穷），测地线的个数渐近于 $c \cdot L^{6g-6}$，其中常数 c 依赖于双曲结构。

米尔扎哈尼研究问题时具有很强的几何直观，这对于模空间的复杂性和非齐性的处理非常适用，她抓住模空间的几何，可以直接在上面做些工作。她成功地为黎曼曲面及其正则束提供了研究工具，如黎曼曲面的模空间和阿贝尔微分的模空间等。这些模空间是经过深入研究的数学对象，它们自然地出现在几乎任何数学环境中。米尔扎哈尼在许多著名学者的工作基础上，开发了一种新的几何方法来研究这些空间，这种方法将早期看似无关的结果置于完全和谐的状态，同时创造了许多新的研究方向，这些新方向将被未来的数学家们所探索。她不仅具备熟练的数学技巧，还有坚忍不拔的追求，深刻的洞察力，以及强烈的好奇心。

作为女性科学家并且获得如此巨大的成就其影响力是空前的。"在 2014 年 8 月 12 日之前，具有近 80 年历史的菲尔兹奖仍然是男士俱乐部。"[203] 而这个日期的第二天，米尔扎哈尼在首尔从时任韩国女总统的朴槿惠（P. Geun-hye）手中接过了菲尔兹奖章，这具有划时代的意义。米尔扎哈尼则希望她的获奖能够鼓励更多的年轻女性投身到科学和数学研究中来。数学有时令年轻女性畏惧，但她从来未因自己是女性而感到任何害怕。她相信，女性能够胜任与男性一样的工作，而其中非常重要的一点是要保持积极和自信的心态。

米尔扎哈尼向年轻的研究者们建议，要"避开枝头上低悬的果实"，也就是那些容易取得的成功，要去追寻那些雄心勃勃的问题，哪怕要为此而深思数年。她也是这样矢志不渝地向最令人生畏的问题发起挑战的，并且取得了巨大的成功。在团队合作中，米尔扎哈尼总是敢于提出大胆的设想，经过艰苦的努力，比如做长达数小时的演算，最终取得了成功。她还会开玩笑说，若想计算完成一个研究项目所用的时间，那只能通过把预估的时间翻倍来获得。米尔扎哈尼曾这样描述从事纯数学研究的感受："最激动人心的，总是寻找到新知识的那一刻。这就像站在群山之巅，一览众山。但是，大部分的时候,从事数学研究对我而言更像是在没有道路的山林间长途跋涉,而且还看不到尽头。数学之美只会向耐心的追随者展示!"[202]米尔扎哈尼精神影响激励着年轻学者超脱于学术政治和职业压力的困扰,专心潜心研究。她拒绝担当行为模范或国际人物这样大的角色,她只想思考她的数学学术,除此之外别无杂念。

除了菲尔兹奖,她获得的荣誉还包括:2009年获得美国数学会给予基础数学研究进展的布鲁门塔奖,2013年获美国数学会的露丝·莱特尔·萨特奖,2013年获西蒙斯研究者奖,2014年获克莱研究奖。米尔扎哈尼2015年当选法国科学院外籍院士,2016年当选美国国家科学院院士,2017年当选美国艺术与科学院院士。

然而,非常不幸的是,她于2017年7月14日,因乳腺癌逝世,时年仅40岁。她的英年早逝让她的祖国举国哀伤!伊朗总统鲁哈尼(H. Rouhani)在唁电中写道:"……米尔扎哈尼的去世,带来了巨大的痛苦和悲伤,这位科学家使伊朗在国际科学界扬名,在国际舞台上为伊朗妇女和青年赢得了荣誉,在表彰这位科学家产生的影响的同时,特向伊朗科学界及其家人表示衷心的慰问。"斯坦福大学校长勒温(M. Lavigne)表示:米尔扎哈尼离开太早了。不过她的精神将继续激励着数以千计的女性投入数学和科学研究中。

伯卡尔

Caucher Birkar

凭借对代数几何核心处的深层次的基本问题的鉴赏力,伯卡尔已经成为该领域的新领导者。他不仅在这个高技术领域的前沿拥有众多最新工具,而且还创造了一些最强大的创新。他给这项工作带来了强烈的几何直觉,以及在解决长期困难问题面前表现出的无畏精神。考切尔·伯卡尔准备为数学作出更多杰出贡献。[204]

——杰克逊

我们在历史上遇到过很多苦难,它们教会了我们如何活下去。[205]

——伯卡尔

伯卡尔是伊朗裔英籍数学家,1978年7月出生在伊朗西部库尔德斯坦省马里万县。由于他对法诺簇有界性的证明以及对极小模型问题的贡献而获得2018年菲尔兹奖,时年40岁。

伯卡尔从小生活在一个自给自足的农场里,种植水稻、小麦和蔬菜。他是家中六个孩子中的第三个。他所住的村庄是库尔德省的边境山区,与伊拉克接壤,伯卡尔一家在那里住了几代人。

伯卡尔的父亲上过几年学,母亲根本没有受过正规教育,伯卡尔则在乡村学校读书。五年级时,他开始注意到数学,感觉自己的数学很好。他对数学感兴趣是源于他的哥哥海达尔(Haidar),他向伯卡尔介绍了微积分的基本概念。伯卡尔对数学和物理问题非常好奇,他会拿起海达尔的课本,努力解决难题。伯卡尔记得哥哥也教他一些别的东西:知识可以是精妙的。伯卡尔以哥哥为榜样,关注自己的兴趣,不是为了达到学校的要求,而是要做别人在那种环境下做不到的事情。

高中毕业后,伯卡尔超越了他哥哥的数学知识,只能独自学习。他从当地图书馆借了一些书,比如,《数学人》和《什么是数学》。伯卡尔经常一边听音乐一边读书——这是他至今还保持的习惯。在他第一次接触专业数学的时候,伯卡尔想做的不仅仅是欣赏别人的发现。作为一名高中生,他开始了自己的数学证明。他说:"我读了所有这些书,我觉得仅仅读东西是不够的,我还想创造自己的东西,创造新的东西。"[206]

伯卡尔考上了德黑兰大学,德黑兰大学是伊朗最著名的大学之一。在大学里,他开始向数学期刊投稿。当接受了一些正式的训练之后,他意识到自己的证明早就被发现了。他说:"也许我没有证明什么有意义的事情,但事实证明,经历那种状态对我的教育后期很有用。"[206] 2000年他获得了大学生国际数学竞赛三等奖。从德黑兰大学数学专业毕业并获得学士学位后,他去了英国。在那里,他的身份是库尔德难民,他寻求政治庇护,成为英国公民。英国政府把他安置在英格兰中部城市诺丁汉。2001—2004年,伯卡尔是诺丁汉大学的博士生。2003年,他被伦敦数学学会授予塞西尔国王旅行奖学金,成为最有前途的博士生。2004年,他在诺丁汉大学取得了博士学位,并发表了《现代代数几何中的主题》的论文。移居英国后,他的英文名为 Caucher Birkar,意为库尔德语中的"移民数学家"。

伯卡尔的研究领域是代数几何,他的工作无论是从原创性上还是从深刻程度上都可以说是伟大的。他处理了抽象几何空间许多本质性的基本问题。这些问题往往能够被简单地叙述出来,但是要想解决它们并非易事,需要高超的技巧。他不仅掌握了这些技术手段,还发掘了许多新的技术,拥有深刻的几何直觉,开辟出新的概念。他在双有理代数几何方面,特别是在极小模型纲领的核心问题上取得了突出进展。伯卡尔现在是剑桥大学数学教授,2018年杰克逊在世界数学家大会上介绍他的数学成果时评价道:"凭借对代数几何核心处的深层次的基本问题的鉴赏力,伯卡尔已经成为该领域的新领导者。他不仅在这个高技术领域的前沿拥有众多最新工具,而且还创造了一些最强大的创新。他给这项工作带来了强烈的几何直觉,以及在解决长期困难问题面前表现出的无畏精神。考切尔·伯卡尔准备为数学作出更多杰出贡献。"[204]

作为一名数学家,伯卡尔使多项式方程的无限变化有序化——那些由不同变量组成的方程被提升到不同的幂次。没有两个方程是完全相同的,但是伯卡尔揭示了许多方程可以被整齐地分为一小部分族。在2016年发表的两篇论文中,他指出不同多项式的无限数量可以通过有限数量的特征来定义。这一结果表明,这种看似不相关的代数方程的令人困惑的数组有一些共同点。

伯卡尔对法诺簇的研究是他最有影响力的数学成果之一,但它源自一种冲动,这种冲动自他近30年前开始进入数学界以来一直支配着他,即一种创造新事物的冲动。

诺丁汉大学没有专门研究代数几何学的人,但代数几何学是伯卡尔希望进入的领域。伯卡尔的导师,一位名叫费森科(I. Fesenko)的数论家,鼓励他参加校外数学活动。2002年,在剑桥召开的一次会议上,伯卡尔见到了约翰斯·霍普金斯大学的数学家沙可罗夫(V. Shokurov)。沙可罗夫在代数几何子领域——双有理代数几何工作多年。十多年前，双有理代数几何学取得了一些重大进展，但由于缺乏新的思想，这个领域在当时已经几乎停止不前了。大多数人从事该领域的数学家已经放弃了，而沙可罗夫是少数没有放弃的人之一。沙可罗夫对伯卡尔接电话的速度和举止印象深刻。沙可罗夫讲："伯卡尔是一个害羞、体面的人，因为他在一个村庄的一个传统家庭长大。"[206]他发现伯卡尔是一位非常有才华的年轻人，伯卡尔可以帮助这个领域重新焕发活力。

伯卡尔把自己同数学家格罗滕迪克对比。格罗滕迪克也是一个难民，他逃离了纳粹德国，也被广泛认为是20世纪下半叶最有影响力的数学家之一。伯卡尔在伊朗库尔德长大，现生活在英国，在那里他与一位泰国女性结为连理。他非常钦佩格罗滕迪克的数学视野以及其与不同类型的人打交道的能力。"所有这些文化都让我更感兴趣。所有这些文化都给我一种快乐的感觉。"[206]伯卡尔说。他4岁的儿子赞科(Zanko)是这种文化多样性的反映：他会说3种语言——泰语、库尔德语和英语。

代数几何也是文化的融合。一方面它属于代数，是有关方程的研究；另一方面它属于几何，是有关形状的研究。这两方面给我们提供了看待相同问题的不同角度，它们是互补的。如果你想找出两个方程的共同解，比如 $y = 2x-3$ 和 $y = 3x + 5$，你可以通过代数找到答案，或者你可以把这两个方程画成图表，看看它们在哪里相交。普林斯顿大学的数学家科尔(J. Kollár)认为，有时几何问题可以用代数方法来解决，有时代数问题可以用几何方法来解决。线性方程是最简单的代数方程。还有许多其他类型。它们可以有更多的变量，这些变量可以提高到不同的次数。你也可以考虑一组方程的共同解。这个集合被称为"代数变量"。存在无限多的代数变量；每个都有一个唯一的几何表示。伯卡尔指出，最重要的是解决方案集的形状、形式和结构，这组解大致上是我们所说的代数变化。

代数簇犹如不守规矩的暴徒。数学家们想给它们强加一些规则。这种冲动与对生物进行分类的想法没有太大的差别，如果我们从门类的角度思考，而不是单独考虑每一个个体，那么我们的头脑就会更容易理解生物世界，它的生态也更有意义。双有理几何是一种变换代数簇以便对它们进行分类的方法。这像在做外科手术，从具有独特形式的代数簇开始，然后切掉它的一些凸起，平滑它的一些折痕，直到你得到一个更标准的形状。有严格的规则，可以确保不会摆脱最初的本质。手术后，许多以前看似截然不同的类型现在可以归拢在一起，被称作"双有理等价类"。

犹他大学的数学家、国际几何的领军人物哈肯(C. Hacon)在里约的菲尔兹颁奖典礼上发表演讲时表示，伯卡尔关注的是全局，而不是担心品种在某些小部分的点上不一致。有三个广泛的双有理等效类：法诺簇、卡拉比-邱簇、一般类型的簇。这三类是通用形状，与"昆虫"一词相对于属于该类的特定生物体是类似的。每一类都有不同类型的均匀曲率(如均匀正曲率、均匀平曲率或均匀负曲率)。数学家们希望能够证明，每一个代数变化都通过双有理变换过程，减少到这三种通用形状中的一种。科尔认为，希望在任何地方都能找到曲率相同的物体，不想要那些有时看起来像马鞍，有时像球体，有时有扁平部分的东西，这太复杂了。

伯卡尔在代数簇上的工作是一项被称为极小模型纲领的持续工作的一部分。其目的是证明所有的代数簇都可以通过双有理变换降为三种基本类型之一。极小模型纲领研究可以追溯到100多年前的一批意大利数学家，他们首先对二维代数变量(具有三个变量的变量)进行了分类。最近，在20世纪80年代，森重文证明了所有的三维代数簇(四变量簇)都可以简化为这三种类型之一。森重文是京都大学的数学家，现任国际数学联盟主席，他在1990年因这项工作获得了菲尔兹奖。但在森重文的研究结果之后，双有理代数几何的研究领域开始平静下来。要将其扩展到更高的维度，存在着巨大的挑战。

伯卡尔专注于代数几何的曲折和多维世界，包括椭圆、双纽线、卡西尼卵形，以及方程式定义的其他许多形式。他于2010年被授予菲利普·勒沃胡尔姆奖,该奖表彰那些最伟大成就尚未到来的杰出学者。8年后,这位剑桥大学的研究人员在40岁时加入了菲尔兹奖的候选小组。他的好奇心被代数几何学所唤醒,代数几何学在前几个世纪吸引了海亚姆(O. Khayyam)和沙拉夫-丁·阿尔-图西(Sharaf al-Din al-Tusi)的注意。在他的整个发展历程中,双有理代数几何一直是他感兴趣的主要领域。他致力于现代数学中关键问题的基本方面,如极小模型、法诺簇和奇点。他的理论解决了长期以来的猜测。2010年,伯卡尔与伦敦帝国理工学院的卡希尼(P. Cascini)、犹他大学的哈康(C. Hacon)和加利福尼亚大学圣地亚哥分校的麦克南(J. McKernan)一起撰写了一篇文章,名为《一般Log类簇的最小模型的存在性》,该文彻底改变了这一领域。因这篇文章4人获得了2016年的美国数学会摩尔奖。

　　伯卡尔回忆起在德黑兰大学读书的往事,在数学俱乐部里,仰望在墙上排列的菲尔兹奖得主的照片。"我看着他们,对自己说:'我会遇到这些人中的一个吗?'当时在伊朗,我甚至不知道我能去西方。"[206]当时,伯卡尔无法预测自己的未来。更不会想到2018年他会在里约热内卢举行的颁奖仪式上,拿到国际数学联盟每4年授予世界上40岁以下最有成就的数学家的奖项——菲尔兹奖章。对于40岁的伯卡尔来说,这一切都太过意外了。

　　2018年在巴西里约热内卢召开的4年一届的国际数学家大会上,发生了一个小插曲。伯卡尔成为了世界上第一位"两次"获得菲尔兹奖章的人。在同为2018年菲尔兹奖得主的舒尔茨(P. Scholze)结束了60分钟的邀请报告后,组委会专门为伯卡尔安排了特别颁奖仪式。原来在几天前,领取菲尔兹奖章几分钟后,他的奖章就不翼而飞了。开幕式的现场监控捕捉到:当数学家们涌向伯卡尔身边并向他祝贺时,他椅子下的公文包被人偷走。警方锁定了两名嫌犯,并在巴西国家电视台上发了通缉令。为了弥补伯卡尔的损失,国际数学联盟决定将平时锁在玻璃柜子中用于对外展示的菲尔兹奖备用奖章授予他。在特别颁奖仪式上,国际数学联盟主席森重文指出这是非常罕见的:"一个人两次站上菲尔兹奖颁奖台。"[205]

菲加利

Alessio Figalli

菲加利的研究领域被强大的技术机器所包围，这些机器常常证明了外界难以进入。作为这一技术的大师，菲加利通过他杰出的阐述使这一领域变得更为广泛，这些论述突破了技术层面，揭示了概念结构。他在与学生和年轻的同事慷慨分享想法得到了充分的体现。这些个人品质加上数学的才华，使阿莱西奥·菲加利成为一个理想的领导者，他在数学方面的影响才刚刚开始。[207]

——杰克逊

我喜欢画画。我对所发生的事情有一种直觉，我可以很容易地抓住关键问题。[208]

——菲加利

菲加利是意大利数学家，1984年4月2日生于意大利罗马。由于他对最优输运理论及其在偏微分方程、度量几何和概率论中应用的贡献，于2018年获得菲尔兹奖，时年34岁。

菲加利的父亲是工程学教授，母亲是一名高中古典文学老师。他的家中满是关于希腊历史和神话的书籍。菲加利小时候喜欢踢足球，看卡通片，和朋友们一起玩，他回忆说，他总是作出理性的决定，先完成家庭作业，再做其他事情，这样他才能充分享受自己的美好时光。

菲加利认为，在能拿到一个好成绩和必须花多少时间才能拿到这样的成绩之间自己总有一个平衡点。这犹如自己一个优化器，希望尽最大努力做到最好。菲加利从小就喜欢数学。他认为这是一门容易的课程，是他不需要努力就能擅长的学科，但他还是花时间及热情去研究这门课。在意大利，学生可以读古典或科学高中。菲加利对科学很有兴趣，但他的父母希望他学习古典文学，而他也很乐意这样做，因为通常古典高中的女生比科学高中的女生多。

菲加利在高中三年级时开始认真学习数学。他父亲的一位数学家同事鼓励菲加利参加国际奥林匹克数学竞赛，这是一个开放式的问题解决竞赛，吸引了世界上最优秀的年轻数学头脑。菲加利很着迷地发现有些数学问题的解决方案并不简单——必须自己发明它们。菲加利勇敢地接受了比萨大学数学和科学天才学生的普通高等学校的测试。18岁的时候，他和意大利顶尖学生一起上数学课，甚至不知道如何求导。他的导师安布罗西奥（Luigi Ambrosio）介绍说，与这些训练有素的同学相比，他没有脱颖而出，因为他那时还有一个可追赶的差距。

但是对于任何仔细观察的人来说，菲加利的进步是显而易见的。他学得很快，一年之内就赶上了同龄人。在第二年开始的时候，他开始阅读安布罗西奥最近撰写的一篇高技术论文。安布罗西奥希望新来的学生能努力把它吃透，不到一个星期，菲加利就来找他了，菲加利什么都懂了。菲加利在两年内取得了他的本科学位。

菲加利于 2006 年获得了比萨高级师范学院的硕士学位，2007 年在比萨高级师范学院的安布罗西奥和里昂高等师范学院的维拉尼的指导下获得了博士学位。2007 年，他被任命为法国国家科学研究中心的研究员。2008 年，他以哈达马德教授的身份进入科尔理工学院。2009 年，他以副教授的身份进入得克萨斯大学奥斯汀分校。随后，他于 2011 年成为全职教授，并于 2013 年担任摩尔主席。自 2016 年起，他担任瑞士苏黎世联邦理工学院的首席教授。

菲加利获得菲尔兹奖时，已经发表了约 150 篇论文及其他专著，很多数学家直到退休也没有这样的成就，更何况他正值盛年。他是瑞士苏黎世联邦理工学院和美国得克萨斯大学奥斯汀分校教授，主要研究变分法和偏微分方程。在最优输运理论领域中，有一大批顶尖的数学家，而菲加利的成果足以使其成为该领域的主要领导者和创新者。

菲加利特别强调最优输运图的规律性理论及其与蒙日-安培方程的联系。他在这个方向上获得的结果中，突出了蒙日-安培方程解的二阶导数的重要的更高的可积性和蒙日-安培型方程的部分正则性结果，这些工作是与合作者菲利比斯 (G. de Philippis) 共同完成的。他使用最优输运技术来获得各向异性等周不等式的改进版本，并获得了关于函数和几何不等式稳定性的其他几个重要结果。特别是，与马吉 (F. Maggi) 和普拉特利 (A. Pratelli) 一起，他证明了各向异性等周不等式的一个严格的定量版本。

然后，在与卡伦 (E. Carlen) 的合作中，他解决了一些加利亚尔多-尼伦伯格的稳定性分析和对数哈代-李尔伍德-索伯列夫不等式，以获得临界质量凯勒-西格尔方程的定量收敛速度。他还研究了汉密尔顿-雅克比方程及其与弱柯尔莫哥洛夫-阿诺德-莫泽理论的联系。在与孔特雷拉斯 (G. Contreras) 和里福德 (L. Rifford) 的一篇论文中，他证明了奥布里 (Aubry) 在紧凑曲面上的通用双曲性。

他还对迪潘纳-利翁斯的理论作出了一些贡献，将其应用于理解具有非常粗糙势的薛定谔方程的半经典极限，并研究了弗拉索夫-泊松方程弱解的拉格朗日结构。最近,他与吉奥内(A. Guionnet)合作,在随机矩阵的主题中引入并开发了新的输运技术,以证明几种矩阵模型的普遍性结果。他与塞拉(J. Serra)一起证明了乔吉(D. Giorgi)对维数≤5的边界反应项的猜想,并且他改进了卡法雷利(L. Caffarelli)关于障碍问题中奇点的结构的经典结果。

对于菲加利来说,菲尔兹奖是他登上数学世界之巅过程中获得的一系列荣誉的最高荣誉。他曾经是一名文科生,似乎与数学没什么缘分,现在竟开始影响古老的数学分析学科,涉及某些类型方程的性质。菲加利的研究结果提供了对一切事物的精确数学理解,从晶体的形状到天气模式,再到冰在水中融化的方式。

菲加利所作出的数学结果是多种多样的,其中许多结果都是基于最优输运概念的创新应用。这个想法起源于18世纪,当时一位为拿破仑·波拿巴(Napoléon BonapaHe)工作的数学家试图找到最有效的方法来建立一个工事网络。两个多世纪后,菲加利领导着一个数学家团体,他们认识到,如果不同的数学问题看成是把一堆泥土从一个地方移到另一个地方的最佳方式,它们将产生不同的结果。

2004年,安布罗西奥接纳了菲加利的研究生身份,并安排他在法国里昂天才数学家维拉尼的指导下学习。维拉尼是2010年菲尔兹奖得主。当时,维拉尼正在写一本关于一个直觉的想法的书,这个想法经历了数学的复兴,起源可以追溯到法国大革命。在19世纪90年代,数学家蒙日(G. Monge)受命于拿破仑,负责研究如何将土方运到前线建造防御工事。蒙日想找到完成运输的最佳方式,也就是说,每辆运输车各自应该停在哪里,才能使完成任务所需的劳动力最小化。蒙日在这一问题上取得了一些进展,但后来这一问题却停滞了一个多世纪。当经济学家坎托罗维奇(L. Kantorovich)提出了第一个关于最优输运的严格数学描述时,它在20世纪40年代重新出现。但几十年后,对它感兴趣的仍然是经济学家。直到20世纪80年代和90年代,数学家们才开始认识到,最优输运本身就是一个数学上的深层问题，也是他们用来解决其他问题的工具。

最优输运是如此直观，以至于很容易忽略它所包含的数学复杂性。复杂性来自如何将一堆材料从一个地方移动到另一个地方的多种可能性，例如，不限于用货车运；或如何将许多材料从不同起始位置移动到另外不同的目的地。也许在两个目的地之间分乘一辆车是有利的，或者也可以把运输单位变小，来寻找移动材料的最佳方式。这正是问题的切入点，作为微积分的一种扩展形式，研究无限小或无限大尺度上的变化。

菲加利在2011年获得佩科-维蒙奖，2012年获得了普锐斯和库尔斯-佩克特奖、欧洲数学会奖[209]、2015年获得了斯坦帕基亚奖章、2017年获得了费尔特里内利数学奖。他是2014年国际数学家大会的受邀演讲人。2016年，他获得了欧洲研究理事会的拨款。2018年，他获得了阿苏尔大学授予的荣誉博士学位。

菲加利这位年轻的意大利数学家身材高大、匀称且风度翩翩，你会觉得他的一切都得到了上天的眷顾，他那令人陶醉的罗马人式的丰富多采使人欣赏。他喜欢和别人在一起，其他人也喜欢和他在一起。

在获得菲尔兹奖前的几个月里，他拜访了妻子曾居住的国家——英国，以及他在罗马的朋友。他在得克萨斯、北卡罗来纳、巴黎和加拿大班夫山城的朋友和同事面前演讲。每到一站，他都会和朋友一起吃饭，并结识可以长期合作的伙伴。在任何情况下，他都不曾想到2018年2月他将接到一个电话，通知他将获得菲尔兹奖。

菲加利在世界各地有许多合作者。他保持着一个狂热的旅行计划——他声称自己相对不受时差影响——并且经常在苏黎世接待其他数学家。2018年5月，麻省理工学院的杰里森(D. Jerison)访问了菲加利，希望在与布伦-闵可夫斯基不等式有关的问题上取得进展。当他们表达出一些有希望的新建议的后果时，他们变得迅速而兴奋。当他们意识到这个想法不起作用后，他们会沉默一分钟或更长时间。杰里森往往双手抱着头坐着，菲加利靠在墙上，试图找出下一步该如何做。菲加利处理问题的速度令人难以置信,快速处理基本问题,快速分离出重要点,以某种方式为我们提供信息。

马吉是得克萨斯大学奥斯汀分校的一名数学家,他记得,当他开始与菲加利合作研究晶体稳定性时,菲加利几乎没有时间像自己那样了解这个问题。马吉回忆,当他还是学生的时候,就和菲加利一起工作。有一件令人惊讶的事情,那就是一旦菲加利有了一个新的想法,他就能够立即将这个想法放在正确的环境中并创造性地加以利用。当面对某个新的问题时,菲加利喜欢从发展问题的几何意义开始。例如,对于晶体,他描绘了在加热下晶体可能变形的一些最极端的方式,知道最终的稳定性证明必须考虑到这些情况。

在2007年完成并于2010年发表的研究论文中,菲加利、马吉和普拉特利给出了能量稳定性的定量证明,它可以将晶体和肥皂泡等形状最小化。虽然肥皂泡和水晶看起来很不一样,但分析它们稳定性所涉及的数学是相同的。菲加利回忆他们找到创建证据所需的关键想法的过程,他和其合作者共同参加了爱丁堡的一个会议,在那里他们一天工作几个小时来解决稳定问题,大约在凌晨1点,他们从酒吧走回家时,马吉意识到也许他们可以用一个叫作轨迹不等式的定理来克服证明的最后一道障碍。

菲加利喜欢画画,对即将发生的事情有一种直觉,而且可以很容易地抓住问题的关键。他具有成功数学家所应具备的特质——技术技能、独创性和在巨大的不确定性下能够坚持的能力。他性格非常好,不会表现出任何痛苦,总是积极向上。

舒尔茨

Peter Scholze

> 舒尔茨找到了正确和最干净的方法,将之前完成的所有工作结合起来,并找到了一个优雅的公式,然后,因为他找到了真正正确的框架,远远超出了已知的结果。[210]
>
> ——赫尔曼

> 如果你对数学感兴趣,你就不是一个局外人。[210]
>
> ——舒尔茨

舒尔茨是德国数学家，1987年12月11日生于德累斯顿。由于他引进完美状空间概念，应用伽罗瓦表示，改观了进域上的算术代数几何，并发展了新上同调理论，于2018年荣获菲尔兹奖，时年31岁。

舒尔茨在国际奥林匹克数学竞赛上获得4枚奖牌——3枚金牌和1枚银牌，这给他的同学留下了深刻的印象。2007年，他进入波恩大学数学系，用3个学期学完了本科内容，接着仅用2个学期学完了研究生课程内容，并且在22岁时声名大噪，当时他将一个复杂的数论问题的证明从288页简化为37页。他是算术代数几何的专家，擅长理解数学现象的本质，并在演示过程中简化数学现象。他16岁的时候，就读于以数学和科学见长的柏林海因里希-赫兹高中，那时他就决定研究怀尔斯对费马大定理的证明。面对结果的复杂性，他逆向研究，即弄清它需要学习什么才能理解这个证明，从此走上了以数学作为职业的道路。2012年，24岁的他成为波恩大学的正式教授，2018年起担任马克斯·普朗克数学研究所所长，30岁时已经被科学界认为是世界上最有影响力的数学家之一。

舒尔茨拥有一种罕见的数学才华。他能吸收并消化广泛且尚未成熟发展的数学研究前沿。更重要的是，他能够看出如何通过惊人的新的综合方法来整合这些前沿问题，并发现其之前被隐藏的简单性。他的许多工作都是高度抽象的，具有奠基性，同时他具有一种灵敏的意识，即能够觉察到底哪种新概念和技术可证明重要的具体结果。他的统一观点正在改变数学。

在攻读博士期间，舒尔茨于2011年的某次会议上，第一次报告了完美状空间时的概念。从此，他便引发了代数几何和算术几何的一场革命。这个概念很快就被世界各地的研究人员所接受，为过去几十年来无法解决的问题提供了有力工具。完美状空间概念的引进是在一种新的研究思维下产生的。由于所研究空间的巨大，超出了数学家为使研究对象易于处理而依赖的通常条件。完美状空间不是分形，但又表现出锯齿结构和分形的无限层次性，有点类似于一个数学螺管，一个永不封闭的无限嵌套螺线。尽管它们是错综复杂的,但完美状空间带来了统一与简化。

舒尔茨改观了在 p-adic 域上的算术代数几何。舒尔茨的完美状空间理论通过将 p-adic 几何与特征 p 中的几何联系起来,深刻地改变了 p-adic 几何的主题。利用这一理论,舒尔茨证明了德利涅对完全交叉点的重量单机器人猜想。作为进一步的应用,他构造了附加到局部对称空间的扭转上同调类的伽瓦罗表示,解决了一个长期存在的猜想。舒尔茨的 p-adic-hodge 理论扩展到了一般的 p-adic 刚性空间。舒尔茨与巴特(Bhatt)和莫罗(Morrow)一起发展了 p-adic-hodge 理论的完整版本,该理论建立了贝蒂定理中的扭转与点格上同调之间的关系。在他发起的算术几何革命的道路上,舒尔茨提出了他重塑的各种主题,如代数拓扑和拓扑霍克希尔德同调。舒尔茨发展了新的上同调方法。除了 p-adic 场之外,舒尔茨对整数上同调理论的看法已经成为一个吸引整个数学界的指导方针。

舒尔茨因发展了完美状空间理论并成功地应用该理论解决了许多难题而获得了奥斯特洛夫斯基奖。该理论可以将混合特征环上的代数簇问题简化为混合正特征环上的代数簇问题。舒尔茨用完美状空间理论证明了德利涅关于射影空间中非奇异完全交集的单重猜想。这是在过去 30 年里德利涅猜想的第一个主要进展。他还利用完美状空间建立了刚性分析空间的 p-adic-hodge 理论。在温斯坦(Weinstein)的进一步研究中,无穷水平上的拉波波特-辛克空间是完全空间。通过研究这些空间,他们能够对格罗斯-霍普金斯猜想进行反驳和概括。舒尔茨还利用完美状空间理论,在完全实场或 CM 场上建立了与 GL_n 局部对称空间的 mod p 上同调相关的伽罗瓦表示的存在性。他这样做,就解决了阿什(Ash)、格鲁诺瓦尔德(Grunewald)和其他数学家 40 多年来一直抵抗攻击的猜想。

舒尔茨取得了多方面的成就,但他认为,他的工作与其说是研究,不如说是试图了解其他数学家的所作所为,并用自己的话重新表述。他所做的很大一部分工作都是想了解外面的情况。在他所涉及上同调的工作,一种研究几何形状的孔的方法。上同调有许多不同的版本,舒尔茨和密歇根大学的巴特(B. Bhatt)一起发展了一种统一的理论,该理论被称为棱镜上同调,它把这些不同的上同调基本上想象为上同调彩虹中的光带。这是一个全新的东西。并非所有领域的奖项获得者都继续进行与所获奖项的工作同样规模的研究,但拉波波特(Rapoport)相信舒尔茨会继续进行研究。可以预见,舒尔茨还有很多想法要实现,这一领域犹如沃土,需要进一步的开垦。

舒尔茨的关键创新——他称之为完全空间的一类分形结构——只有几年的历史,但它已经在算术几何领域产生了深远的影响,使数论和几何结合在一起。温斯坦说,舒尔茨的成果具有预见性,甚至可以在事态开始之前看到事态发展。许多数学家认为舒尔茨是"敬畏、恐惧和兴奋的混合体"。这并不是因为舒尔茨的个性,同事们一致认为他的个性是理性的和慷慨的;相反,是因为舒尔茨对数学现象的本质有着令人不安的洞察力。与许多数学家不同的是,舒尔茨通常不是从一个他想解决的特定问题开始,而是从他想要理解的某个难以捉摸的概念开始研究。普林斯顿大学的数字理论家卡拉亚尼(Ana Caraiani)与舒尔茨合作表示,他所创建的结构最终在上百万其他方向上都有应用,但当时还没有预测到,仅仅是因为它们是正确的思考对象。

舒尔茨说,"如果你对数学感兴趣,你就不是一个局外人。"[210]舒尔茨在开始从事算术几何领域的研究时,该领域使用几何工具来理解多项式方程的整数解——如仅涉及数字、变量和指数的 $xy^2 + 3y = 5$ 方程。对于这种类型的一些方程,研究它们是否在称为 p-adic 数的替代数系统中有解是很有成效的。p-adic 数和实数一样,是通过填充整数和分数之间的间隙而建立的。但是,这些系统是基于一个非标准的概念,即间隙在哪里,哪些数字彼此接近:在 p-adic 数字系统中,如果两个数字之间的差很小,则认为两个数字是接近的,但如果这两个数字之间的差可以被 p 整除很多次,则认为两个数字不是接近的。这是一个奇怪的标准,但很有用。例如,3-adic 数为研究 $x^2 = 3y^2$ 等方程提供了一种自然的方法,其中三个因子是关键。p-adic 数与我们日常的直觉相差甚远。不过,这些年来,它们对舒尔茨来说已经变得很自然了，他认为，现在发现的实数比 p-adic 数更令人困惑。

20 世纪 70 年代，数学家们注意到，如果你通过创建一个无限的数字塔系统来扩展 p-adic 数，那么关于 p-adic 数的许多问题就会变得更容易，在这个系统中，每一个数字塔都绕着它下面的一个数字 p 次，p-adic 数在塔的底部。在这个无限高塔的"顶端"是终极的环绕空间——一个分形物体，是舒尔茨后来发展的最简单的完美状空间的例子。舒尔茨给自己安排了一个任务，就是要弄清楚为什么这种无限的环绕结构使得关于 p-adic 数和多项式的许多问题变得更容易。他试图理解这种现象的核心，没有一般的形式主义可以解释这一点。他最终意识到，为各种各样的数学结构构造完美状空间是可能的。他指出，这些完美状空间使我们能够将有关多项式的问题从 p-adic 世界滑到另一个数学世界中，在这个数学世界中，算术要简单得多（例如，在执行加法时不必携带）。温斯坦认为，完美状空间最奇怪的特点是它们可以在两个数字系统之间神奇地移动。这一见解使舒尔茨能够证明关于多项式 p-adic 解的一部分复杂的陈述，它被称为权单机器人猜想，是舒尔茨 2012 年的博士论文。

赫尔曼说，舒尔茨"找到了正确和最干净的方法，将之前完成的所有工作结合起来，并找到了一个优雅的公式，因为他找到了真正正确的框架，远远超出了已知的结果。"[210]

尽管完美状空间很复杂，但舒尔茨以其演讲和论文的清晰性而闻名。舒尔茨强调，要在一个甚至是刚毕业的研究生都能接受的水平上解释他自己的观点。他友好、平易近人的举止使他成为其所在领域的理想领导者。当其他的数学家们开始着手处理完美状空间的时候，关于它们的一些最深远的发现，不足为奇地来自舒尔茨和他的合作者。2013 年，他在网上发布的一个结果令数学家们大吃一惊。舒尔茨的结果扩大了被称为互易定律的规则的范围，这些规则控制使用时钟算术的多项式的行为，尽管不一定是 12 小时的多项式。时钟算法（例如，如果时钟有 12 个小时，则为 8 + 5 = 1）是数学中最自然和被广泛研究的有限数系统。互易定律是已有 200 年历史的二次互易定律的推广,它是数论的基石,也是舒尔茨个人最喜欢的定律之一。该定律指出,给定两个质数 p 和 q,在大多数情况下,p 是时钟上的一个完美平方,q 小时,而 q 是时钟上的一个完美平方,p 小时。例如,5 是一个 11 小时的完美正方形,因为 $5(11) = 16 = 4^2$,而 11 是一个 5 小时的完美正方形,因为 $(11)5 = 1 = 1^2$。

在 20 世纪中叶,数学家们发现了互易定律与一个完全不同的学科之间的惊人联系:图案的"双曲线"几何,如埃舍尔(M. C. Escher)著名的天使魔鬼圆盘倾斜度。这一联系是朗兰兹纲领的核心部分,是一个关于数论、几何学和分析之间关系的相互联系的猜想和定理的集合。当这些猜想可以被证明时,它们往往是非常强大的。例如,费马大定理的证明归结为解决一小部分(但非常重要)朗兰兹纲领。

数学家们逐渐意识到,朗兰兹纲领的范围远远超出了双曲线圆盘;它也可以在更高维度的双曲线空间和其他各种上下文中进行研究。现在,舒尔茨已经演示了如何将朗兰兹纲领扩展到"双曲线三空间"(一种类似于双曲线圆盘的三维空间)以及更广泛的结构中。舒尔茨通过构造一个双曲线三空间的完备形式,发现了一套全新的互易定律。

舒尔茨因其对算术代数几何的贡献而获得了很多荣誉,如法国学院的普锐斯和库尔斯-佩克特奖(2012 年)、拉马努金奖(2013 年)、克莱研究奖(2014 年)、科尔奖(2015 年)、费马奖(2015 年)、奥斯特洛斯基奖(2015 年)、欧洲数学奖(2016 年)和莱布尼兹奖(2016 年)。获奖无数的他,甚至拒绝了有"土豪奖"之称的科学突破奖新视野数学奖(2016 年)。舒尔茨曾在 2014 年国际数学家大会上被邀作大会报告,并在 2018 年国际数学家大会上再次被邀请作大会报告。

舒尔茨的演讲和书面论述的清晰性在对许多参加完美状空间探险的数学家来说是如此地有吸引力,他的性格也是如此,人们普遍认为他是善良和慷慨的。舒尔茨才 30 多岁,他一定会继续作出突破性的贡献,并继续担当一位极具启发性的数学大师。

文卡泰什

Akshay Venkatesh

> 大多数数学家要么是问题解决者,要么是理论建设者。阿克什·文卡泰什两者都是。更重要的是,他是一位数论学家,他对一些与数论非常不同的领域有着异常深刻的理解。这种知识的广度使他能够在新的背景下研究数论问题,这些新的背景恰好为突出问题的真实本质提供了正确的框架。只有36岁的文卡泰什,在未来的几年里将继续是数学领域的杰出领导者。[211]
>
> ——杰克逊

> 有很多人同样擅长你认为是数学家的东西,比如能够快速学习材料或解决问题。[212]
>
> ——文卡泰什

文卡泰什是澳大利亚数学家,1981年11月21日生于印度新德里。由于他综合了解析数论、齐次动力学、拓扑学和表示论,从而解决了算术对象等分布等方面的长期未解决的问题,于2018年荣获菲尔兹奖,时年37岁。

文卡泰什两岁时随家人搬到了西澳大利亚的珀斯。他将童年描述为相当普通的郊区生活,里面装满了书籍(主要是幻想和科幻小说)和友谊。他就读于苏格兰学院。他的母亲斯维萨(Svetha)是迪肯大学的计算机科学教授。文卡泰什参加了国家数学奥林匹克计划天才学生课外培训班,1993年,他11岁时,便参加了于弗吉尼亚州威廉斯堡市举办的第24届国际物理奥林匹克竞赛,并获得了铜牌。第二年,他将注意力转向了数学,并先后在澳大利亚奥林匹克数学竞赛中获得第二名,在第六届亚太奥林匹克数学竞赛上获得银牌,在香港举办的国际数学奥林匹克数学竞赛上获得铜牌,并于同年完成了中学教育。这些喜人的成绩促使他进入了数学世界,并开始了他辉煌的职业生涯。他是唯一一个在国际物理奥林匹克和国际数学奥林匹克中同时获得奖牌的澳大利亚人。13岁时,他开始在西澳大利亚大学求学,在3年内完成了4年的课程,获得数学和物理学学士学位。16岁时,文卡泰什进入该校研究生院,最终顺利毕业,成为了大学获得纯数学一等荣誉的最年轻的人,被授予伍兹纪念奖。但是,千禧年之际文卡泰什来到普林斯顿大学攻读博士学位时,他惊讶地发现"有很多人同样擅长你认为是数学家的东西,比如能够快速学习材料或解决问题"。[212]蜿蜒曲折甚至会走向死胡同的数学研究与文卡泰什在学校擅长的数学方法有很大的不同。习惯于设定最高标准的他,认为自己当时的论文是平庸的。即便如此,21岁时,他依然在普林斯顿大学顺利获得了博士学位。他在麻省理工学院被任命为摩尔导师,这是一个很有声望的职位,此前曾被纳什等知名人士占据。2004年离开麻省理工学院后,他成为克莱研究院研究员,并被任命为纽约大学科朗数学科学研究所副教授。他27岁时成为斯坦福大学教授,自2018年8月15日起,他是高级研究院教授。文卡泰什研究数论,这是一个研究抽象问题的领域,直到20世纪70年代末密码学的出现才有已知的应用,他通过相关的主题,如表示理论、遍历理论和自同构形式,轻松地对其进行了改进。文卡泰什拥有一种细致的、具有调查性和创造性的研究方法,他发现了不同领域之间令人印象深刻的联系,他的贡献是数学研究中几个领域的基础。

文卡泰什是第二位获得菲尔兹奖的澳大利亚数学家,也是第二位印度裔数学家。杰克逊在2018年数学家大会上评价他道:"大多数数学家要么是问题解决者,要么是理论建设者。阿克什·文卡泰什却两者都是。更重要的是,他是一位数论学家,他对一些与数论非常不同的领域有着异常深刻的理解。这种知识的广度使他能够在新的背景下研究数论问题,这些新的背景恰好为突出问题的真实本质提供了正确的框架。只有36岁的文卡泰什,在未来的几年里将继续是数学领域的杰出领导者。"[211]

数论研究一直是数学的核心。虽然数百年来人们已经积累了大量的数学知识,但数论仍然保留着无尽的奥秘,这些奥秘源于最简单的概念——整数之间的关系。因为整数构成了所有数学成长的基石,数论与这个领域的许多其他分支都有联系。数论学家利用从分析学、代数学、组合学和几何学,以及理论物理或计算机科学等其他领域中而来的思想。即使在一个学科中需要这样的广度,文卡泰什也以其惊人的原创方式脱颖而出,将数论问题与其他领域的深层结果联系起来。文卡泰什并没有将它们用作"黑盒子"来制造解,而是为结果带来了新的见解,突出了它们与数论意想不到的联系。通过这种方式,他在数论上取得了惊人的进步,同时也极大地丰富了其他数学分支。他把看似无关的领域的方法结合起来,解决了许多长期存在的悬而未决的问题,对经典问题提出了新颖的观点,并提出了具有深远影响的猜想。文卡泰什在L函数的次凸性问题中引入了一种基于表示理论和齐次动力学的通用统一技术,并且(部分与米歇尔合作)利用这些思想对$GL(2)$在数域上的所有次凸性情况进行了完整的处理。他与艾伦伯格合作,在二次格表示的局部全局原理上取得了重大进展。在与艾因西德勒、林登施特劳斯和米歇尔的联合工作中,文卡泰什证明了在$SL(3,Z)\backslash SL(3,R)$中周期环面轨道的均衡分布,当判别式趋向于无穷大时,这些周期环面轨道附属于完全实立方数域的理想类。文卡泰什与艾因西德勒、马古利斯和穆罕默迪合作,建立了许多半单群周期轨道在局部和 adelic 环境中的有效均衡分布。与艾伦伯格和韦斯特兰(Westerland)一起,文卡泰什建立了科恩-伦斯特拉关于函数场设置中类组的猜想的重要特例。

2002年从研究生院毕业后,文卡泰什渴望证明自己。与艾伦伯格的合作很快给了他机会。他们进行"数域扩展"的工作,其中最简单的是在有理数上加上满足某些多项式方程的少数无理数。现任威斯康星大学麦迪逊分校教授的艾伦伯格回忆,这些数字系统有点不合理,有无限多的数字字段扩展,但有一种自然的方法来测量每一个扩展有多复杂,然后问题就变成计算在每个复杂度级别下有多少。文卡泰什和艾伦伯格在这些计数上发现了一个新的上限,这大大提高了之前几十年来一直没有改变的技术水平。

在研究了数域扩展之后不久,文卡泰什进行了一项新的研究,萨纳克称之为他的第一次"本垒打"。它涉及黎曼 ζ 函数的推广,它将每个数 s 映射到无穷和 $1/1^s + 1/2^s + 1/3^s + 1/4^s + \cdots$ 1859年,黎曼假设,知道 s 的哪些值使这个函数得出 0,数学家就能知道有多少素数比任何给定的数小。但是没有人成功地证明他关于这些"零"在哪里的假设。黎曼假设被广泛认为是数学中最重要的未解决的问题,它除了解释素数的分布外,还有数百种结果。自19世纪中叶以来,数学家们一直在考虑 ζ 函数的变体,其中无穷和的分子中的那些被一个更复杂的数字序列所取代,通常是正负项的混合。这些"L 函数"中的每一个都有自己版本的黎曼假设,如果被证明,这将解开其他素数的谜团,例如素数是如何分布在不同的数字序列中的。这些广义的黎曼假设也极难证明,因此几十年来,数学家们一直在寻找方法来回避这些假设,并直接证明它们的许多结果。这些结果中最重要的一个就是所谓的"次凸性",粗略地说,L 函数分子序列中的正负数很快就开始相互平衡。L 函数的次凸性估计,当它们可以证明时,会产生关于整数模式的统计信息。例如,一个次凸性估计给出了任何给定大数字可以写成 3 个完全平方和的各种方法的描述。

文卡泰什将重点放在 L 函数上之前，次凸性估计通常是根据具体情况进行的，通常涉及大量的技术性论文。但是在 2004 年，文卡泰什向米歇尔发送了一份长篇论文的草稿，米歇尔是瑞士联邦理工学院的数学家，他已经对此有较深入的研究。在这篇论文中，文卡泰什运用了动力系统的思想——对随时间变化的系统的研究——来解决比以前更为普遍的问题。这种方法是全新的，文卡泰什和米歇尔合作完成了第二篇论文，该论文使用这种新的方法来寻找一个庞大的 L 函数族的次凸性估计。萨纳克说，这两篇论文，连同其他几篇文卡泰什在当时所写的论文，使他在数论和动力学上已经成为世界领先的人物之一。

2007 年，文卡泰什获得了塞勒姆奖和帕卡德奖学金。他被认为在塞勒姆感兴趣的领域——傅立叶级数理论——中做出了杰出的工作。2008 年，他获得了奖金为 1 万美元的拉马努金奖，获奖者需满足两个条件：一是对受印度伟大数学家拉马努金影响的数学领域作出杰出贡献，二是获奖者年龄需在 32 岁（拉马努金去世时的年龄）以下。该奖在数论与模形式的国际会议上颁发，在拉马努金家乡的萨斯特拉大学举行。文卡泰什也是 2010 年国际数学家大会的特邀演讲人，并就"数论、李理论和通论"这一主题发表了演讲。因其对现代数论所作的贡献，文卡泰什于 2016 年获得了印孚瑟斯数学科学奖。2017 年，他获得了奥斯特罗夫斯基奖，该奖每两年颁发一次，奖励对象是"具有纯数学和数论数学基础方面的杰出成就"。

在普林斯顿大学，文卡泰什的聪明才智表现得很明显。有一次，当他的室友威尔斯（T. Wirth）向文卡泰什展示他的理论计算机科学教科书时，文卡泰什立刻抓住了核心概念。

当文卡泰什第一次拜访他的导师萨纳克，被要求阅读材料时，萨纳克决定尝试一本关于半单组表示理论的书——远非一年级研究生所能接受。萨纳克预计文卡泰什很快就会还回来并要求更简单的东西。但一个月后，萨尔纳克回忆说："他回到我的办公室向我解释他所读到的内容，我很清楚他不仅理解了这一点，而且对于它的全部内容有着极大的直觉。"[212]

附录一
菲尔兹及菲尔兹奖简介

菲尔兹奖是以加拿大数学家、教育家菲尔兹(John Charles Fields,1863—1932年)的姓氏命名的。

菲尔兹1863年5月14日生于加拿大安大略省哈密尔顿市。他11岁丧父,18岁丧母,家境不算太好。他17岁进入多伦多大学数学系学习,1884年获学士学位,1887年获美国约翰斯·霍普金斯大学博士学位,其后在该校任教到1889年,继而在宾夕法尼亚州的阿勒格尼大学任教到1892年。之后,他远赴欧洲,游学巴黎、柏林等地整整10年,与米塔-列夫勒(Mittag-Leffler)等著名数学家有密切的交往,这一段经历"对于他的生活和观点,产生了决定性的影响"。[153]1902年回国任教于多伦多大学,直到30年后去世。

菲尔兹在代数学方面颇有建树,例如他证明了黎曼-罗赫定理等。自1907年起,他先后当选加拿大皇家学会会员、英国皇家学会会员和苏联科学院等许多科学团体的成员。特罗普(H. S. Tropp)曾称菲尔兹是这么一个人,"他一丝不苟、有条理。他有一种坚韧性,一旦他开始追求某一目标,他就继续下去,直到此目标被达到……他对他的国家和他的大学有强烈的自豪感和依恋。"[153]

菲尔兹主张数学发展应是国际性的,他对于数学的国际交流的重要性,对于促进北美洲数学的发展都抱有独特的见解,并满腔热情地作出了很大的贡献。为了使北美洲数学迅速发展并赶上欧洲,他率先在加拿大推进研究生教育,同时全力筹备并主持了1924年在多伦多召开的国际数学家大会(这是首次在欧洲之外召开的国际数学家大会)。此次大会使他过分劳累,从此健康状况再也没有好转,但这届大会对于促进北美的数学发展和数学家之间的国际交流,确实产生了深远的影响。当他得知这届大会的经费有结余时,他就萌发了把它作为基金设立一个国际数学奖的念头,为此他积极奔走于欧美各国谋求广泛支持,并打算于1932年9月在苏黎世召开的第九届国际数学家大会上亲自提出建议。但不幸的是,他因脑溢血去世了。菲尔兹在逝世前立下了遗嘱,他把自己留下的遗产加到上述剩余经费中,由多伦多大学的辛治(Synge)*转交给第九届国际数学家大会,作为设立一个国际数学奖的基金。大会接受了这一建议。

菲尔兹原本要求此奖"应是纯国际性和非个人的特征,应不以任何方式与任何国家、机构或个人的名字相联系"。[153]但参加会议的数学家们为了缅怀菲尔兹的远见卓识、组织才干和无私奉献的品格,决定将该奖命名为菲尔兹奖。

菲尔兹奖的一个重大特点是奖励年轻人,只授予年龄不超过40岁**的数学家(这一点在刚开始似乎只是个不成文的规定,1974年在温哥华的大会上则作出了明文规定),"作为对其已有工作的认可"和"鼓励得奖人进一步取得成就并激励其他人重新致力于斯"。

菲尔兹奖包括一枚金质奖章和1500美元的奖金。奖章的正面是脸向右的阿基米德的浮雕头像,***头像的周围镌刻的拉丁文为TRANSIRE SV-VM PECTVS MVNDOQVE POTIRI(超越人类极限并掌握宇宙)。奖章的背面镌刻的拉丁文为CONGREGATI EX TOTO ORBE MATHEMATICI OB SCRIPTA INSIGNIA TRIBVERE(全世界的数学家们因为知识作出新的贡献而自豪);拉丁文的背面是一段月桂树枝,象征着获奖者折桂冠;而桂树枝的后面是一个球内接于圆柱的几何图形(因为阿基米德证明了该球的体积和表面积是该圆柱的体积和表面积的2/3)。就奖金数目来说,菲尔兹奖与

---

* 在筹办1924年国际数学家大会时,多伦多大学于1923年设立了国际数学家大会委员会,菲尔兹任主席,辛治任秘书。

** 指40岁生日不能在大会举办当年的1月1日之前。

*** 这个头像是加拿大著名雕刻家麦肯齐(McKenzic)博士从史密斯(Smith)教授的30余幅体现许多艺术家思想的阿基米德的图片发展而来。该头像展现了一个智者,他具有成熟的年龄、旺盛的精力、卷曲的头发和胡子、希腊式的笔直的鼻子。

菲尔兹奖章正面与背面

诺贝尔奖相比可以说是微不足道,但为什么在人们的心目中,它的地位竟如此崇高呢?主要原因有三:第一,它的评委会是由数学界的国际学术团体——国际数学联合会执委会——聘任的权威数学家组成的,而这些数学家是从全世界第一流青年数学家中遴选出来的;第二,它于1936年首次在国际数学家大会上颁发后,自1950年起都是在每隔4年才召开一届的国际数学家大会上隆重颁发的,且每届获奖者仅有2至4名;第三,也是最根本的一点,它的获奖均具有出色才干和重要成就,赢得了国际社会的声誉。正如20世纪著名数学家外尔对1954年两位获奖者的评价:他们"所达到的高度是我未曾梦想到的","我从未见过这样的明星在数学天空中灿烂地升起","数学界为你们二位所做的工作感到骄傲"。[12]菲尔兹奖对青年数学家来说,是世界上最高的国际数学奖。

菲尔兹奖的授奖仪式,都在每届国际数学家大会开幕式上隆重举行。先由执委会主席宣布获奖名单,接着由东道国的重要人物(如国家元首、政府首脑、科学院院长等)或评委会主席或众望所归的著名数学家为获奖者颁发奖章和奖金,最后由一些权威数学家分别逐一简要评介获奖者的主要数学成就(在1936年、1950年和1954年的国际数学家大会上,都只由一位著名数学家来介绍该年获奖者的成就;自1958年开始,改成每位获奖者分别由一位相关领域的著名专家来评价,其内容主要是获奖者的研究成果,很少涉及其生平、简历)。

国际数学联合会第十三任主席帕利说:"菲尔兹奖获得者们的成就显示出高度的深刻性和原创性……全世界数学界都为他们的卓越贡献鼓掌喝彩。"[154]第十四任主席鲍尔还说:"菲尔兹奖获奖者的工作要能体现数学领域的多样性。"[155]

从1936年开始到2018年,菲尔兹奖的获得者已有61人(其中,怀尔斯获得特别贡献奖,他的奖品是一个银制奖盘),他们都是数学天空中升起的灿烂明星,是数学界的精英!

附录二
沃尔夫奖及其获奖者简介[156][157]

由于菲尔兹奖只授予年轻数学家,因此它有一定的局限性:第一,它不足以代表一位数学家的全部成就;第二,它以年龄不超过40岁的数学家为评选对象,年纪较大的数学家没有获奖可能。

1976年1月1日,沃尔夫(R. Wolf)及其家族捐献1000万美元成立了沃尔夫基金会,其宗旨主要是促进全世界科学、艺术的发展。沃尔夫1887年生于德国,其父是德国汉诺威的一位五金商人,也是该城犹太社会的名流。沃尔夫曾在德国研究化学,并获得博士学位,第一次世界大战前移居古巴。他用了将近20年的时间,历尽艰辛,成功地发明了一种从熔炉废渣中回收铁的方法,从而成为百万富翁。1961—1973年他曾任古巴驻以色列大使,以后定居以色列。他是沃尔夫基金会的倡导者和主要捐献人。沃尔夫于1981年逝世。

沃尔夫基金会的理事会主席由以色列政府官员担任。评奖委员会由世界著名科学家组成。沃尔夫奖共设有数学、物理、化学、医学、农业5个奖项(1981年又增设艺术奖)。沃尔夫奖从1978年开始颁发,通常是每年颁发一次,每个奖项的奖金为10万美元,可以由几人分得。1978—2008年,已有48位数学家荣获了沃尔夫数学奖。由于沃尔夫数学奖具有终身成就的性质,所以获奖者都是蜚声数学界的当代数学大师。

下面按照时间顺序列出这些获奖者的简况、主要成就。

姓名：盖尔范德
出生日期：1913年9月2日
国籍：俄罗斯
获奖年度：1978年
主要成就：对泛函分析、群表示论的工作以及对数学及其应用的多个领域作出重要贡献。
2009年10月5日逝世，享年96岁。

姓名：西格尔
出生日期：1896年12月31日
国籍：德国
获奖年度：1978年
主要成就：对数论、多复变函数论、天体力学作出重要贡献。
1981年4月5日逝世，享年85岁。

姓名：勒雷（Jean Leray）
出生日期：1906年11月7日
国籍：法国
获奖年度：1979年
主要成就：对发展及应用拓扑方法研究微分方程作出重要贡献。
1998年11月10日逝世，享年92岁。

姓名：韦伊
出生日期：1906年5月6日
国籍：法国
获奖年度：1979年
主要成就：对数论、代数几何、微分几何、复几何、李群及其不连续子群、拓扑学作出重要贡献。
1998年8月6日逝世，享年92岁。

姓名：柯尔莫哥洛夫
出生日期：1903年4月25日
国籍：苏联
获奖年度：1980年
主要成就：对概率论、调和分析、动力系统作出重要贡献。
1987年10月20日逝世，享年84岁。

姓名：亨利·嘉当
出生日期：1904年7月8日
国籍：法国
获奖年度：1980年

主要成就：对复变函数、代数拓扑、同调代数作出重要贡献。
2008年8月13日逝世，享年104岁。

姓名：阿尔福斯
出生日期：1907年4月18日
国籍：美国
获奖年度：1981年
主要贡献：对复分析、几何函数作出重要贡献。
1996年10月11日逝世，享年89岁。

姓名：扎里斯基
出生日期：1899年4月24日
国籍：美国
获奖年度：1981年
主要成就：对代数几何作出重要贡献。
1986年7月4日逝世，享年87岁。

姓名：惠特尼
出生日期：1907年3月23日
国籍：美国
获奖年度：1982年
主要成就：对代数拓扑、

微分拓扑、微分几何作出重要贡献。
1989年5月10日逝世，享年82岁。

姓名：克赖因（М. Г. Крейн）

出生日期：1907年4月3日

国籍：苏联

获奖年度：1982年

主要成就：对泛函分析及其应用作出重要贡献。

1989年10月17日逝世，享年82岁。

姓名：陈省身

出生日期：1911年10月26日

国籍：美国

获奖年度：1983/1984年

主要成就：对整体微分几何作出重要贡献。

2004年12月3日逝世，享年93岁。

姓名：埃尔德什

出生日期：1913年3月26日

国籍：匈牙利

获奖年度：1983/1984年

主要成就：对数论、组合论、概率论、集合论作出重要贡献。

1996年9月20日逝世，享年83岁。

姓名：卢伊（Hans Lewy）

出生日期：1904年10月20日

国籍：美国

获奖年度：1984/1985年

主要成就：对偏微分方程作出重要贡献。

1988年8月23日逝世，享年84岁。

姓名：小平邦彦

出生日期：1915年3月16日

国籍：日本

获奖年度：1984/1985年

主要成就：对复流形、代数几何、拓扑学作出重要贡献。

1997年7月26日逝世，享年82岁。

姓名：艾伦伯格

出生日期：1913年9月30日

国籍：美国

获奖年度：1986年

主要成就：对代数拓扑、同调代数、范畴论、自动机理论作出重要贡献。

1998年1月30日逝世，享年85岁。

姓名：塞尔贝格

出生日期：1917年6月14日

国籍：美国

获奖年度：1986年

主要成就：对数论、群论、调和分析作出重要贡献。

2007年8月6日逝世，享年90岁。

姓名：拉克斯（Peter D. Lax）

出生日期：1926年5月1日

国籍：美国

获奖年度：1987年

主要成就：对分析学、偏微分方程、应用数学作出重要贡献。

姓名：伊藤清（Kiyoshi Itō）

出生日期:1915年9月7日

国籍:日本

获奖年度:1987年

主要成就:对概率论、随机分析作出重要贡献。

2008年11月10日逝世,享年93岁。

姓名:**希策布鲁赫**

出生日期:1927年10月17日

国籍:德国

获奖年度:1988年

主要成就:对拓扑学、代数、微分几何、代数数论作出重要贡献。

2012年5月27日逝世,享年84岁。

姓名:**赫尔曼德尔**

出生日期:1931年1月24日

国籍:瑞典

获奖年度:1988年

主要成就:对伪微分算子和傅里叶积分算子及偏微分方程作出重要贡献。

2012年11月25日逝世,享年81岁。

姓名:**考尔德伦**

出生日期:1920年9月14日

国籍:美国

获奖年度:1989年

主要成就:对奇异积分算子及将其应用于偏微分方程作出重要贡献。

1998年4月16日逝世,享年78岁。

姓名:**米尔诺**

出生日期:1931年2月20日

国籍:美国

获奖年度:1989年

主要成就:对微分拓扑、微分几何、代数数论作出重要贡献。

姓名:**德乔吉**

出生日期:1928年2月8日

国籍:意大利

获奖年度:1990年

主要成就:对偏微分方程、变分法作出重要贡献。

1996年10月25日逝世,享年68岁。

姓名:**皮亚捷斯基–沙皮罗**

出生日期:1929年3月30日

国籍:以色列

获奖年度:1990年

主要成就:对齐性复域、离散群、表示理论和自守形式作出重要贡献。

2009年逝世,享年80岁。

姓名:**汤普森**

出生日期:1932年10月13日

国籍:美国

获奖年度:1992年

主要成就:对有限群论及其与其他数学分支的联系作出重要贡献。

姓名:**卡勒松**

出生日期:1928年3月18日

国籍:瑞典

获奖年度:1992年

主要成就:对傅里叶分析、复分析、拟共形映射及动力系统理论作出重要贡献。

姓名:**格罗莫夫**

出生日期:1943年12月13日

国籍:法国
获奖年度:1993年
主要成就:对黎曼几何、辛几何、拓扑学、群论、偏微分方程作出重要贡献。

姓名:蒂茨
出生日期:1930年8月12日
国籍:法国
获奖年度:1993年
主要成就:对群的代数结构、建筑理论作出重要贡献。

姓名:莫泽
出生日期:1928年7月4日
国籍:德国
获奖年度:1994/1995年
主要成就:对数学分析、几何学、力学、非线性偏微分方程作出重要贡献。1999年12月17日逝世,享年71岁。

姓名:朗兰兹
出生日期:1936年10月6日
国籍:加拿大

获奖年度:1995/6年
主要成就:对数论、非交换的调和分析、自守形式和群表示论作出重要贡献。

姓名:怀尔斯
出生日期:1953年4月11日
国籍:英国
获奖年度:1995/1996年
主要成就:证明费马大定理。

姓名:西奈(Яков Григорьевич Синай)
出生日期:1935年9月21日
国籍:俄罗斯
获奖年度:1996/1997年
主要成就:对统计力学中数学严格方法、动力系统的遍历理论作出重要贡献。

姓名:凯勒(Joseph Bishop Keller)
出生日期:1923年7月31日

国籍:美国
获奖年度:1996/1997年
主要成就:对各种波动现象的数学理论及应用数学作出重要贡献。2016年9月7日逝世,享年92岁。

姓名:洛瓦兹(László Lovász)
出生日期:1948年3月9日
国籍:匈牙利
获奖年度:1999年
主要成就:对离散数学、理论计算机科学和组合优化领域作出重要贡献。

姓名:斯坦
出生日期:1931年1月13日
国籍:美国
获奖年度:1999年
主要成就:多维调和分析的创立者之一,建立多实变的哈代空间理论,在李群表示论中发现了所谓的孔泽-斯坦现象。2018年12月23日逝世,享年87岁。

姓名：博特
出生日期：1924年9月24日
国籍：匈牙利
获奖年度：2000年
主要成就：对拓扑学、李群理论、叶状结构和示性类、K理论作出重要贡献。2005年12月20日逝世，享年76岁。

姓名：塞尔
出生日期：1926年9月15日
国籍：法国
获奖年度：2000年
主要成就：对代数拓扑、复几何、代数几何、数论、群论作出重要贡献。

姓名：阿诺尔德
出生日期：1937年6月12日
国籍：俄罗斯
获奖年度：2001年
主要成就：对动力系统、微分方程、奇点理论作出重要贡献。2010年6月3日逝世，享年72岁。

姓名：希拉（Saharon Shelah）
出生日期：1945年7月3日
国籍：以色列
获奖年度：2001年
主要成就：对数理逻辑和集合论以及它们在其他数学分支中的应用作出重要贡献。

姓名：佐藤幹夫（Mikio Sato）
出生日期：1928年4月18日
国籍：日本
获奖年度：2002/2003年
主要成就：创立了代数分析学包括超函数以及微函数理论，完整量子场论和孤立子方程的统一理论。

姓名：泰特
出生日期：1925年3月13日
国籍：美国
获奖年度：2002/2003年
主要成就：对代数数论以及算术代数几何作出了重要贡献。

姓名：马尔古利斯
出生日期：1946年2月24日
国籍：俄罗斯
获奖年度：2005年
主要成就：对代数学，特别是对半单李群中的格论及其在遍历理论、表示理论、数论、组合学和测度论作出了重要贡献。

姓名：诺维科夫
出生日期：1938年3月20日
国籍：俄罗斯
获奖年度：2005年
主要成就：对代数拓扑学、微分拓扑学以及数学物理作出了重要贡献。

姓名：弗斯滕伯格
出生日期：1935年9月29日
国籍：以色列
获奖年度：2006年
主要成就：对概率论、遍历理论和拓扑动力系统作出了重要贡献。

姓名：斯梅尔

出生日期：1930年7月15日

国籍：美国

获奖年度：2006年

主要成就：对微分拓扑学作出了重要贡献,他重塑了动力系统的面貌,并为"混沌学说"提供了数学基础,对力学和经济学亦有重要贡献。

姓名：德利涅

出生日期：1944年10月3日

国籍：比利时

获奖年度：2008年

主要成就：对混合霍奇理论、韦伊猜想、黎曼-希尔伯特对应方面的工作以及算术作出了重要贡献。

姓名：格里菲思

出生日期：1938年10月18日

国籍：美国

获奖年度：2008年

主要成就：对霍奇结构的变分、阿贝尔积分的周期理论以及复微分几何作出了重要贡献。

姓名：芒福德

出生日期：1937年6月11日

国籍：美国

获奖年度：2008年

主要成就：对代数曲面、几何不变式理论以及θ函数和曲线的模的代数理论作出了重要贡献。

姓名：丘成桐

出生日期：1949年4月4日

国籍：华裔美国国籍

获奖年度：2010年

主要成就：对几何分析、微分几何、微分方程、代数几何、代数拓扑作出了重要贡献。

姓名：沙利文

出生日期：1941年2月12日

国籍：美国

获奖年度：2010年

主要成就：对代数拓扑、代数几何、动力系统作出了重要贡献。

姓名：阿施巴赫

出生日期：1944年4月8日

国籍：美国

获奖年度：2012年

主要成就：对有限单群分类作出了重要贡献。

姓名：卡法雷利

出生日期：1948年12月8日

国籍：阿根廷

获奖年度：2012年

主要成就：对偏微分方程及其应用领域作出了重要贡献。

姓名：莫斯托

出生日期：1923年7月4日

国籍：美国

获奖年度：2013年

主要成就：对几何和李群理论作出了开拓性的贡献。

姓名：M·阿廷

出生日期：1934年6月20日

国籍：德裔美国国籍

获奖年度：2013年

主要成就：对代数几何作出了重要贡献。

姓名：萨纳克

出生日期：1953年12月18日

国籍:拥有南非和美国双重国籍

获奖年度:2014年

主要成就:对分析学、数论、几何学、组合学作出了重要贡献。

姓名:阿瑟(J. Arthur)

出生日期:1944年5月18日

国籍:加拿大

获奖年度:2015年

主要成就:对迹公式作出了一系列的贡献。

姓名:费弗曼

出生日期:1949年4月18日

国籍:美国

获奖年度:2017年

主要成就:对多复变函数、调和分析、偏微分方程作出了重要贡献。

姓名:孙理察

出生日期:1950年10月23日

国籍:美国

获奖年度:2017年

主要成就:对分析和几何作出了重要贡献。

姓名:德里费尔德

出生日期:1954年2月14日

国籍:俄罗斯

获奖年度:2018年

主要成就:对代数几何、表示论和数学物理作出了重要贡献。

姓名:贝林松(A. Beilinson)

出生日期:1957年6月13日

国籍:俄罗斯

获奖年度:2018年

主要成就:对代数几何、表示论和数学物理作出了重要贡献。

附录三
奈旺林纳奖及其获奖者简介

奈旺林纳奖是以芬兰数学家奈旺林纳(Rolf Herman Nevanlinna,1895—1980年)的姓氏命名的。

奈旺林纳早年就读于赫尔辛基大学,1919年获博士学位。曾任赫尔辛基大学教授和校长、芬兰教育基金会名誉主席、芬兰数学协会主席、国际数学联合会主席和菲尔兹奖评委会主席。他是芬兰科学院院士和许多国家的科学院院士或名誉院士,并荣获芬兰白玫瑰大十字勋章,是芬兰雄师勋章一级爵士。他是解析函数论的著名专家,现代亚纯函数理论的创始人。

为了纪念奈旺林纳对数学及芬兰的计算科学所作的贡献,1978年在赫尔辛基召开的国际数学家大会决定,由赫尔辛基大学出资设立奈旺林纳奖。奈旺林纳奖是国际性数学奖。该奖主要奖励在理论计算机科学领域作出杰出贡献的学者,每4年颁发一次,每次奖励1人,在国际数学家大会上颁发。该奖自1983年开始颁发,至2018年共有10人获奖。获奖者情况简介如下:

塔简(R. Tarjan),美国数学家,1983年获奖。他在信息科学的数学方面作出了突出贡献,特别是对算法设计和算法分析有重要建树。

瓦利亚特(L. Valiant),英国数学家,1986年获奖。他对理论计算机科学这株迅速成长的幼树的几乎每一个分枝都有决定性的影响,或者说,有关计算问题的理论是他最重要、最深刻的贡献。

拉兹博洛夫(A. A. Razborov),俄罗斯数学家,1990年获奖。他对计算复杂性理论有重要建树,特别是对单调布尔函数的复杂度做了很好的工作。

威治森(A. Wigderson),以色列数学家,1994年获奖。他在关于零知识证明方面的工作极有成就。他的结果表明:单项函数对于具有一个证明者

(prover)的非平凡零知识证明了存在性是非常本质的,但对于多个证明者的交互作用(interactive)证明则不需要。作为一个应用例子,K点网格在不超过CK个地方出错(C为某个常数),仍是可靠的。

肖尔(P. Shor),美国数学家,1998年获奖。他对量子计算算法有重要贡献,他指出:一台量子计算机能够对一些大整数以这些数长的多项式时间进行因子分解,这样,相对于经典算法它几乎指数般地加快了速度。

苏丹(M. Sudan),印度数学家,2002年获奖。他在概率可析验证明、最优化问题的不可逼近性以及纠错码方面作出了重要贡献。

克莱因伯格(J. Kleinberg),美国数学家,2006年获奖。他的最重要的成就之一是关于万维网网络结构的研究,他的观点已经极大地影响了今天所有主要搜索引擎的工作方式。

斯皮尔曼(D. Spielman),美国数学家,2010年获奖。他对基于图的码(graphbased eodes)的线性规划和算法的光滑分析及图论对数值计算的应用作出了重要贡献。

库特(S. Khot),美国库朗研究所的印度教授,2014年获奖。他富有远见地定义了对"唯一对策"问题,并对理解该问题的复杂性及其在最优化问题有效逼近研究中的关键性上具有引领作用。

达斯卡基斯(C. Daskalakis),美国数学家,2018年获奖。他改变了人们对市场、拍卖、均衡和其他经济结构中基本问题的计算复杂性的理解。他的工作提供了有效的算法,以及对这些领域进行有效操作的限制。

附录四
高斯奖及其获奖者简介

高斯奖是以德国数学家高斯(Carl Friedrich Gauss,1777—1855年)的姓氏命名的国际性数学奖。

高斯是有史以来世界上最伟大的数学家之一。高斯在数学领域里处处留芳,他对数论、代数、复变函数、椭圆函数、非欧几何、统计数学等众多领域都作出了划时代的杰出贡献,从而被誉为数学王子。在数学中以他的姓氏命名的有:高斯公式、高斯曲率、高斯分布、高斯方程、高斯曲线、高斯平面、高斯记号、高斯概率、高斯变换、高斯分解、高斯和、高斯素数、高斯级数、高斯系数、高斯准则、高斯原理、高斯消元法、高斯过程、高斯映射、高斯测度、高斯二次型、高斯多项式、高斯不等式、高斯随机过程、高斯随机变量等等。

高斯不但在数学领域里处处留芳,他还是将数学应用于天文学、测地学、物理学、电磁学和其他自然科学的典范,从而被誉为"能从九霄云外的高度按照某种观点掌握星空和深奥数学的天才"。高斯认为:"数学是科学的皇后……它常常屈尊去为天文学和其他自然科学效劳,但在所有的关系中,它都堪称第一。"

在慕尼黑博物馆高斯画像下写着:"他的思想深入数学、空间、大自然的奥秘……他推动了数学的进展……"法国著名数学家拉普拉斯称:"高斯是世界上最伟大的数学家。"《高斯全集》的出版历时67年,共12卷。

高斯奖由德国数学会与国际数学联合会联合颁发,并由德国数学会管理。该奖由一枚奖章和奖金(目前为10 000欧元)组成,其奖金来源是1998年柏林国际数学家大会经费的节余。

高斯奖的设立主要是为了帮助更多的人认识到"数学是许多现代技术的潜在推动力",[158]是为了"表彰那些其数学研究工作成果对数学之外的领域——如技术、商业或者人们的日常生活,产生巨大影响的科学家","奖励范围包括数学对其他学科的影响"。[158]

高斯奖设立于 2002 年 4 月 30 日,即高斯诞辰 225 周年之际。该奖的获得者由国际数学联合会遴选的评审团评定,并在每 4 年召开一届的国际数学家大会上颁发。

高斯奖的首次颁发是 2006 年,其得主是日本数学家伊藤清。伊藤清从 1940 年开始发展了一种全新的数学形式——"随机分析",这是数学的一个重要且富有成果的分支,它对于"技术、商业乃至人们的日常生活"都有巨大的影响。例如,它可以被应用到花粉粒子在水中的布朗运动、金融市场的股票价格、活有机物数量、种群基因中某种等位基因的频率,甚至更复杂的生物学上有关数量的研究中去。

高斯奖的第二届(2010 年颁发)得主是法国数学家梅耶(Y. Meyer),以表彰他对数论、算子理论和傅里叶分析的发展上所起的核心作用。傅里叶分析是应用数学中的一种通用的工具,由于梅耶的工作,小波理论已经变成傅里叶分析的新名字。梅耶构作了第一个非平小波基和波包,这大大扩大了小波的表示能力,这是导致在实际中众多应用:图象处理、数据压缩、统计数据分析……

高斯奖的第三届(2014 年颁发)得主是美国数学家奥舍(S. Osher),以表彰他在应用数学的几个领域中有影响的贡献,他的范围广泛的发明改变了我们对自然、知觉和数学概念的理解,给我们以新的工具来认识这个世界。

高斯奖的第四届(2018 年颁发)得主是美国数学唐诺霍(D. Donoho),以表彰他信号处理中重要问题的数学、统计和计算分析方面作出的基础性贡献。

附录五
陈省身奖及其得主简介

陈省身奖是由国际数学联合会和陈省身奖基金会共同设立的一项国际性奖,这个奖的设立是为纪念杰出数学家陈省身。

"陈省身奖基金会是美国的一个非政府、非营利的科学组织,由陈省身数学研究基金会和西蒙斯*基金会捐助而设立,陈省身奖基金会创立陈省身奖,并向陈省身奖提供基金"。[62]

"陈省身奖是终身成就奖,授予在数学领域应获得最高表彰的个人"。[62] "获奖者由国际数学联合会和陈省身奖基金会所任命的一个委员会来挑选"。[62]

陈省身奖是在每4年一次的国际数学家大会的开幕式上颁发,陈省身奖"包括一枚奖章及50万美元奖金,该奖要求奖金一半捐给由获奖人所选择的有助于数学发展的研究、教育、扩展或其他活动的机构。……陈省身奖的设立,使国际数学联合会的奖项拓宽到包括长期的具有杰出理论成就的工作。"[62]

首届陈省身奖是在2010年8月19日在印度海得拉巴(Hyderabad)召开的国际数学家大会开幕式上首次颁发的。

首届陈省身奖得主是美国数学家尼伦伯格,表彰他在非线性椭圆型偏微分方程现代理论中作出的重要贡献,以及在这个领域中培养了众多学生和博士后。

---

* 西蒙斯,全名James Harris Simons,1938年出生,美国数学家、学者、投资家和慈善家,他在数学上与陈省身合作有现称为"陈-西蒙斯变量"的重要成果,在弦理论中有广泛应用。1978年他离开学术界,开始经营投资基金,2006年《财经时代》称他是"世界上最聪明的亿万富豪"。投资事业成功后,他向科研机构,特别是数学研究机构捐赠了大量资金。

第二届(2014年)陈省身奖得主是美国数学家格里菲思,表彰他对于复几何学超越方法开创性和革命性的发展,特别是他在霍奇理论和代数簇的周期方面的开创性工作。

第三届(2018年)陈省身奖得主是日本数学家柏原正树(Masaki Kashiwara),表彰他近50年来对代数分析和表示理论杰出和基础性的贡献。

附录六
阿贝尔奖及其获奖者简介

阿贝尔奖是以挪威数学家阿贝尔(Niels Henrik Abel, 1802—1829年)的姓氏命名的。

阿贝尔在1824年20岁出头时,就解决了困扰数学界200多年的五次方程求解问题,严格证明了一般五次和高于五次的方程不可能用根式求解,开辟了研究近世代数方程的道路(包括群论和方程的超越函数的解法);他是椭圆函数的奠基人之一,发现了椭圆函数的加法定理、双周期性,并引进椭圆积分的反演;他还研究无穷级数,得到了一些判别准则及关于幂级数求和的定理,他是分析学严密化的推进者。

阿贝尔在短短27年的生命中,在数学史上留下了许多光辉的篇章。数学中以他的姓氏命名的有:阿贝尔群、阿贝尔变换、阿贝尔求和法、阿贝尔函数、阿贝尔范畴、阿贝尔扩张、阿贝尔定理、阿贝尔遍历定理、阿贝尔连续性定理、阿贝尔方程、阿贝尔积分方程、阿贝尔微分、阿贝尔积分、阿贝尔射影子、阿贝尔问题等等。法国著名数学家埃尔米特指出:"阿贝尔留下的问题够数学家忙150年。"德国著名数学家魏尔斯特拉斯则说:"阿贝尔作出了永恒、不朽的东西,他的思想将永远给我们的科学丰饶的影响。"

为了纪念阿贝尔对数学的杰出贡献,为了弥补诺贝尔奖中未设数学奖的不足,为了促进数学的发展,挪威政府于2001年9月宣布,决定设立相当于4800万马克的基金,自2003年开始,每年一度对为数学作出杰出贡献的数学家颁发阿贝尔奖,奖金为600万挪威克朗。国际数学联合会前秘书长格里菲思指出:"阿贝尔奖的设立是数学界的一件大事。首先,自然是由于阿贝尔始终是最伟大的数学家之一,现在谁都可以看到:整个代数几何在19世纪的发展极大程度上是由阿贝尔所做的工作引发的。其次,奖金的数目至少说明数学与物理、化学、医学、经济学等处于同等地位。这将给这个领域带来大好时机,数学正进入一个黄金时代。"[160]

自2003年开始,阿贝尔奖的得主分别是:

2003年度,获奖者是法国数学家塞尔。获奖评语是:"他在赋予数学许多分支以现代的形式中起着关键作用,这些学科特别包括拓扑学、代数几何学和数论。"[19]

2004年度,获奖者是英国数学家阿蒂亚和美国数学家辛格。获奖评语是:"他们运用拓扑、几何和分析发现并证明了指标定理,以及他们在数学与理论物理之间构建新桥梁中的杰出作用。"[161]

2005年度,获奖者是匈牙利裔美籍数学家拉克斯。获奖评语是:"他对偏微分方程的理论和应用以及对其解的计算作的开创性的贡献。"[162]

2006年度,获奖者是瑞典数学家卡勒松。获奖评语是:"他对调和分析与光滑动力系统理论的深刻和有创意的贡献。"[163]

2007年度,获奖者是印度裔美籍数学家瓦拉德汉。获奖评语是:"他对于概率论,特别是对创建大偏差统一理论的基本性的贡献。"[164]

2008年度,获奖者是美国数学家汤普森和英国数学家蒂茨。获奖评语是:"他们在代数,特别是在构建现代群论方面的深刻结果。"[165]

2009年度,获奖者是俄裔法籍数学家格罗莫夫。获奖评语是:"他对几何的革命性贡献。"[166]

2010年度,获奖者是美国数学家泰特。获奖评语是:"他对数论广泛而持久的影响。"[201]

2011年度,获奖者是美国数学家米尔诺。获奖评语是:"他在拓扑学、几何学和代数领域作出的先驱性发现。"[202]

2012年度,获奖者是匈牙利数学家塞迈雷迪。获奖评语是:"他在离散数学和理论计算机科学方面的杰出贡献,以及对堆垒数论和遍历理论产生的深远影响。"[203]

2013年度,获奖者是比利时数学家德利涅。获奖评语是:"他对代数几何的开创性贡献及其对数论、表示论及相关领域的'变革性'影响。"[204]

2014年度,获奖者是俄罗斯数学家西奈。获奖评语是:"他在动力系统、遍历理论以及数学物理方面所作出的卓越贡献。"[205]

2015年度,获奖者是美国数学家纳什和具有加拿大和美国双重国籍的数学家尼伦伯格。获奖评语是:"他们在非线性偏微分方程理论以及该理论在几何分析应用方面所作出的卓越的开创性贡献。"[206]

2016年度,获奖者是英国数学家怀尔斯。获奖评语是:"他通过半稳定椭圆曲线具有模性的猜想,令人惊叹地证明了费马大定理,从而在数论领域开创了一个新时代。"[207]

2017年度,获奖者是法国数学家梅耶。获奖评语是:"他推动小波数学理论的发展中所发挥的重大作用。"[208]

2018年度,获奖者是加拿大数学家朗兰兹。获奖评语是:"他有远见的纲领把表示论连接到数论。"[209]

附录七
国际数学联盟简介

国际数学联盟(International Mathematical Union,简称 IMU)是世界各国和地区数学学术团体联合组成的非政府性的国际学术组织,是国际科学联盟理事会(ICSU)中的一个组织。

国际数学联盟成立于1920年,于1952年重新组建。至2005年已有67个国家和地区的数学团体或机构成为国际数学联合会的会员。它们按代表大会的票数分为五级,最高的是第五级,最低的是第一级。每个会员交的会费与它的级数有关,第五级会员所交的会费是第一级的五倍,第五级会员在代表大会上的席位数也是最多的。美国、俄罗斯、法国、中国、德国、日本、英国、加拿大、以色列和意大利这10个国家属第五级。

国际数学联盟的宗旨是促进国际间的数学交流、研究、合作,支持和资助四年一度的国际数学家大会和有关的学术会议,鼓励和支持有助于数学科学发展的国际数学活动,资助召开专业性或地区性学术会议。它的主要出版物有《国际数学联合会通报》、《世界数学家人名录》等。

国际数学联盟的组织机构为代表大会和执行委员会。它的工作委员会有数学发展交流委员会、国际数学教育委员会。国际数学联合会每四年在国际数学家大会召开之际举行全体代表大会,改选领导机构。执行委员会设主席一名,副主席两名,秘书一名,委员五名。

国际数学联盟1952年重新组建后的历任主席是:

第一任 1952—1955 年,斯通(M. H. Stone,美国);

第二任 1955—1958 年,霍普夫(H. Hopf,英国);

第三任 1959—1962 年,奈旺林纳(芬兰);

第四任 1963—1966 年,德拉姆(G. W. de Rham,比利时);

第五任 1967—1970 年,亨利·嘉当(法国);

第六任 1971—1974 年,查德里斯卡恩兰(印度);

第七任 1975—1978 年,蒙哥马利(美国);

第八任 1979—1982 年,卡勒松(瑞典);

第九任 1983—1986 年,莫泽(德国);

第十任 1987—1990 年,法捷耶夫(苏联);

第十一任 1991—1994 年,利翁(法国);

第十二任 1995—1998 年,芒福德(美国);

第十三任 1999—2002 年,帕利(巴西);

第十四任 2003—2006 年,鲍尔(英国);

第十五任 2007—2010 年,洛瓦兹(匈牙利,中国科学院院士马志明是这一届的副主席之一);

第十六任 2011—2014 年,多贝西(I. Daubechies,美国);

第十七任 2015—2018 年,森重文(日本)。

附录八
历届国际数学家大会简介[167]

国际数学家大会(International Congress of Mathematicians)是数学家们为了进行数学交流、展示、研讨数学的发展，会见老朋友、结交新朋友的国际性会议，是国际数学界最大的盛会，一般4年举行一次（除了第一、二次世界大战期间曾停顿外）。首届大会举行于1897年，迄今共举行了26届。出席大会的数学家人数，最少的一届是208人，最多的一届是4000多人。每届大会一般都邀请一批杰出数学家分别在大会上作一小时大会报告和在学科组的分组会上作45分钟的学术报告，凡是出席大会的数学家都可以申请在分组会上作10分钟的学术报告，或将自己的论文在会上散发。

现将历届大会简介如下。

第一届 时间：1897年。地点：瑞士苏黎世。参加人数：208人。

主席：盖泽尔（K. F. Geiser，瑞士数学家、苏黎世工学院教授）。

在大会上作报告的数学家共有4位：庞加莱［但他因病缺席，由弗拉内尔（J. Franel）替他宣读论文］、赫维茨（A. Hurwitz）、克莱因、佩亚诺（G. Peano）。

这届大会以庞加莱的报告"关于纯分析和数学物理"及克莱因的报告"目前的高等数学问题"著称于世。

第二届 时间：1900年。地点：法国巴黎。参加人数：229人。

主席：庞加莱。埃尔米特（法国数学家）担任名誉主席。

在大会上作报告的数学家共有4位：康托尔、米塔－列夫勒、沃尔泰拉（V. Volterra）、庞加莱。

这届大会以希尔伯特在历史与教育两组联席会上的讲演"未来的数学问题"（在刊印的讲稿中，他共列出23个问题，但在实际讲演中，因时间关系只讲了其中10个问题,即1、2、6、7、8、13、16、19、21、22),确立了这次巴黎国际数学家大会在数学史上的地位。希尔伯特认为:"通过对这些问题的研讨,可以期待科学的进步。"

第三届 时间:1904年。地点:德国海德堡。参加人数:336人。

主席:韦伯(H. Weber,德国数学家)。

在大会上作报告的数学家共有4位:格林希尔(G. Greenhill)、潘勒韦(P. Painlevé)、塞格雷(C. Segre)、沃廷格(W. Wirtinger)。

这届大会正值德国著名数学家雅可比诞辰100周年,在主席韦伯致辞后,海德堡大学的数学教授柯尼希斯贝格尔(L. Königsberger)作了纪念雅可比的演说,他在演说中对雅可比给予了高度评价。

大会期间还展出了近10年来的一批数学文献、数学仪器和模型。

第四届 时间:1908年。地点:意大利罗马。

主席:布拉塞尔纳(P. Blaserna,罗马科学院院长)。意大利国王亲临开幕式会场以表祝贺、欢迎。

被邀请在大会上作报告的数学家共7位:庞加莱、达布(G. Darboux)、希尔伯特、克莱因、沃尔泰拉、韦罗内塞(G. Veronese)、纽科姆(S. Newcomb)。但是,希尔伯特和克莱因都谢绝了邀请;庞加莱因病也未能亲临大会作报告。

这届大会上颇具特色的活动是颁发卡西亚奖,包括一枚金质奖章和3000法郎奖金,"以奖赏推进代数挠曲线研究的重要论文"。帕多瓦大学的数学家塞韦里荣获此奖。这是国际数学家大会第一次颁发奖项。

第五届 时间:1912年。地点:英国剑桥。会议注册人数:708人(但据会议记载,"实际出席会议者"是574人)。

主席:达尔文(C. G. Darwin,英国数学家、物理学家,进化论创始人查尔斯·达尔文的孙子)。

在大会上作报告的数学家有:E·博雷尔、兰道(E. Landau)、加利特曾(B. Galitzen)等。这次报告人的安排注意到了纯粹数学与应用数学的平衡。此外,应用数学方面又分成3个小组:工程数学,统计、经济和保险统计数学,数理天文。

大会主席达尔文和其他英国的报告人都利用这次机会向与会的数学家强调:英国数学家已最终打破了长期孤立于欧洲大陆数学家的状态。

第六届 时间:1920年。地点:法国斯特拉斯堡。来自27个国家的数学家出席了这届大会。

主席:皮卡尔(法国数学家)。若尔当(C. Jordan,法国数学家)担任名誉主席。

剑桥大学的英国数学家拉莫尔(J. Larmor)爵士作了第一个大会报告,他在报告中详细评述了希尔伯特和克莱因在第一次世界大战期间的工作。在大会上作报告的还有沃尔泰拉等。

在这届大会期间,正式成立了国际数学联合会,瓦莱-普桑(比利时数学家)当选主席。

由于这届大会不准轴心国的数学家参加,从而遭到了几位著名数学家的抵制。

第七届 时间:1924年。地点:加拿大多伦多。参加人数约是第六届大会的两倍。

主席:菲尔兹(加拿大数学家)。

在大会上作报告的数学家有:埃利·嘉当、鲁(J. M. L. Roux)、平凯莱(S. Pincherle)、塞韦里、斯特默(F. C. M. Stormer)、杨(W. H. Young)等。这届的大会报告全部属于纯粹数学领域。

杨准备的讲演题目是"20世纪纯粹数学研究的某些特征",但他没有提及希尔伯特在巴黎召开的那届数学家大会上提出的23个问题中的任何一个。

这届大会,轴心国的数学家再次未能参加。对此,大多数美国数学家一直反对排斥德国和其他轴心国的数学家,并专门提出一项决议案,得到意大利、荷兰、瑞典、丹麦、挪威和英国数学家的赞同。

大会接受了一笔资金存入自己的账户,菲尔兹开始考虑利用它来设立一项国际数学奖。

第八届 时间:1928年。地点:意大利博洛尼亚。参加人数:836人。

主席:平凯莱(意大利数学家)。

在大会上作报告的数学家较多,其中包括沃尔泰拉、比尔科夫(G. D. Birkoff)等人。沃尔泰拉是迄今唯一一位作过4次大会报告的数学家,而且意大利国王埃马努埃莱(V. Emanuelle)三世也来到会场听他讲演。

第一次世界大战后的第三届大会选择在意大利召开,表明数学家希望数学会议只受科学支配而不受政治的控制。

尽管希尔伯特身体欠佳,但他还是率领了60多位德国数学家参加了这届盛会,他非常高兴地告诉与会者:"经过漫长而艰难的时期,世界上所有数学家的代表又齐聚一堂。为了我们所热爱的这门科学的繁荣,应该如此也必须如此。""数学不分种族……对于数学,整个文明世界构成同一个国家。"

这届大会的开幕式在博洛尼亚大学举行,后在拉韦纳举行过会议,闭幕式则在佛罗伦萨举行。

第九届 时间:1932年。地点:瑞士苏黎世。参加人数:667人。其中有20位曾参加过1897年第一届国际数学家大会,当年的大会主席盖泽尔虽已90高龄但仍坚持到场,费尔(H. Fehr,瑞士数学家、教育家,《国际数学教育》杂志的创办人和编辑)也参加了大会,他是唯一参加了前八届大会的数学家。当时中国数学会派熊庆来及在德国留学的李仲珩、许国保参加了这届大会,这是我国数学家第一次参加国际数学家大会。

主席:菲特尔(R. Fueter,瑞士数学家)。

在大会上作报告的数学家较多,其中有:埃利·嘉当、诺特及比伯巴赫(L. Bieberbach)等。邀请比伯巴赫在大会上作报告,是组织委员会为了主动向那些在1928年反对过"去博洛尼亚的人"的数学家表示和解。诺特是被邀请在国际数学家大会上作大会报告的第一位女数学家。

这届大会宣布,菲尔兹在遗嘱中提供了一笔馈赠,作为每届大会颁发一项国际奖金的资金——从1936年开始颁发的菲尔兹奖。

第十届 时间:1936年。地点:挪威奥斯陆。参加人数:387人[由于德国希特勒(Hitler)和意大利墨索里尼(Mussolini)的上台,以及世界政治和经济形势的剧变,使参加这届大会的数学家比上届减少了将近一半]。中国数学界公推当时正在德国进修的南开大学教授姜立夫代表中国数学会参加大会,但姜立夫因临时有要事急于返国,未能参加。中山大学专派数学教授刘俊贤代表该校出席。

主席:斯特默(挪威数学家)。

在大会上作报告的数学家有:埃利·嘉当(这是他在国际数学家大会上第三次作大会报告)、阿尔福斯等。

这届大会虽然出席的人数相对较少,但开得很隆重。挪威国王和王后在王宫举行了欢迎招待会,挪威外交部长作了热情洋溢的讲话,他说:"尽管我不够资格归入数学初学者的行列,但仍将大胆地称赞你们的科学,它不愧是扩展人类智力的主将。"

在这届大会上首次颁发了菲尔兹奖,获奖者是阿尔福斯和道格拉斯。由挪威国王授奖。但道格拉斯因故未出席大会,是由美国著名数学家维纳代他领的。卡拉西奥多里(C. Carathéodory)对两位获奖者的主要成就作了评介。

第十一届 时间:1950年。地点:美国坎布里奇。参加人数:1700多人,达到过去历届大会中最多人数的两倍。

主席:维布伦(美国数学家)。

在大会上作报告的数学家共有22位(有15位出生于美国或在美国上大学或从事数学研究工作),其中包括亨利·嘉当、韦伊、陈省身等人。

这次的菲尔兹奖得主是:施瓦兹、塞尔贝格。由博尔对两位获奖者的主要成就作了评介。

这次大会,社会主义阵营国家的数学家无人到会,但苏联科学院院长瓦维洛夫(Н. И. Вавилов)发来了预祝大会成功的贺电。

第十二届 时间:1954年。地点:荷兰阿姆斯特丹。参加人数:1553人。

主席:斯豪滕(J. A. Schouten,荷兰数学家)。

在大会上作报告的数学家有:盖尔范德、柯尔莫哥洛夫、韦伊、冯·诺伊曼、博尔苏克(K. Borsuk)、内曼(J. Neymen)、塔斯基(A. Tarski)、亚历山德罗夫、尼科尔斯基(C. M. Николвский)等。冯·诺伊曼按照希尔伯特的讲演方式提出了若干重大的数学问题——它们将有助于数学在20世纪下半叶的进步,但由于他过度劳累身染重病,故未能将其讲演的手稿付印出版。中国著名数学家华罗庚教授收到在分组会上作报告的邀请,但因故未能成行。

这次菲尔兹奖得主是:小平邦彦和塞尔。由外尔对两位获奖者的主要成就作了精彩的评介。前两届都是由该届菲尔兹奖评委会主席或委员来介绍获奖者的主要成就,在外尔这位名家执行此项任务之后,评介获奖者成就的任务便都由相关领域的专家来担任了。

第十三届 时间:1958年。地点:苏格兰爱丁堡。参加人数:1658人。

主席:霍奇(英国数学家)。他说:"为了数学的健康发展,由数学中所有分支的代表举行定期的聚会是必要的。"他还认为国际数学家大会"乃是防止过度专门化这种危险的安全保障,有不可估量的价值"。

这次菲尔兹奖得主是:罗斯和托姆。由达文波特和霍普夫分别对两位获奖者的主要成就作了评介。

这届大会作出了一项革新,自1897年以来每次大会总是把代数和数论在分组时排在第一组,而本届大会则将逻辑和数学基础排在了它们之前。中国著名数学家吴文俊教授收到在分组会上作报告的邀请,但因故未能成行。

第十四届 时间:1962年。地点:瑞典斯德哥尔摩。参加人数:3000多人。

主席:奈旺林纳,他同时是国际数学联合会主席和菲尔兹奖评委会主席——这种三位一体的角色还没有哪一届大会的主席扮演过。

在大会上作报告的数学家有盖尔范德、阿尔福斯等人。

这次菲尔兹奖得主是:赫尔曼德尔和米尔诺。由瑞典国王向他们颁发奖章,由加丁和惠特尼分别对两位获奖者的主要成就作评介。

本届大会的组织委员会主席弗罗斯特曼(O. Frostman)认为:"数学本身正在如此迅速地发展,恐怕没有一个人能概观研究前沿的状况,只有在国际合作的基础上共同努力,才可能了解数学的全貌。"

第十五届 时间:1966年。地点:苏联莫斯科。会议注册人数:5594人,实际到莫斯科参会的有4000多人,超出以往任何一届大会的人数。会议共分15个小组,几乎是上届分组的两倍。

主席:彼得罗夫斯基(И. Г. Петровский,苏联数学家)。

在大会上作报告的数学家共17人。其中9人来自英国和美国,5人来自苏联,2人来自联邦德国,1人来自法国。

本届大会的报告人似乎达成了默契,大家都用本国语言讲演。

由于一笔匿名捐款充实了菲尔兹奖的基金,评选委员会主席德拉姆汇报了这一情况,并说明由于自30年前首次颁奖以来数学领域已大大扩展,因此颁奖人数"可以审慎地"增加到每次4人。这次菲尔兹奖得主是:阿蒂亚、科恩、格罗滕迪克和斯梅尔。苏联科学院院长凯尔迪什(M. B. Келдыш)向他们颁发奖章。亨利·嘉当、丘奇、迪厄多内、托姆分别对4位获奖者的成就作了评介。

这届大会上宣读了2000多篇学术报告和报道,从中可以看出现代科学发展的两个重要趋势:一方面,学科日趋专门化;另一方面,各学科之间的相互渗透又形成整体化的趋势。

第十六届 时间:1970年。地点:法国尼斯。参加人数:2811人。

主席:勒雷。94岁高龄的法国数学家蒙特尔(P. A. Montel)担任名誉主席。

在大会上作报告的数学家有陈省身、盖尔范德、庞特里亚金等人。几乎所有大会报告人都用英语讲演,唯一的例外是庞特里亚金,他用了法语。这显示了国际数学家大会在使用语言方面的变化,意味着英语已成为各国数学家交往的共同语言。

这届大会取消了10分钟的论文宣读这种报告形式,取而代之的是散发了265篇打印的个人论文通报。

这次菲尔兹奖得主是:贝克、广中平祐、诺维科夫、汤普森。法国总统在巴黎接见了他们4人和所有曾荣获菲尔兹奖的法国人。图兰、格罗滕迪克、阿蒂亚、布劳尔分别对4位获奖者的主要成就作了评介。

第十七届 时间:1974年。地点:加拿大温哥华。参加人数是1924年多伦多那次大会的8倍。

主席:考克斯特(H. S. M. Coxeter,英国数学家,后任加拿大多伦多大学教授)。他在开幕词中说:"从前的数学是身居象牙塔的特殊人物研究的对象,现在的数学已变得非常普及,甚至影响到体育——(英式)足球就被做成切掉尖角的20面体形状,电子计算机到处生根发芽,所有大学的数学系都在扩展以接纳大量渴求知识的学生。"他认为第二次世界大战后数学在世界上的地位发生了彻底的变化。

这次菲尔兹奖得主是:邦别里和芒福德。由查德里斯卡恩兰和塔特分别对两位获奖者的成就作了评介。

第十八届 时间:1978年。地点:芬兰赫尔辛基。参加人数:3000多人。

主席:莱赫托(O. Lehto,赫尔辛基大学数学家)。奈旺林纳担任名誉主席。

在大会上作报告的数学家共15位:第一个作大会讲演的是首届菲尔兹奖得主阿尔福斯。孔涅、瑟斯顿、韦伊、丘成桐、诺维科夫等人都作了大会讲演。

这届大会收到个人提交的论文达2000多篇。

这次菲尔兹奖得主是:费弗曼、德利涅、奎伦、马尔古利斯。马尔古利斯因故未能到会,法国著名数学家蒂茨代他领奖。由卡勒松、詹姆斯、卡茨、蒂茨分别对4位获奖者的成就作了评介。

这届大会首次邀请一位数学家作有关会徽的报告,他就是苏联数学家马宁。他在让听众仔细观察会徽后说:"你将很容易辨认出会徽的图案是著名的'模结构'的一部分。"

中国数学家陈景润收到了在此届大会上作45分钟报告的邀请,但因故未能成行。

第十九届　时间:1983年。地点:波兰华沙。参加人数:2300多人。

主席:奥列奇(C. Olech)。奥里茨(W. Orlicz,波兰数学家)担任名誉主席。

在大会上作报告的数学家有肖荫堂、托姆等人。

这次菲尔兹奖得主是:孔涅、瑟斯顿、丘成桐。由阿拉基(H. Araki)、沃尔(C. T. C. Wall)、尼伦伯格分别对3位获奖者的主要成就作了评介,但由于沃尔和尼伦伯格没有到会,他们的评介由他人代读。

在这届大会上还首次颁发了奈旺林纳奖,以纪念芬兰著名数学家奈旺林纳,表彰他对整个科学以及芬兰的计算机科学所作的贡献。塔简(美国数学家)因其在信息科学的数学方面的杰出成就,成为该奖的第一位得主。

国际数学联合会秘书莱托在闭幕式上说:"作为个人,我们每个人当然都会选择自己的政治观点,但当大家汇集在一起组织数学的国际性合作时,就应完全避开政治。我们这门美好的科学应成为连接众人的桥梁,使我们真正结成一个数学大家庭。"

中国数学家陈景润、冯康分别收到了在此届大会上作45分钟报告的邀请,但因故未能成行。

第二十届　时间:1986年。地点:美国伯克利。参加人数:3500多人。中国有25位数学家参加。

主席:格利森(A. Gleason,美国数学家)。阿尔福斯担任名誉主席。

在大会上作报告的数学家共有16位,他们是:斯梅尔、德布兰格斯(L.

de Branges)、唐纳森、法尔廷斯、弗勒利希(J. M. Fröhlich)、格林(F. W. Gehling)、格罗莫夫、伦斯特拉(H. W. Lenstra)、舍恩(R. M. Schoen)、舍恩黑格(A. Schönhaga)、希拉、斯科罗霍德(A. V. Skorohod)、斯坦、苏斯林(A. A. Suslin)、沃甘(D. A. Jr. Vogan)和威滕。有两位中国数学家应邀分别作了45分钟的报告,他们是吴文俊教授和台湾的张圣蓉教授。

这次菲尔兹奖得主是:弗里德曼、唐纳森、法尔廷斯。由米尔诺、阿蒂亚、马祖尔分别对3位获奖者的主要成就作了评介。

这次奈旺林纳奖的得主是瓦利亚特(英国数学家),他对理论计算机科学这株迅速成长的幼树的几乎每一个分枝均有决定性的影响。可以说,有关计算问题的理论是他最重要、最成熟的贡献。

由本届大会的名誉主席、首届菲尔兹奖得主阿尔福斯亲自将菲尔兹奖章和奈旺林纳奖授予上述4人。

本届大会的特色之一是更多地强调计算机科学。

出席这届大会的许多数学家,尤其是美国数学家,对未来考虑得很多。美国总统里根的代理科学顾问 R·约翰逊(R. Johnson)极力主张,数学家应集中精力关注一下数学教育。弗里德曼发表他荣获菲尔兹奖的感想时说:"浇灌数学之树使之常青成了我义不容辞的责任……最根本的是要努力改变社会导向,使孩子们从上小学起就能喜欢数学而不是视数学为畏途。"

在8月11日下午举行的大会闭幕式上,当国际数学联合会主席莫泽在讲话中提到中国数学会加入了国际数学联合会时,全场响起了热烈的掌声。

第二十一届　时间:1990年。地点:日本京都。参加人数:近4000人。中国有65位数学家参加。

主席:小松彦三郎(H. Komatsu,京都大学教授)。

在大会上作报告的数学家共15位,他们是:乌伦贝克、森重文、弗洛尔(A. Floer)、伊哈拉(Y. Ihara)、库克(S. Cook)、迈达(A. J. Majda)、布洛克(S. Bloch)、梅尔罗斯(R. B. Melrose)、卢斯蒂格(G. Lusztig)、瓦尔琴科(A. Varchenko)、洛瓦兹、琼斯、赛奈、马尔古利斯、费金(B. L. Feigin)。中国两位青年数学家田刚、林芳华应邀分别作了45分钟报告。

这次菲尔兹奖得主是:琼斯、森重文、德里费尔德、威滕。由伯曼(J. Birman)、广中平祐、法捷耶夫、杰博分别对4位获奖者的主要成就作了评介。

这次奈旺林纳奖得主是拉兹博洛夫(俄罗斯数学家),他对计算复杂性理论有重要建树,特别是对单调布尔函数的复杂度做了很好的工作。

本届大会,以其在研究上与物理学或多或少的联系所占的优势而给人以深刻的印象,一个趋势很好地说明了这一点,这次4位菲尔兹奖得主中的3位——琼斯、威滕、德里费尔德,他们的工作都与物理学有深刻的联系。这个现象并不出人意料,但它却不能不引起对数学的地位和作用的反思。物理学和数学间的密切关系同这两门科学一样古老,对此,人们只要想到阿基米德或伽利略,想起他们所说的"自然是用数学的语言描绘的",或者想到牛顿,或更晚些的庞加莱就行了。此外,对大会成果的认真分析,揭示了这些题材的持久性和最基本研究的连续性。

第二十二届 时间:1994年。地点:瑞士苏黎世。参加人数:2300多人,其中有中国大陆数学家50人、中国台湾地区数学家10人和中国香港数学家8人。

名誉主席:埃克曼(B. Eckmann)。

在大会上作报告的数学家共18位,他们是:玛丽安(R. Marian)、利翁、陶布斯、布尔甘、凯勒、孔采维奇、拉兹洛(B. Laszlo)、康韦、于尔格(F. Jürg)、约科、瓦拉德汉、沃伊库列斯库(D. Voiculescu)、瓦西列夫(V. A. Vassiliev)、多布奇斯(I. Daubechies)、西摩(P. Seymour)、怀尔斯、泽尔曼诺夫、威治森。

这次菲尔兹奖得主是:布尔甘、利翁、约科、泽尔曼诺夫。由卡法雷利、瓦拉德汉、杜阿迪、费特分别对4位获奖者的主要成就作了评介。

此次奈旺林纳奖得主是威治森(以色列大学数学教授),他在关于零知识证明方面的工作极有建树。他的结果表明:单向函数对于具有一个证明者的非平凡零知识证明了存在性是非常本质的,但对于多个证明者的交互作用证明则不需要。作为一个应用例子,K 点网络在有不超过 CK(C 为某个常数)个地方出错,仍然是可靠的。

被邀请作 45 分钟报告的来自中国大陆的数学家有 4 人,他们是:张恭庆(北京大学)、马志明(中国科学院应用数学所)、励建书(美国马里兰大学)、李俊(美国)。

第二十三届　时间:1998 年。地点:德国柏林。参加人数:3348 人。中国有 63 位数学家(包括台湾地区 11 人)参加。

主席:格勒切尔(M. Grötschel)。希策布鲁赫担任名誉主席。

在大会上作报告的数学家共有 21 位,他们是:莫泽、肖尔、赫鲁索夫斯基(E. Hrushovski)、麦克达夫(D. McDuff)、麦克唐纳(I. G. Macdonald)、霍弗(H. H. W. Hofer)、沃沃德斯基、哈克布希(W. Hackbusch)、西格蒙德(K. Sigmund)、塔拉格兰德(M. Talagrand)、瓦法(C. Vafa)、帕帕尼古拉乌(G. C. Papanicolaou)、三轮哲二、皮西耶(G. Pisier)、德宁格尔(C. Deninger)、加拉沃蒂(G. Gallavotti)、比斯马特(J. M. Bismut)、维亚纳(M. Viana)、马拉特(S. Mallat)、萨纳克、迪亚科尼斯(P. Diaconis)。

这次菲尔兹奖得主是:博彻兹、高尔斯、孔采维奇、麦克马伦;怀尔斯荣获特别贡献奖。莱波斯基(J. Lepowsky)、林登斯特劳斯、马宁、米尔诺分别对 4 位获奖者的主要成就作了评介。

此次奈旺林纳奖得主是肖尔(美国数学家),他对量子计算和算法有重要建树。

中国有 4 位旅美中青年数学家应邀在大会上分别作了 45 分钟报告,他们是:张寿武、阮永斌、夏志宏、侯一钊。

在 8 月 27 日下午的闭幕式上,国际数学联合会主席芒福德宣布,下届国际数学家大会将于 2002 年在中国北京举行。接着,国际数学联合会下届主席帕利和中国数学会理事长张恭庆先后讲话。张恭庆代表第二十四届国际数学家大会东道主,欢迎世界各国与地区的数学家 4 年后在北京聚会,会场上响起了热烈的掌声。最后由本届国际数学家大会组织委员会主席格勒切尔宣布本届国际数学家大会闭幕。

第二十四届 时间：2002年。地点：中国北京。参加人数：4000多人。中国有1000多位数学家参加。

主席：吴文俊。陈省身担任名誉主席。组委会主席是马志明。

在大会上作报告的数学家共20位，他们是：拉福格、芒福德、田刚、卡法雷利、卡克（V. Kac）、哈格鲁普（U. Haagerup）、阿隆（N. Alon）、古尔格沃斯塞（S. Goolgwasser）、柯万（F. C. Kirwan）、肖荫堂、霍普金斯（M. J. Hopkins）、阿诺德（D. N. Arnold）、布雷森（A. Bressan）、纳卡吉麦（H. Nakajima）、泰勒、凯斯滕（H. Kesten）、张圣蓉（女）、多诺霍（D. L. Donoho）、法捷耶夫、威滕，其中田刚、肖荫堂、张圣蓉是华人数学家。另外，还有22位华人数学家应邀分别作了45分钟报告，他们是：陈木法、陈秀雄、丁伟岳、鄂维南、葛立明、郭雷、洪家兴、李伟光、李岩岩、刘克峰、刘太平、龙以明、曲安京、戎小春、王诗宬、汪徐家、邬似珏、萧树铁、辛周平、严加安、张伟平、周向宇。

组委会还在大会的会前与会后，安排了46个卫星会议。为了使公众更好地了解数学，加强数学与社会的联系，还组织了公众报告（General Public Talks），邀请中国的吴文俊、美国的纳什（J. F. Nash）、美国的普维（Poovey）就数学的作用和对其他科学乃至对社会的影响等方面作公众报告。参加国际数学家大会的"弦理论"卫星会议的英国霍金（S. W. Hawking）也作了一场公众报告。

这届菲尔兹奖得主是拉福格、沃沃德斯基。洛蒙（J. Laumon）、苏莱（C. Soulé）分别对两位获奖者的主要成就作了评介。

这届奈旺林纳奖得主是苏丹（印度数学家）。

8月28日下午最后一个小时大会邀请报告结束后，接着举行了隆重而简朴的闭幕式，国际数学联合会时任主席帕里斯（J. Palis）与下届主席鲍尔先后讲话，赞扬本届国际数学家大会开得非常成功，并对组委会出色的组织工作表示高度赞赏，同时，宣布下届国际数学家大会将于2006年8月在西班牙马德里举行。最后,本届组委会主席、中国数学会理事长马志明讲话,宣布本届国际数学家大会胜利闭幕。

第二十五届 时间:2006 年。地点:西班牙马德里。参加人数:约 3600 人。中国有 40 多位数学家参加。

大会执行委员会主席:德利昂(M. de León)。

应邀在大会上作报告的数学家共有 20 位,他们是:戴夫(P. Deift)、德马伊(J.-P. Demailly)、德沃尔(R. A. Devore)、伊莱希伯格、吉斯(E. Ghys)、汉密尔顿、伊万涅茨(H. Iwaniec)、约翰斯通(I. Johnstone)、加藤(Kazuya Kato)、R·V·科恩(R. V. Kohn)、马德森(I. Madsen)、涅米罗斯基(A. Nemirovski)、波帕(S. Popa)、夸特罗尼(A. Quarteroni)、施拉姆(O. Schramm)、斯坦利(R. P. Stanley)、陶哲轩、瓦斯奎斯(J. L. Vázquez)、维尔涅(M. Vergne)、威格森(A. Wigderson)。另外,中国数学家陈志明被邀请作 45 分钟报告,还有 3 位在美国工作的华人数学家也被邀请分别作 45 分钟的报告。

这届菲尔兹奖得主是:欧克恩科夫、佩雷尔曼、陶哲轩、维尔纳。费尔德、洛特、费弗曼、纽曼分别对 4 位获奖者的主要成就作了评介。但佩雷尔曼未到会并谢绝领奖。

这届奈旺林纳奖得主是克莱因伯格。

这届大会还首次颁发了高斯奖,其得主是日本数学家伊藤清。

第二十六届 时间:2010 年。地点:印度海得拉巴。参加人数:3000 多人。

大会执行委员会主席:拉格赫内森(M. S. Raghunathan)。

应邀在大会上作报告的数学家共有 20 位,他们是:赖滕(I. Reiten)、阿维拉、奥尔德斯(D. Aldous)、吴宝珠、琼斯、帕兴(A. N. Parshin)、雷谢蒂克欣(N. Reshetikhin)、孙理察、沃伊辛(C. Voisin)、伍丁(W. H. Woodin)、巴拉萨布拉莫尼亚(R. Balasubramanina)、科伦(J.-M. Coron)、迪纳(I. Dinur)、弗斯滕伯格、休伊斯(T. J. R. Hughes)、奥舍、凯尼格(C. E. Kenig)、帕里马拉(R. Parimala)、彭实戈、普洛弗克尔(K. Plofker)。

另外,有6位中国数学家应邀作了45分钟报告,他们是:傅吉祥、程崇庆、陈恕行、邵启满、张旭、徐宗本。

这届菲尔兹奖得主是:林登施特劳斯、吴宝珠、斯米尔诺夫、维拉尼。弗斯滕伯格、阿瑟、凯斯滕、扬(H.-T. Yan),分别对4位获奖者的主要成就作了评介。

这届奈旺林纳奖得主是斯皮尔曼。

这届高斯奖的得主是法国数学家梅耶。

这届大会上首次颁发了陈省身奖,其得主是美国数学家尼伦伯格。

第二十七届 时间:2014年。地点:韩国首尔。参加人数:约5000人,这是历届国际数学家大会参加人数最多的一次大会。

大会执行委员会主席:朴亨周(Carles Kenig)。

应邀在大会上作报告的数学家共有20位,他们是:阿格尔(J. Agol)、黄準默(Jun-Muk Hwang)、坎迪斯(E. Candes)、阿瑟、克里斯特多罗(D. Chistodoulou)、科拉尔(J. Kollár)、米尔扎哈尼、布雷齐(F. Brezzi)、巴伽瓦、博罗丁(A. Borodin)、勒加尔(J. Legell)、马奎斯(F. Marques)、格林(B. Green)、伯努瓦(B. Perthame)、弗里兹(A. Frieze)、望月拓郎(Takuro Mochizuki)、默尔(F. Merle)、皮拉(J. Pila)、沃依采克(R. Vojteck)、维拉(S. Vera)。

另外,有5位中国数学家应邀作了45分钟的报告,他们是:方复全、袁亚湘、韩琦、林长寿、魏军城。

这届菲尔兹奖得主是:阿维拉、巴尔加瓦、海尔、米尔扎哈尼。

这届奈旺林纳奖得主是库特。

这届高斯奖得主是奥舍。

这届陈省身奖得主是格里菲思。

第二十八届 时间:2018年。地点:巴西里约热内卢。参加人数:3000多人。

大会执行委员会主席:维亚纳(M. Viana)。

应邀在大会上作报告的数学家共有21位,他们是:卢博茨基、奥昆科夫

(A. Okounkv)、瑙尔(A. Naor)、莫雷拉(C. Moreira)、戈德斯坦(C. Goldstein)、卢比希(C. Lubich)、威廉松(G. Williamson)、卡莱(G. Kalai)、劳勒(G. Lawler)、杨丽笙(Lai-Sang Young)、安布罗西奥(L. Ambrosio)、乔丹(M. Jordan)、阿南萨拉曼(N. Anantharaman)、克朗海默(P. Kronheimer)和姆夫罗卡(T. Mrowka)、舒尔茨、潘特里潘迪(R. Pandlharipande)、夸夫曼、阿罗拉(S. Arora)、唐纳森、塞尔法蒂(S. Serfaty)、拉福格。

另外,中国数学家汤涛、许晨阳、尤建功、张平文、陈猛被邀请作45分钟报告。

这次菲尔兹奖得主是:伯卡尔、菲加利、舒尔茨、文卡泰什。

这届奈旺林纳奖得主是达斯卡斯基,高斯奖得主是唐诺霍,陈省身奖得主是柏原正树。

这次大会在国际数学联盟主席森重文深思的语调中谢幕,他的讲话激起了参会者对会议中最欣赏什么和学习了什么的思考。

第二十九届国际数学家大会将在2022年在俄罗斯圣彼得堡举行。

参 考 文 献

[1] S. G. Krantz. L. V. Ahlfors(1907—1996). 李叶舟译. 数学译林,1998(4):313—321

[2] L. V. Ahlfors. 古典分析的现在和将来. 张玉林译. 数学译林,1987(3):225—229

[3] L. V. Ahlfors. 拟共形映照,Teichnuller 空间和 Klein 群. 陈怀惠译. 数学译林,1980(2):1—11

[4] 陈省身. 陈省身文选. 台北:联经出版公司,1991:217

[5] Th. M. Rassias, ed. The Problem of Plateau. World Scientific Publishing Co.,1992:35—42

[6] http://www-history.mcs.st-andrews.ac.uk/Biographies/Schwartz.html

[7] Francois Treves 等. Laurent Schwartz(1915—2002). 苏中根,严加安译校. 数学译林,2004(2):152—165

[8] 陈省身. 怎样把中国建为数学大国. 数学进展,1991(2):129—134

[9] A. Selberg. Ramanujan 百周年诞辰之际的反思. 冯绪宁译. 数学译林,1990(2):154—158

[10] S. Eilenberg. 现代拓扑学. 沈信耀译. 数学译林,1980(1):26—35

[11] 饭高茂. 流形之严父. 陈治中译. 数学译林,1999(4):315—323

[12] 胡作玄,赵斌. 菲尔兹奖获得者传. 长沙:湖南科学技术出版社,1984

[13] 小平邦彦. 数学杂谈——数学之难以想象. 陈治中译. 数学译林, 1989(3):273—277

[14] 浪川幸彦. 代数几何. 陈治中译. 数学译林, 1990(3):215—220

[15] 小平邦彦. 数学的印象. 陈治中译. 数学译林, 1991(2):129—132

[16] 广中平祐. 又一位高尚的人离世而去. 陈治中译. 数学译林, 1998(3):208—210

[17] B. Raoul. 拓扑对分析的影响. 胡文传, 王礼静译. 数学译林, 1997(3):192—204

[18] C. T. Chong, Y. K. Leong. Jean-Pierre Serre 访问记. 张伟平, 陈军译. 数学译林, 1987(3):254—259

[19] Flo.. Jean-Pierre Serre 荣获首届 Abel 奖. 胡作玄译. 数学译林, 2003(2):184—186

[20] http://www-history.mcs.st-andrews.ac.uk/Biographies/Roth-Klaus.html

[21] John Guckenheimer. 突变理论之争. 陈军译. 数学译林, 1988(1):53—59

[22] R·托姆. 发展数学. 江嘉禾译. 数学译林, 1980(1):85—87

[23] Michael Atiyah. Thom 配边理论的影响. 段海豹译. 数学译林, 2004(4):290—291,384

[24] R·托姆. 在我的数学生涯中遇到的问题小结. 周建义译. 数学译林, 1997(4):275—285

[25] R·托姆. 从数学转向哲学. 邹建成译. 数学译林, 1995(4):302—311

[26] R·托姆. "新"数学是教育和哲学上的错误吗. 张跃成译. 数学译林, 1980(2):76—84

[27] L. Garding. Hörmander 在线性微分算子方面的工作. 余伟权译. 数学译林, 1988(3):187—189

[28] L. Hörmander. Linear partial differential operators. Heidelberg: Springer Verlag, 1976; 中译本: L·赫尔曼德尔. 线性偏微分算子. 陈庆益译. 北京: 科学出版社, 1980

[29] L. Hörmander. On the theory of general partial differential operators. Acta Math, 1955(94):161—248; 中译本: L·赫尔曼德尔. 一般偏微分算子理论. 覃国光, 邹继高译. 上海: 上海科学技术出版社, 1964

[30] S. S. Chern. 什么是几何学. 范先信译. 数学译林, 1991(3):196—201

[31] John Milnor. 在老范氏楼中成长. 胥鸣伟译. 数学译林, 2001(1):59—66

[32] J. Milnor. 双曲几何学一百五十年. 胡作玄译. 数学译林, 1984(1):21—32

[33] R. Minio. M·F·阿蒂亚访问记. 王启明译. 数学译林, 1985(2):152—163

[34] M·阿蒂亚. 数学的统一性. 胡作玄译. 数学译林, 1980(1): 36—43

[35] Michael Atiyah. 二十世纪的数学. 白承铭译. 数学译林, 2002 (1): 1—14

[36] M·阿蒂亚. 鉴别数学进步之我见. 虞言林, 杜正东译. 数学译林, 1991(3): 234—242

[37] 丘成桐. 数学与科技. 曹启升编译. 数学译林, 2004(2): 166—171, 180

[38] Paul J. Cohen Memorial Web Page. Paul J. Cohen (1934—2007). 叶其孝译. 数学译林, 2008 (1): 45—47

[39] http://www-history.mcs.st-andrews.ac.uk/history/Mathematicians/Cohen.html

[40] Sciences, 1978(17): 737—739

[41] A. Grothendieck. Recoltes et Semailles. 1985

[42] David Mumford. 数学的趋势——选择我们各自的方向. 中国数学会通讯, 1998(4): 12—16

[43] 张奠宙. 20世纪数学经纬. 上海: 华东师范大学出版社, 2002

[44] P. Cartier, I. Illusie, N. M. Katz, G. Laumon, Y. I. Manin, K. A. Ribert, eds. The Grothendieck Festschrift: A Collection of Articles, 3 vol. Boston: Birkhauser, 1990

[45] Piotr Pragacz. Alexander Grothendieck 之数学人生. 孙笑涛译. 数学译林, 2007(3): 242—253

[46] Steve Smale. Globel Analysis and Economics Ⅵ. J. Math. Eco., 3(1976)

[47] Steve Smale. 动力系统学的回顾: 重大问题, 失败的尝试. 余建明译. 数学译林, 1993(4): 262—269

[48] Stephen Smale. 在里约热内卢的海滩上发现了马蹄. 连冠华等译. 数学译林, 1999(2): 114—122

[49] Steve Smale. 拓扑与力学Ⅱ(下). 数学译林, 1984(4): 327—335

[50] Steve Smale. The Math. of Time. New York, Heidelberg, Berlin: Springer Verlag, 1980

[51] http://www-history.mcs.st-andrews.ac.uk/Biographies/Baker-Alan.html

[52] A. Baker. Transcendentel number theory. Cambridge Univ. Press, 1975

[53] 丘成桐. 几何学的未来发展. 数学译林, 1997(4): 265—274

[54] Allyn Jackson. 广中平祐访谈录. 胥鸣伟译. 数学译林, 2007(1): 48—59

[55] M. Monastyrsky. 从菲尔兹奖看现代数学(5), (6). 段海豹译. 数学译林, 2000(4): 278—280; 2001(1): 39—45

[56] Sergei Novikov. 可积模型

在数学发展中的作用.邹建成译.数学译林,1994(4):265—278

[57] S. P. Novikov. 二十世纪的拓扑学(I).钱妙云译.数学译林,2007(2):103—111

[58] M. Aschbacher. 有限单群的分类.王建磐译.数学译林,1982(3):215—225

[59] John G. Thompson. Group Theory. Academic Press, 1984:1—12

[60] M. Monastyrsky. 从菲尔兹奖看现代数学(1).胥鸣伟译.数学译林,1999(3):222—223

[61] IMU主席David Mumford访问记.中国数学会通讯,1997(1):14—15

[62] David Mumford. 模式理论:感知的数学.胡作玄译.数学译林,2002(4):301

[63] David Mumford. 改革微积分——为了数百万人.周建莹译.数学译林,1997(4):347—352

[64] http://www-history.mcs.st-andrews.ac.uk/Biographies/Bombieri.html

[65] 李心灿.当代数学大师(第3版).北京:北京航空航天大学出版社,2005

[66] http://www-history.mcs.st-andrews.ac.uk/Biographies/Fefferman.html

[67] http://www.scidiv.bcc.ctc.edu/Math/Fefferman.html

[68] http://www-history.mcs.st-andrews.ac.uk/Biographies/Deligne.html

[69] http://www-history.mcs.st-andrews.ac.uk/Biographies/Quillen.html

[70] I. M. James. Daniel Quillen的工作.萧文强译.数学译林,1998(3):190—191

[71] Michael Monastyrsky. Modern Mathematics in the light of the Fields Medals. Wellesley, Massachusette: A.K.Peters, Ltd., 1996

[72] http://www-history.mcs.st-andrews.ac.uk/Biographies/Margulis.html

[73] Wolf基金会公告.Margulis和Novikov荣获2005年度Wolf奖.陆柱家译.数学译林,2005(3):283—284

[74] http://www-history.mcs.st-andrews.ac.uk/Biographies/Connes.html

[75] Alain Connes. Noncommunicative geometry and the Riemann zeta function. Preprint, 1998

[76] M. Atiyah. 数学:前沿与前瞻.陆启铿译.数学译林,2000(3):189,209—211

[77] Jean-Pierre Changeux, Alain Connes.Conversations on Mind, Matter, and Mathematics . Princeton University Press, 1998

[78] 小岛定吉访问记:向W. P. Thurston提五个问题.陈治中译.数学译林,2000(1):64—66

[79] William P. Thurston. 数学的证明和进展.周有善译.数学译林,1995(1):70—83

[80] Louis Nirenberg. 丘成桐的

工作未来发展．胡作玄译．数学译林，1984(1)：91

[81] 丘成桐．数学及其在中国的发展．潘建中译．数学译林，1999(3)：195—199

[82] 丘成桐．在中国数学会六十周年年会开幕式上的讲话．中国数学会六十年．长沙：湖南教育出版社，1996：107—108

[83] J. Atiyah. 论 Simon Donaldson 的工作．戴新生译．数学译林，1988(4)：314—316

[84] S. Donaldson. Comments on Instantons and Four Manifolds. The Mathematical Intelligencer, 1986(1)：62—65

[85] B. Mazur. Gerd Faltings 对数学的一些贡献．胡作玄译．数学译林，1988(4)：317—320

[86] Gerd Faltings. 算术代数几何的最新进展．冯绪宁译．数学译林，1987(2)：92—93

[87] Spencer Bloch. Mordell 猜想的证明．胥鸣伟译．数学译林，1985(2)：130

[88] C. T. Chong, Y. K. Leong. Jean-Pierrs Serre 访问记．张伟平，陈军译．数学译林，1987(3)：259

[89] David Harris. Mordell 猜想．冯克勤译．数学译林，1986(4)：328

[90] J. Milnor. M. H. Freedman 的工作．戴新生译．数学译林，1988(4)：321—322

[91] http://www-history.mcs.st-andrews.ac.uk/Biographies/Freedman.html

[92] http:// www. abelprisen.no/en/: Russian-French mathematician receives the Abel Prize

[93] Yu. I. Manin. Vladimir Drinfeld 的工作介绍．熊剑飞译．数学译林，1992(3)：179—181

[94] 神保道夫．菲尔兹奖获得者 Vladimir Drinfeld 访问记．陈治中译．数学译林，1992(4)：304—307

[95] R. H. Herman, Vaughan F. R. Jones. Notices of the American Mathematical Society, 1990(9)：1211—1213

[96] 竹崎正道．菲尔兹奖获得者 Vaughan Jones 访问记．陈治中译．数学译林，1992(2)：158—166

[97] C. H. Clemens, J. Kollár, Shigefumi Mori. Notices of the American Mathematical Society, 1990 (9)：1213—1214

[98] 浪川幸彦等．菲尔兹奖获得者森重文访问记．陈治中译．数学译林，1993(2)：129—132

[99] http://www-history.mcs.st-andrews.ac.uk/Biographies/Witten.html

[100] Edward Witten. 弦论与几何．虞言林译．数学译林，1987(2)：109—111

[101] 日本数学会编．数学百科辞典．北京：科学出版社，1984

[102] Edward Witten. 弦理论中的奇异性. 王世坤译. 数学译林. 2002(4):302

[103] L. Caffarelli. The Work of Jean Bourgain. Proc. of the ICM-94,1995:3—5

[104] J. Bourgain. Harmonic Analysis and Nonlinear Partial Differential Equations. Proc. of the ICM-94, 1995:31—44

[105] A. Jackson. Fields Medals and Nevanlinna Prize Awarded at ICM-94. Notices of the American Mathematical Society, 1994(7): 763—765

[106] J. Lindenstrauss, L. C. Evans, A. Douady, A. Shalev, et al. Fields Medals and Nevanlinna Prize Awarded at ICM-94 in Zurich. Notices of the American Mathematical Society, 1994(7):1103—1111

[107] P.-L. Lions. On Some Recent Methods for Nonlinear Partial Differential Equations. Proc. of the ICM-94, 1995:140—151

[108] S. R. S. Varadhan. The Work of Pierre-Louis Lions. Proc. of the ICM-94,1995:6—10

[109] P.-L. Lions. On Boltzmann Equation and Its Applications. Proc. of Symposia in Applied Mathematics, 54(1998):211—236

[110] J.-C. Yoccoz. Recent Developments in Dynamics, Proc. of the ICM-94, 1995: 246—265

[111] E. Zelmanov. On Some Open Problem Related to the Restricted Burnside Problem. Contemporary Mathematics, 224(1999): 237—243

[112] http://www.berkeley.edu/news/berkeleyan/1998/0826/whiz.html

[113] R. Borcherds. What is Moonshine? Preprint

[114] http://www.ams.org/new-in-math/cover

[115] W. T. Gowers. Rough Structure and Classification, GAFA, Geom. Funct. Annal. Special Volume-GAFA 2000. Haseel: Birkhauser Verlag, 2000

[116] Yu. I. Manin. The work of Maxim Kontsevich. Notices of the AMS, 1999(1): 21—23

[117] http://www.berkeley.edu/news/berkeleyan/1994/1012/math.html

[118] J. Milnor. The Work of Curtis T. McMullen. Notices of the American Mathematical Society, 1999(1):23—26

[119] Anne-Marie Oreskovich, Dmitry Sagalovskiy. Math Club Interview with Professor Curtis McMullen. http://www.math.harvard.edu/—ctm/expositions/interview.html

[120] G. Kolata. 安德鲁·怀尔斯放出数学卫星:350年的古老问题已被

攻克. 纽约时报,1993.6.29

[121] 李心灿. 数学英雄时代终结了吗. 科学,2000(1):43—45

[122] A. Wiles宣布证明了费马猜想. 中国数学会通讯,1993(3):3—4

[123] G. Kolata. 数学的古老神秘终于解决. 纽约时报,1993.6.24

[124] Proceedings of the International Congress of Mathematicians, Beijing, China, Vol. I, 91—97

[125] http://news.xinhuanet.com/newscenter/2002-08/23/content_536348.htm

[126] 中外数学家欢聚北师大. 数学通报,2002(9):1—2

[127] 李海燕. 劳伦·拉福格原本不喜欢数学. 每日新报,2002.8.21

[128] Langlands会议——贺Robert Langlands 60岁诞辰. 卞伟译. 数学译林,1997(1):40—41

[129] http://www.mathunion.org/

[130] http://xinhuanet.com/

[131] C. Soulé. The Work of Vladimir Voevodsky. Proc. of the ICM2002, 2003(1):99—104

[132] V. Voevodsky. An Intuitive Introduction to Motivic Homotopy Theory. http://www.cwru.edu/artsci/phil/Voevodsky.pdf

[133] F. Romero, D'port woos Field medalist to Tea. http://www.yaledailynews.com/articles/view/5851

[134] http://tech.sina.com.cn/o/2002-08-21/1631133928.shtml

[135] G. Felder. The Work of Andrei Okounkov. Proc. of the ICM2006, 2007:55—64

[136] V. Muñoz, Ulf Persson. Interviews with Three Fields Medalists. Notices of the AMS, 2007, 54(3):405—440

[137] 我力图用物理学家的眼光来看世界——2006年菲尔兹奖获得者. 章复熹译自ICM2006 Daily News. 中国数学会通讯,2007(1):5—8

[138] Александр Богомолов等. 格里戈里·佩雷尔曼. 袁钧译. 数学译林,2007(1):42—47

[139] Pawel Strzelecki. Poincaré猜想. 赵旭安译. 数学译林,2006(3):193—195

[140] 王善平. 菲尔兹奖章与2006年获奖者的数学工作. 自然杂志,2006(6):361—365

[141] J. Milnor. Poincaré猜想. 胥鸣伟译. 数学译林,2001(1):20—24

[142] Richard S. Hamilton. 汉密尔顿致丘成桐代理律师的信. 王丹红等译. 数学译林,2006(4):362—363

[143] John W. Morgan. Poincaré猜想和三维流形分类的近期进展. 黄红译. 数学译林,2006(4):298—314

[144] John Morgan访谈录. 潘建中译. 数学译林,2006(4):364—366

[145] 林革. 数学奇才——陶哲轩. 数学通报,2006(12):37—40

[146] 陶哲轩访谈录. 游淑君译. 数学译林,2006(4):360—361

[147] Terence Tao. 素数中的长算术级数. 冯绍继译. 数学译林,2006(4):290—291

[148] Vicente Muñoz, Ulf Persson. 三位菲尔兹奖获得者访谈录. 张会平译. 数学译林,2007(2):116,170—177

[149] Terence Tao. 什么是好数学. 欧阳彦虹译. 数学译林,2008(4):356—364

[150] Proceedings of the International Congress of Mathematicians, Madrid, Spain, 2006: 88—95

[151] 我在想这是否会改变学生听我课的状况——2006年菲尔兹奖获得者 Wendelin Werner. 章复熹译自 ICM2006 Daily News. 中国数学会通讯,2007(1):8—12

[152] Edward Witten 等. 弦理论研究进展. 王世坤译. 数学译林,1996(3):233—235

[153] Henry S. Tropp. 菲尔兹奖的由来与历史. 陆柱家译. 数学译林,2002(2):160—169,171

[154] Allyn Jackson. 2002年 Fields 奖和 Nevanlinna 奖揭晓. 李文林译. 数学译林,2002(3):281,285—288

[155] John Ball. 国际数学联合会——你所知道和不知道的. 王慧娟译. 数学译林,2006(1):86

[156] 李心灿. 当代数学大师——沃尔夫数学奖得主及其建树与见解(第四版). 北京:高等教育出版社,2013

[157] http://www.wolffund.org.il/cat.asp?id=23&cat-title=mathematics

[158] 国际数学联盟. 高斯奖——新的科学奖是促进数学发展的重要手段. 王丽霞译. 数学译林,2006(2):185—186

[159] 在ICM2006上颁发的菲尔兹奖、奈旺林纳奖和高斯奖. 陆昱编译. 数学译林,2006(3):262—264

[160] Ally Jackson. 挪威设立数学阿贝尔奖. 岳晓青译. 数学译林,2002(2):170—171

[161] M. F. Atiyah 和 I. M. Singer 分享2004年度 Abel 奖. 陆柱家译. 数学译林,2004(2):178—180

[162] Danis Serre. Peter Lax 获得2005年度 Abel 奖. 姚景齐译. 数学译林,2007(1):36—41

[163] 挪威科学院. Carleson 获得2006年度 Abel 奖. 陆柱家译. 数学译林,2006(3):265—266

[164] 几个国际数学大奖的最新获得者. 陆柱家编译. 数学译林,2007(3):282—286

[165] 2008年度 Abel 奖. 欧阳彦虹编译. 数学译林,2008(1):89—90

[166] http://www.abelprisen.no/en/nyheter/nyhet.html?id=181

[167] D. J. Albers, G. L. Alexanderson, C. Reid. 国际数学家大会

1893—1986. 袁向东译. 数学译林, 1991(1):68—75;1991(2):133—142; 1991(3):225—233

[168] Szpiro G. Interview with Stephen Smule. Notices of the AMS, 2007,54(8):995—997

[169] 2017年沃尔夫数学奖得主 Charles Fefferman 自述 Gemini 编辑

[170] Charles Fefferman, Robert Fefferman. 普林斯顿分析学讲义. 张力译,吴发恩校,数学译林, 2014(4):247

[171] 著名数学家介绍七个新千年数学问题. 叶其孝译. 数学译林, 2001(1):1—4

[172] Jackson, A. 设立百万美元数学大奖发布会. 林长好译. 数学译林, 2001(1):55

[173] 丘成桐. 丘成桐教授专访. 载:丘成桐,杨乐,季理真. 数学与人文. 第一辑. 北京:高等教育出版社, 2010

[174] 丘成桐. 我学习数学的经历. 科学,2007,59(5):62

[175] 丘成桐. 我的数学之路. 曹启升译,数学译林, 2004(2):136—144

[176] 著名华裔数学家丘成桐荣获2010沃尔夫数学奖. 高等数学研究,2010(2):7

[177] 丘成桐.《数学与人文》序言. 载:丘成桐,杨乐,季理真. 数学与人文. 第一辑. 北京:高等教育出版社,2010

[178] 丘成桐. 数学及其在中国的发展. 潘建中译,数学译林, 1999(3):194—201

[179] 丘成桐. 几何及非线性微分方程的现状与前景. 成斌译,数学译林,1997(1):17—24

[180] 丘成桐. 21世纪的数学展望. 科学,58(2):1—5

[181] 丘成桐. 中国与印度数学的过去、现在和未来. 载:丘成桐,杨乐,季理真. 数学与人文. 第一辑,北京:高等教育出版社,2010

[182] 丘成桐. 从数学教育的视角看中国的基础教育. 载:丘成桐,杨乐,季理真. 数学与人文. 第五辑. 北京:高等教育出版社,2011

[183] 丘成桐. 中国高等教育. 载:丘成桐,杨乐,季理真. 数学与人文. 第一辑. 北京:高等教育出版社, 2010

[184] https://baike.so.com/doc/7539607-7813700.html

[185] https://en.wikipedia.org/wiki/cherles Fefferman

[186] Yael Branovsky. Israeli wins world's most prestigious math prize, 2010-8-19. https://www.ynetnews.com/articles/0,7340,L-3939799,00.html

[187] Ufl Persson. 菲尔兹奖章获得者 Elon Lindenstrauss 访谈录. 姚景齐译,陆柱家校. 数学译林, 2011,

30(2):147—151

[188] http://www.math.huji.ac.il/~elon/

[189] Danhong Wang, Lizhen Ji. Vietnamese Mathematician Ngô Báo Châu From A Mathematical Olympiad Medallist To A Fields Medallist. Asia Pacific Mathematics Newsletter, 2011, 1(2):25—30

[190] 王丹红 季理真. 越南数学家吴宝珠:从奥数冠军到菲尔兹奖获得者. 科学时报, 2010年11月18日, A3版, 综合

[191] Ufl Persson. 菲尔兹奖章获得者Ngô Báo Châu访谈录. 陆柱家译, 田野校. 数学译林, 2011, 30(2):152—153, 103

[192] Harry Kesten. The work of Stanislav Smirnov. Proceedings of the International Congress of Mathematicians, Hyderabad, India, 2010, 73—84

[193] Ufl Persson. 菲尔兹奖章获得者Stanislav Smirnov访谈录. 潘丽云译, 陆柱家校. 数学译林, 2011, 30(2):154—159

[194] 姚鸿泽. Fields奖获奖人Cédric Villani的工作. 李天虹译, 陈国璋校. 数学译林, 2011, 30(3):193—199

[195] 遛遛. 塞德里克·维拉尼:一位数学家的肖像. 三联生活周刊, 2016(45)

[196] Thomas Lin, Erica Klarreich. A Brazilian Wunderkind Who Calms Chaos. Quanta Magazine, August 12, 2014

[197] http://www.dailyprincetonian.com/article/2005/10/the-mathematician-and-musician

[198] Erica Klarreich. The Musical, Magical Number Theorist. Quanta Magazine, August 12, 2014

[199] Jeremy Quastel. The Work of Martin Hairer. Notices of the AMS, 2015, 62(11):1341—1344

[200] 国际数学联合会. 陈省身奖——促进数学的一个新的科学奖项. 陈昱译. 数学译林, 2009(2):183—184

[201] Anon. J. T. Tate荣获2010年Abel奖. 朱尧辰编译, 陆柱家校. 数学译林, 2010(4):379—380

[202] The Norwegian Academy of Science and Letters. John Milnor获得2011年度Abel奖. 陆柱家整理. 数学译林, 2011(1):93—94

[203] The Norwegian Academy of Science and Letters. Endre Szemerédi获得2012年度Abel奖. 陆柱家整理. 数学译林, 2012(1):94—95

[204] The Norwegian Academy of Science and Letters. Pierre Deligne获得2013年度Abel奖. 陆柱家整理. 数学译林, 2013(2):183—185, 182

[205] The Norwegian Academy

of Science and Letters. 俄国数学家 Yakov G. Sinai 获得 2014 年度 Abel 奖. 陆柱家整理,译. 陈凌宇校. 数学译林,2014(2):180—183,137

[206] The Norwegian Academy of Science and Letters. 美国数学家 Joho F. Nash, Jr. 和 Louis Nirenberg 分享 2015 年度 Abel 奖. 陆柱家整理,译. 陈凌宇校. 数学译林,2015(1):82—88,72

[207] The Norwegian Academy of Science and Letters. 英国数学家 Sir Andrew J. Wiles 获得 2016 年 Abel 奖. 陆柱家整理,译. 陈凌宇校. 数学译林,2016(1):86—92

[208] The Norwegian Academy of Science and Letters. 法国数学家 Yves Meyer 获得 2017 年 Abel 奖. 陆柱家整理,译. 童欣校. 数学译林,2017(1):84—90,24

[209] The Norwegian Academy of Science and Letters. Robert P. Langlands 获得 2018 年 Abel 奖. 陆柱家译. 童欣校. 数学译林,2018(1):82—86

[210] Erica Klarreich. A Master of Numbers and Shapes Who Is Rewriting Arithmetic. Quanta Magazine, August 1, 2018

[211] Allyn Jackson. The Work of Akshay Venkatesh. https://www.mathunion.org/fileadmin/IMU/Prizes/Fields/2018/venkatesh-final.pdf

[212] Erica Klarreich. A Number Theorist Who Bridges Math and Time. Quanta Magazine, August 1, 2018

其他资料

在本书的编写过程中,还参阅了以下资料:

1. 中国大百科全书编辑委员会. 中国大百科全书(数学卷). 北京:中国大百科全书出版社,1988
2. R·托姆. 奇点的哲学. 周建义译. 数学译林,1997(1):42—46
3. http://www-history.mcs.st-andrews.ac.uk/Biographies/Thom.html
4. J. Milnor. Topology From the Differentiable Viewpoint. Charlottesville: The University Press of Virginia, 1965;中译本:J·W·米尔诺. 从微分观点看拓扑. 熊金城译. 上海:上海科学技术出版社,1983
5. http://www-history.mcs.st-andrews.ac.uk/Biographies/Novikov-Sergi.html
6. 梁宗巨主编. 数学家传略辞典. 济南:山东教育出版社,1984
7. 郭梅尼. 一位数学家的战略眼光:访华裔青年数学家丘成桐. 中国青年报,1980.9.4
8. A. Jaffe, B. Mazur. Vladimir Drinfel'd. Notices of the American Mathematical Society, 1990(9):1210—1211
9. Rudoff Schmid. 弦、纽结和量子群. 胡晓东译. 数学译林,1993(4):275—292

10. Marc Hindry. 1990年的Fields奖章. 张代宗译. 数学译林,1991(3):243—245

11. http://blog.Programfan.com/trackback.asp?id=8995

12. 异调. 沃沃斯基和动机理论. http://www.oursci.org/magazine/200209/020913.htm

13. http://www.math.org.cn/article.php/698

14. http://www.britannica.com/EBchecked/topic/1311207/Andrei-Okounkov

15. http://www.ICM2006.org/

16. Allyn Jackson. 北京:2002国际数学家大会. 袁向东译. 数学译林,2003(1):62—67

17. 数学家趣闻轶事(Ⅲ). 刘小扬,陆柱家编译. 数学译林,2007(4):360—367